国家社会科学基金项目资助

农村环境污染整治

从政府担责到市场分责

Rural Environmental Protection

From Government Undertaking to Market Sharing Responsibility

刘 勇 著

本书为国家社会科学基金一般项目（16BJY096）
已结项成果。

前 言

我国政府整治农村环境污染的历程大体可划分为四个阶段，依次是承担农村环境污染整治责任奠基阶段，承担社队和乡镇企业污染整治责任阶段，全面承担农村环境污染整治责任阶段，以及当前建立多方参与的农村环境治理体制机制、培育在农业生产和村民生活过程中产生的污染（以下简称“农业生产、村民生活污染”）治理市场主体阶段。

政府承担农村环境污染整治责任奠基阶段大体为 1958～1978 年。在该阶段，我国政府由感知污染到决心整治污染，初步建立了包括整治农村环境污染在内的整治环境污染体制，积累了“漓江污染整治经验”，亦即：第一，污染整治能否取得实效的决定性因素是政府是否有决心治污；第二，确保污染整治顺利开展的必要条件是建立环境保护体制。此阶段政府整治农村环境污染效果是，我国农村局部环境得到保护而总体趋于被污染。

政府承担社队和乡镇企业污染整治责任阶段为 1979～1997 年。在该阶段，环境保护体制在我国开始得到系统构建，包括政府承担环境保护职责被法定，保护环境被确立为政府职责之重心，环境管理制度得到构建，政府承担的环境污染整治责任被细化，环境保护部门被系统设立，环境保护部门承担的环境监管职责被突出强调，政府承担乡镇企业污染整治责任被法定。在该阶段，政府担责整治农村环境污染的主要业绩是，在前一阶段经验积累的基础上，环境保护体制被系统建立起来。尤其重要的是，面对社队、乡镇企业污染不断加重的严峻现实，我国于 1997 年实施《乡镇企业法》，从法律上规定乡镇企业必须承担污染防治责任。在该阶段政府整治农村环境污染的效果不理想，表现为与前一阶段相比，农村环境污染由点成面形成了扩散，危害程度加深，使我国在真正意义上出现了农村环境污染问题，即乡镇企业污染源在数量、地域分布方面形成规模，且污染物排放量总体持续增大，造成广泛、持久、程度不断加深的经济社会危害。

政府全面承担农村环境污染整治责任阶段为1998～2014年。在该阶段，政府全面整治乡镇企业污染和农业生产、村民生活污染。第一，政府整治乡镇企业污染。政府整治乡镇企业污染分为2000～2006年、2007～2013年两个阶段。其一，2000～2006年，政府整治乡镇企业污染的主要业绩是将乡镇工业园区化，即将工业企业集中于园区，并依照新颁布的《乡镇企业法》《清洁生产促进法》将企业排污纳入日常环境监管，引导其清洁生产，发展循环经济。在这一时期，政府整治乡镇企业污染效果不理想，乡镇企业存量污染总体上依然很重，农村环境遭受的环境污染并未实质性减轻，突出表现为个别地方出现“癌症村”。其二，2007～2013年，各地政府整治乡镇企业污染的主要业绩是，除继续建设乡镇工业园、纳企入园之外，还整顿关停了大批重污染型乡镇企业，淘汰了大批落后和过剩产能，使众多乡镇企业转型升级。在这一时期，政府整治乡镇企业污染效果较为理想，乡镇工业企业污染已总体上被遏制并逐渐减轻。第二，政府整治农业生产、村民生活污染。政府整治农业生产、村民生活污染的主要业绩有六个方面。其一，至2014年，我国无公害农产品产地达到19973个，认证面积达到1.92×10^7公顷，淘汰高毒农药33种。其二，至2014年，测土配方施肥项目已为1.9亿农户提供免费技术服务，这些农户种植农作物时的氮、磷、钾肥平均利用率达到33%、24%、42%，比项目开始时的2005年分别提高5个、10个、12个百分点。其三，至2014年，全国灌溉用水有效利用系数为0.53，比1998年的0.4提高了32.5%；全国节水灌溉面积达到2.9×10^7公顷，比1998年的1.53×10^7公顷增加了89.5%。其四，至2014年，全国建成沼气工程10.3万处，比1998年的700余处增加了146.14倍；沼气用户达到4383.16万户，比1998年的660万户增加了5.64倍；沼气服务网点超过

9.5 万个。其五，秸秆综合利用率达到78%，比开始全面实施秸秆综合利用之2008 年的68.7%增加了9.3 个百分点。其六，至2014 年，全国行政村中，对村民生活污水进行处理的行政村占总行政村的10%，比全面启动乡村清洁工程之2006 年的5.2%增加了近1 倍；对生活垃圾进行处理的行政村占总行政村的48.2%，比2006 年的27.0%增加了21.2 个百分点。在这一时期，政府整治农业生产、村民生活污染虽有以上业绩，但是整治效果却未能达到预期目标。事实上，在该阶段，农业生产、村民生活污染持续积重，并自2015 年起成为我国农村环境污染中的主要污染。

2015 年，中共中央、国务院发布《生态文明体制改革总体方案》，提出要建立多方参与的农村环境治理体制机制以改善环境质量，这标志着我国农村环境污染整治进入新阶段。该阶段的特征是，政府创新农村环境污染整治责任承担机制，培育各种形式的农业生产、村民生活污染治理市场主体。

政府虽整治农业生产、村民生活污染，但整治效果总体上迟迟未能达到预期目标，揭示出，在农村环境资源配置中，市场机制失灵之上叠加着政府干预产生的政府担责机制失灵。那么，政府承担农业生产、村民生活污染整治责任机制失灵之处何在？在当前党中央、国务院明确要求建立多方参与的农村环境治理体制机制、培育农业生产和村民生活污染治理市场主体阶段，为解决市场与政府在配置农村环境资源时双重失灵问题以提高环境质量，又应当如何将农业生产、村民生活污染整治由政府担责向市场分担责任推进？

在现有相关研究的基础上，课题组主要在公共经济学理论指导下回答上述问题，所采用的方法主要包括实证分析法、实地调研法、文本分析法、问卷调查法和聚类分析法等。

研究内容具体如下。第一章，导论。在梳理我国政府整治农村环境污染历程、业绩与效果的基础上，提出问题。第二章，公共经济学有关理论及其指导意义。公共物品或服务理论、公共选择理论、外部性与信息不对称理论、公共规制与公共经济活动民主监督理论等，都对提高农村环境污染整治效率、实现污染整治目标具有重要而具体的指导意义。

第三章，政府担责机制及其失灵环节实证：以太湖流域水环境综合治理为例。在农业生产、村民生活污染治理中，政府同时承担污染治理公共服务的供给保障和生产责任，即政府承担双责，造成农业生产、村民生活污染治理公共服务生产效率缺乏保障。第四章，政府让市场分担责任。依据公共经济学有关理论，结合实践活动，剖析市场主体分担农业生产、村民生活污染整治责任机制，并针对该机制运行中存在的问题，提出将农业生产、村民生活污染整治由政府担责向市场主体分担责任推进对策。第五章，市场分责的保障条件。依据公共经济活动民主监督理论、环境规制理论，分析政府切实承担提高环境质量责任、环境监管责任和使污染产生者配合实施环境治理措施责任之具体措施。第六章，市场分责积极性的激励与分责落实。依据公共物品或服务供给方式理论、公共规制理论和外部性理论，分析政府充分激发市场主体担责积极性并确保市场主体落实约定责任之具体措施。第七章，市场分责中绿色健康信息不对称的充分消除。依据信息不对称理论，分析政府充分消除受认证农产品生产——消费链中的绿色健康信息不对称之具体措施。第八章，结论与展望。

目　录

第一章　导　论

依据我国2014年发布的《环境保护法》，环境是影响人类生存和发展的各种天然和经过人工改造的自然因素的总体。据此，农村环境可被定义为，一定农业生产者、村民生产和居住区域所构成整体中的自然和天然因素总体。农村环境污染是指，农业生产者、村民、地处农村环境的工矿企业等生产、生活投入物和剩余物或过量残留，或流失，或处置不当，或被直接排放而造成土壤、水源、空气等环境要素质量下降，主要包括农药残留过量而造成土壤、水源和空气质量下降，化肥流失、畜禽粪便溢流而造成水源、空气质量下降，农用薄膜残留而造成农地土壤质量下降，废弃秸秆处置不当而造成水源和空气质量下降，村民生活污水、垃圾和乡镇企业“三废”被直接排放而造成水源、土壤和空气质量下降等。以下行文中，政府指国家行政机关；承担责任指承担第一性和第二性责任，其中承担第一性责任指履行职责，承担第二性责任指履行职责不力，甚至违法履行时承担否定性后果。

第一节　研究背景与问题提出

我国政府高度重视环境保护工作，于20世纪90年代将环境保护列为基本国策之一。在保护农村环境方面，从整治社队企业污染到整治乡镇企业污染，再到全面整治乡镇企业污染与农业生产、村民生活污染，直到当前重点整治农业生产、村民生活污染，我国政府虽建立起了农村环境保护体制，有保护业绩，但保护效果不理想，农村环境污染持续积重。

一　政府整治农村环境污染历程

依照我国不同历史时期内有关环境污染整治法律法规、部门规章等，结合党中央、国务院在不同历史时期召开的有关环境保护会议内容、发布的文件精神来划分，政府整治农村环境污染历程大体可划分为四个阶段，依次是承担农村环境污染整治责任奠基阶段、承担社队和乡镇企业污染整治责任阶段、全面承担农村环境污染整治责任阶段，和当前的建立多方参与的农村环境治理体制机制、培育农业生产和村民生活污染治理市场主体阶段。

（一）政府承担农村环境污染整治责任奠基阶段（1958～1978年）

这一阶段大体为1958～1978年，其典型特征是，我国政府由感知污染到决心整治污染，初步建立了包括整治农村环境污染在内的整治污染体制。我国农村环境污染起源于社队企业。1958年，我国农村实现了人民公社化，人民公社响应“大跃进”“大办钢铁”等“加速工业化”号召，创办了大批小炼铁、小煤窑、小农机修造、小矿山、小食品加工等社队企业（指农村人民公社中公社和大队两级所办工厂）。[①] 在我国第四个五年计划即“四五计划”实施期间，社队企业得到迅猛发展。彼时，中央财政拨出约80亿元专项资金，用于大力扶持地方小煤矿、小水泥厂、小化肥厂、小钢铁厂和小机械厂等“五小工业”发展。[②] 由于社队企业普遍采用被城市工业淘汰的设备，其能源和原材料消耗高，所以社队企业生产过程对农村环境造成的污染逐渐加重——尽管相对于广袤的农村而言，这种污染的规模和强度都还较小。虽然农村环境污染在客观上逐渐加重，但受极左思潮“社会主义没有污染”的影响，[③] 在1972

---

① 中国农业年鉴编辑委员会．中国农业年鉴（1980年）［M］．北京：中国农业出版社，1980：149.

② 王美涵主编．税收大辞典［M］．沈阳：辽宁人民出版社，1991：189.

③ 曲格平．中国环境保护四十年回顾及思考——在香港中文大学“中国环境保护四十年”学术论坛上的演讲［J］．中国环境管理干部学院学报，2013，23（3）：1－5；23（4）：1－5.

年之前，整治农村环境污染并未进入我国政府工作议事日程。①

1972 年 6 月，联合国在瑞典首都斯德哥尔摩召开人类环境会议。国务院总理周恩来责成国家计划委员会牵头组建代表团参加这一世界环境会议。正是通过参加这次大会，我国参会代表对环境保护有了初次认知，尤其是认识到中国的环境污染在某些方面并不比西方国家轻。② 之后，在周总理指示和运筹下，1973 年 8 月，我国召开由有关部委和各地方政府负责人、工厂代表、科研人员等 300 多人参加的第一次全国环境保护会议。第一次全国环境保护会议议题主要是查摆环境污染事实、分析其危害，提高政府对环境保护内涵的认识。在会议后期，周总理责成有关部委在人民大会堂召开万人大会，以普及环境保护意识。第一次全国环境保护会议初步确立了政府承担环境保护责任体制。第一，通过了中国环境保护 32 字战略方针，即全面规划、合理布局、综合利用、化害为利、依靠群众、大家动手、保护环境、造福人民。第二，通过了我国第一部环境保护综合性法规《关于保护和改善环境的若干规定（试行草案）》，对环境保护十个方面工作提出要求并做出部署。这十个方面的工作是：其一，做好全面规划，统筹环境保护与国民经济发展；其二，合理设置工厂，不在城镇上风向位置和水源上游地、城市居住人口稠密区建设有害环境的工厂；其三，改善老旧城市环境，有步骤地建设排水系统和污水处理设施，护水源、消烟尘、除有害气体，对废渣、废水和垃圾及时处理利用，减噪声；其四，实施综合利用；其五，对土壤和植物加强保护；其六，对水域和海域加强管理；其七，实施植树造林；其八，开展环境监测；其九，开展环境保护科学研究和宣传教育工作；其十，确保保护环境所必需的资金、设备、材料得到落实。③ 从这十个方面的工作内容可以看出，我国第一部环境保护综合性法规的主旨尽管是解决城市环

---

① 李周，尹晓青，包晓斌．乡镇企业与环境污染［J］．中国农村观察，1999（3）：1－10.

② 曲格平．梦想与期待：中国环境保护的过去与未来［M］．北京：中国环境科学出版社，2000：37.

③《中国环境保护行政二十年》编委会．中国环境保护行政二十年［M］．北京：中国环境科学出版社，1994：7－8.

境污染问题，但其中的有关条款如统筹环境保护与经济社会发展、不在水源上游地建立工厂、实施综合利用、对土壤和植物加强保护、开展环境监测等，事实上也涉及农村环境污染整治。所以，《关于保护和改善环境的若干规定（试行草案）》标志着我国政府已经意识到，承担环境污染整治责任包括承担农村环境污染整治责任。

第一次全国环境保护会议召开后不久，国务院于1974年10月成立环境保护领导小组，人员由国家计委、工业、农业、交通、水利、卫生等部门领导人组成。环境保护领导小组下设办公室，主要职责是督促地方政府成立环保机构。随着各地政府建立起环境保护机构，我国环境污染整治工作开始展开，工作内容主要包括调查重点区域污染源，开展空气、水污染整治和废气、废渣和废水即“三废”综合利用，制定环境规划，制定环境管理制度。尤其重要的是，1973年11月，国家计划委员会、国家建设委员会、卫生部联合颁布我国第一个环境标准，即《工业“三废”排放试行标准》，这一标准要求包括社队企业在内的所有企业都要对污染物排放实施控制。

（二）政府承担社队和乡镇企业污染整治责任阶段（1979～1997年）

1979年，我国颁布首部《环境保护法》，环境保护工作有了法律框架，整治环境污染成为我国各级政府必须承担的职责。1979～1997年，我国环境污染突出表现为乡镇企业污染，相应地，我国政府承担环境污染整治责任的重点是承担乡镇企业污染整治责任。这其中，由于乡镇企业中的92%分布在乡镇自然村，[①] 所以我国政府实际上承担着整治农村环境污染责任。在该阶段，伴随政府承担乡镇企业污染整治责任，环境保护体制在我国开始得到系统构建，中国特色环境污染整治理论逐步形成、实践活动逐步深入，环境污染整治体制逐步建立，其内容包括以下八个方面。

第一，政府承担环境保护职责被法定。首先，政府是环保责任主体被法定。1979年《环境保护法》明确授权国务院及其所属各部门、地方各级人民政府承担环境保护决策责任，同时明确授权国务院环境保护机

① 李周，尹晓青，包晓斌. 乡镇企业与环境污染［J］. 中国农村观察，1999（3）：1－10.

构与各省、自治区、直辖市政府设立的环境保护局承担环境保护执行责任。其次，政府承担环保责任的内容、方法、手段被法定。1979 年《环境保护法》第二十六条授权国务院环境保护机构承担“贯彻并监督执行国家关于保护环境的方针、政策和法律、法令”，“统一组织环境监测，调查和掌握全国环境状况和发展趋势，提出改善措施”等责任。第二十七条授权地方各级环境保护机构承担“检查督促所辖地区内各部门、各单位执行国家保护环境的方针、政策和法律、法令；拟定地方的环境保护标准和规范；组织环境监测，掌握本地区环境状况和发展趋势”等责任。第六条规定，“一切企业、事业单位的选址、设计、建设和生产，都必须充分注意防止对环境的污染和破坏”，建设单位必须提交“环境影响报告书”，其中防止污染和其他公害的设施，必须与主体工程同时设计、同时施工、同时投产。第十八条规定，“超过国家规定的标准排放污染物，要按照排放污染物的数量和浓度，根据规定收取排污费”。通过制定法律条款，政府承担环境污染整治责任的内容、方法、手段法定，即政府要在环境保护政策框架下制定并执行环境保护法律法规和环境标准，实施环境监测，并使用政策工具规制企事业单位在建设初期、运营过程等各阶段防治污染。

第二，保护环境被确立为政府职责之重心。20 世纪 80 年代初，在分析国情后，国务院环境保护领导小组向国务院提交报告，指出环境保护不仅关系到自然资源合理开发利用，而且还关系到国家长治久安、群众身体健康，是强国、富民、安天下的根本，应该被立为国策。根据这项报告，1983 年，在第二次全国环境保护会议上，受国务院委托，国务院副总理李鹏宣布“环境保护是中国的一项基本国策”。这一宣布使保护环境在政府职责中的“地位”从边缘上升至中心。

第三，环境管理制度得到构建。环境管理制度得到构建的主要表现是，政府承担环境保护责任被持续强化。1989 年，第三次全国环境保护会议提出了环境保护三大原则和八项管理制度。环境保护三大原则是指预防为主原则、防治结合原则和谁污染谁治理原则，环境保护八项管理制度是指“三同时”制度（环保设施与工程项目同时设计、同时施工、同时投产）、环境影响评价制度、排污收费制度、城市环境综合整治定量考核制度、环境目标责任制度、排污申报登记和排污许可证制度、限期治理制度和污染集中控制制度。环境保护三大原则和八项管理制度起先是国务院政令，其后，其中的八项管理制度陆续以污染防治法律法规的形式被颁布。①

第四，政府承担的环境污染整治责任被细化。1989 年，《环境保护法》第一次被修订。在此期间，全国人民代表大会常务委员会陆续制定并颁布环境污染整治各单项法律，包括《海洋环境保护法》《水污染防治法》《大气污染防治法》，以及资源保护法律，包括《森林法》《草原法》《水法》《水土保持法》《野生动物保护法》等。这些法律在初步形成我国环境保护法律体系的同时，也使政府承担的环境污染整治责任被不断细化。

第五，政府承担的农村环境污染整治责任被细化。1992 年，联合国在里约热内卢召开环境与发展大会，发布了《二十一世纪议程》。会后，中共中央、国务院办公厅转发外交部、国家环保局《关于出席联合国环境与发展大会的情况及有关对策的报告》，提出了我国应对环境污染的十大对策（通常被称为“环境与发展十大对策”）。这十大对策是，其一，实施可持续发展战略；其二，有效防治工业污染；其三，深化城市环境综合治理；其四，提高能源利用效率；其五，推广生态农业；其六，推进环境科技进步，发展环保产业；其七，运用经济手段保护环境；其八，加强对公众环境教育；其九，健全环境法制，强化环境管理；其十，参照《二十一世纪议程》，制订我国行动计划。可以看出，除深化城市环境综合治理之外，其余对策对于整治农村环境污染也都十分适用。尤其是第五条对策即推广生态农业，是我国政府首次在政策文件中明确提出要对农业生产过程产生的污染实施治理，肯定了政府承担农村环境污染整治责任也包括承担农业生产污染整治责任。②

第六，环境保护部门被系统设立。1982 年，我国成立“城乡建设环

---

① 曲格平．中国环境保护四十年回顾及思考——在香港中文大学“中国环境保护四十年”学术论坛上的演讲［J］．中国环境管理干部学院学报，2013，23（3）：1-5；23（4）：1-5.

② 《石油化工环境保护》编辑部．党中央、国务院批准我国环境与发展的十大对策［J］．石油化工环境保护，1992（4）：62-63.

境保护部”，并在该部内设立环境保护局，一举结束了临时成立十年的“国环办”（国家环境保护办公室），环境保护机构得以转入国家编制序列。1988 年，环保局又从城乡建设环境保护部分离出来，成为直属国务院领导、独立开展工作之“国家环保局”。1993 年起，全国人民代表大会设立“环境与资源委员会”，全国人民政治协商会议全国委员会也设立“环境与人口委员会”，各省（自治区、直辖市）、市、县（区）相继建立环境保护部门，部门内部又设立各职能机构。

第七，环境保护部门承担的环境监管职责被突出强调。1993 年，随着计划经济开始向市场经济转轨，我国新一轮大规模经济建设被掀起，各地上项目、铺摊子热情急剧高涨。在此背景下，针对包括乡镇企业污染在内的环境污染，我国开始建立以污染物总量控制为核心的环境监管制度，体现为在实施“三河、三湖、一市、一海”（“三河”指淮河、海河、辽河，“三湖”指滇池、太湖、巢湖，“一市”指北京市，“一海”指渤海）治理时，制定区域与流域污染防治规划，并实施重点污染物总量控制制度。具体而言，一是在“三河、三湖、一市、一海”流域或区域开展规模工业污染防治，各地环境保护部门加强环境监管，坚决淘汰落后产能、调整产业结构。二是在开展规模流域污染防治时，国务院以“三河三湖”治理中淮河水污染治理为重点，于 1995 年签发我国第一部以流域为单位治理污染的法规——《淮河流域水污染防治暂行条例》，要求国家和淮河流域环境保护部门“一定要在本世纪内让淮河水变清”。《淮河流域水污染防治暂行条例》的具体内容主要包括五个方面，其一，由国家环境保护总局和水利部牵头组成淮河水质保护机构，统一指挥、协调和部署安徽、河南、江苏、山东四省淮河水污染综合整治工作。其二，环境保护部门严格执法，建立环境管理目标责任制。[①] 其三，环境保护部门、水利部门建立健全淮河水质污染监测网，对监测断面排污量实行目标总量控制。其四，环境保护部门关、停、并、转一批在淮河沿岸

① 金立新．治理淮河污染使淮河水在本世纪末变清——国务委员宋健主持召开淮河流域环保执法检查现场会［J］．治淮，1994（8）：1－3．

污染严重、治理难度大的企业。其五，环境保护部门在淮河流域内所有省、市、县因地制宜修建污水集中处理设施。

第八，政府承担乡镇企业污染整治责任被法定。1996 年我国颁布《乡镇企业法》，该法规定，政府必须对排污超过国家或者地方规定标准、严重污染环境的乡镇企业实施限期治理，对逾期未完成治理任务的乡镇企业，依法予以关闭、停产或强制其转产。

（三）政府全面承担农村环境污染整治责任阶段（1998～2014 年）

1998 年，中共十五届三中全会发布《中共中央关于农业和农村工作若干重大问题的决定》。该决定在总结 1978～1998 年农村改革基本经验的基础上明确提出“改善农业生态环境”，这是我国政府全面承担农村环境污染整治责任的开始。在这一阶段，除对乡镇企业污染实施整治外，各级政府还对农业生产和村民生活所产生的污染实施整治，形成了对农村环境污染中的乡镇企业污染和农业生产、村民生活过程中产生的污染实施全面整治的特征，表 1－1 为这一时期颁布和实施的与政府承担农村环境污染整治责任有关的主要法律、法规和部门规章。

表 1－1　1998～2014 年与政府承担农村环境污染整治责任有关的主要法律、法规和部门规章

种类	名称、发布时间及机构	法律、法规或部门规章中有关政府承担农村环境污染整治责任内容
法律	《中华人民共和国农业法》（2002 年、2012 年修订）（全国人民代表大会常务委员会发布）	县级以上政府农业行政主管部门应当采取措施，支持农民和农业生产经营组织加强耕地质量建设，并对耕地质量进行定期监测。 各级农业行政主管部门应当引导农民和农业生产经营组织采取生物措施或者使用高效低毒低残留农药、兽药，防治动植物病、虫、杂草、鼠害。 农民和农业生产经营组织应合理施用化肥、农药，应对农膜、废弃秸秆加以利用，合理处置畜禽废弃物，防止环境污染
	《中华人民共和国水污染防治法》（2008 年修订）（全国人民代表大会常务委员会发布）	县级以上政府应将水环境保护工作纳入国民经济和社会发展规划。 地方各级政府对本行政区域水环境质量负责，应及时采取措施防治水污染。 国家实行水环境保护目标责任制和考核评价制度，将水环境保护目标完成情况作为对地方政府及其负责人考核评价的内容。 县级以上政府环境保护主管部门对水污染防治实施统一监督管理

续表

种类	名称、发布时间及机构	法律、法规或部门规章中有关政府承担农村环境污染整治责任内容
法律	《中华人民共和国固体废物污染环境防治法》（2004年修订、2013年修正）（全国人民代表大会常务委员会发布）	国务院环境保护行政主管部门对全国固体废物污染环境的防治工作实施统一监督管理。国务院有关部门在各自的职责范围内负责固体废物污染环境防治的监督管理工作。 县级以上地方政府环境保护行政主管部门对本行政区域内固体废物污染环境的防治工作实施统一监督管理。 国务院建设行政主管部门和县级以上地方政府环境卫生行政主管部门负责生活垃圾清扫、收集、贮存、运输和处置的监督管理工作。 县级以上政府应当统筹安排建设城乡生活垃圾收集、运输、处置设施。 农村生活垃圾污染环境防治的具体办法，由地方性法规规定
法规	《畜禽规模养殖污染防治条例》（2013年）（国务院发布）	各级人民政府应当加强对畜禽养殖污染防治工作的组织领导，采取有效措施，加大资金投入，扶持畜禽养殖污染防治以及畜禽养殖废弃物综合利用。 县级以上人民政府环境保护主管部门负责畜禽养殖污染防治的统一监督管理，农牧主管部门负责畜禽养殖废弃物综合利用的指导和服务，循环经济发展综合管理部门负责畜禽养殖循环经济工作的组织协调，其他有关部门依照本条例规定和各自职责，负责畜禽养殖污染防治相关工作。 乡镇人民政府应当协助有关部门做好本行政区域的畜禽养殖污染防治工作
	《关于落实科学发展观加强环境保护的决定》（2005年）（国务院发布）	以防治土壤污染为重点，加强农村环境保护。结合社会主义新农村建设，实施农村小康环保行动计划。开展全国土壤污染状况调查和超标耕地综合治理，污染严重且难以修复的耕地应依法调整；合理使用农药、化肥，防治农用薄膜对耕地的污染；积极发展节水农业与生态农业，加大规模化养殖业污染治理力度。推进农村改水、改厕工作，搞好作物秸秆等资源化利用，积极发展农村沼气，妥善处理生活垃圾和污水，解决农村环境“脏、乱、差”问题。 完善环境管理体制。按照区域生态系统管理方式，逐步理顺部门职责分工，增强环境监管的协调性、整体性。建立健全国家监察、地方监管、单位负责的环境监管体制。 加强环境监管制度。要实施污染物总量控制制度，推行排污许可证制度，严格执行环境影响评价和“三同时”制度，强化环境影响评价制度，完善强制淘汰制度，强化限期治理制度，完善环境监察制度，强化现场执法检查。 落实环境保护领导责任制。地方政府主要领导和有关部门主要负责人是本行政区域和本系统环境保护第一责任人，确保实现环境目标

续表

种类	名称、发布时间及机构	法律、法规或部门规章中有关政府承担农村环境污染整治责任内容
部门规章	《环境标准管理办法》（1999年）（国家环境保护总局发布）	国家环境保护总局负责全国环境标准管理工作，负责制定国家环境标准和国家环境保护总局标准，负责地方环境标准的备案审查，指导地方环境标准管理工作。 县级以上地方政府环境保护行政主管部门负责本行政区域内的环境标准管理工作，负责组织实施国家环境标准、国家环境保护总局标准和地方环境标准。 省、自治区、直辖市政府对国家环境质量标准中未做规定的项目，可以制定地方环境质量标准；对国家污染物排放标准中未做规定的项目，可以制定地方污染物排放标准；对国家污染物排放标准已做规定的项目，可以制定严于国家污染物排放标准的地方污染物排放标准。 县级以上政府环境保护行政主管部门负责环境标准的实施与监督
	《环境保护行政处罚办法》（1999年）（国家环境保护总局发布）	县级以上环境保护主管部门在法定职权范围内实施环境行政处罚。 经法律、行政法规、地方性法规授权的环境监察机构在授权范围内实施环境行政处罚。 环境保护行政处罚的一般程序为立案、调查取证、案件审查、告知和听证、处理决定、执行、结案和归档
	《环境监测质量管理规定》（2006年）（国家环境保护总局发布）	各级环境监测机构应对本机构出具的监测数据负责。 各级环境监测机构应依法取得提供数据具备的资质，并在允许范围内开展环境监测工作，保证监测数据的合法有效
法规	《环境监测管理办法》（2007年）（国家环境保护总局发布）	环境监测工作是县级以上环境保护部门的法定职责。 县级以上环境保护部门应当按照数据准确、代表性强、方法科学、传输及时的要求，建设先进的环境监测体系，为全面反映环境质量状况和变化趋势，及时跟踪污染源变化情况，准确预警各类环境突发事件等环境管理工作提供决策依据
	《秸秆禁烧和综合利用管理办法》（1999年制定，2003年修订，2016年废止）（国家环境保护总局发布）	在地方各级政府的统一领导下，各级环境保护行政主管部门会同农业等有关部门负责秸秆禁烧的监督管理；农业部门负责指导秸秆综合利用实施工作。 秸秆禁烧与综合利用工作应纳入地方各级环保、农业目标责任制，严格检查、考核

从表1－1可以看出，在这一阶段，政府整治农村环境污染有以下四个特点。第一，政府全面整治乡镇企业污染和农业生产、村民生活污染。在进一步承担乡镇企业污染整治责任的基础上，各地环境保护有关部门

开始承担村民污水垃圾处理和农业生产污染整治责任，这不仅充分体现在2005年国务院发布的《关于落实科学发展观加强环境保护的决定》和中共中央、国务院发布的《关于推进社会主义新农村建设的若干意见》中，也固化在《农业法》《水污染防治法》《固体废物污染环境防治法》等法律法规条款中。具体而言，在整治乡镇企业污染方面，环境保护有关部门在强化总量控制、项目环境影响评价、“三同时”、限期治理、环境监察制度的基础上，进一步推行排污许可、强制淘汰制度。在处理村民污水垃圾和整治农业生产污染方面，原农业部以新农村建设为抓手实施农村小康环保行动计划，开始全面实施农地治理与修复工程，化肥与农药减施工程，秸秆、废旧农膜和畜禽粪便资源化利用工程，农户沼气工程等。

第二，健全环境保护体系。党中央和国务院负责对地方政府环保工作进行指导、支持和监督，地方政府对本行政区环境质量负责并监督下一级政府环保工作。县级以上地方政府承担设置环保部门责任，并落实环保部门各机构职能、编制和经费。

第三，进一步完善环境保护制度。政府承担的农村环境污染整治责任内容主要包括两方面，其一，制订并组织实施农村环境污染整治规划、检查规划落实情况，及时解决问题，确保实现水、土、空气等环境目标责任；各级人民政府向同级人大、政协报告或通报农村环境污染整治情况，并接受后者监督。其二，制定并执行《环境标准管理办法》《环境保护行政处罚办法》《环境监测质量管理规定》《环境监测管理办法》等规章，实施环境监管等。在《畜禽养殖污染防治管理办法》《秸秆禁烧和综合利用管理办法》制定和实施后，原环境保护总局、原农业部等部门开始依法进一步承担畜禽粪便污染整治和秸秆资源化利用责任。

第四，实施农村环境规制。国务院于2005年要求，在采取总量控制、项目环境影响评价、“三同时”、限期治理、环境监察等方法整治乡镇企业污染的基础上，在整治乡镇企业污染过程中进一步强化排污许可与收费、强制淘汰制度。与此同时，全国人大常委会、农业部、国家环保总局等相继发布《农业法》《固体废物污染环境防治法》《畜禽养殖污染防治管理办法》《秸秆禁烧和综合利用管理办法》，规范农业生产者、村民在其生产、生活过程中的污染防治行为。

（四）建立多方参与的农村环境治理体制机制、培育农业生产和村民生活污染治理市场主体阶段（2015 年至今）

中共中央、国务院于 2015 年发布《生态文明体制改革总体方案》（以下简称《改革方案》），提出要建立多方参与的农村环境治理体制机制以改善环境质量，这标志着我国农村环境污染整治进入新阶段。该阶段的特征是，政府创新农业生产、村民生活污染整治责任承担机制，培育各种形式的农业生产、村民生活污染治理市场主体。

二 政府整治农村环境污染的业绩与效果

从整治社队企业污染到整治乡镇企业污染，再到全面整治乡镇企业与农业生产、村民生活污染，我国政府整治农村环境污染已历经三个阶段，当前正处于让农业生产、村民生活污染治理市场主体分担治污责任阶段。在过去三个阶段，由于担责体制不尽相同，尤其是担责后要达到的目标、完成的任务不同，所以政府整治农村环境污染的业绩与效果各不相同。

（一）奠基阶段业绩与效果

1974 年，国务院环境保护领导小组一经成立，就督促各地政府设立地方环保机构，并要求这些环保机构对全国环境污染状况展开摸查和评价。依据摸查和评价结果，国务院确定了两大环境污染整治目标，一是消除企业烟尘污染，二是消除如官厅水库、广西桂林漓江等重点地区水污染。各地政府实现这两大目标所要完成的共同任务是，整治包括社队企业在内的企业污染。随后，在高层领导重视和推动下，各地政府主要通过采取关停污染严重企业的做法，来完成重点地区水污染整治任务。具体而言，在 1973 ~ 1979 年实施的漓江治理中，邓小平做出“如不解决漓江污染，将功不抵过”的指示。时任国务院财政经济委员会副主任李先念坚决贯彻执行邓小平这一“治理好漓江”精神，通过纠正广西壮族自治区政府"把工厂全部关闭是不可能的事情"的不正确思想，直接促成了漓江沿岸37家以造纸为主的工厂全部被关停。[①]

但是，从全国范围来看，被关停污染型社队企业是极少数。事实上，不仅没有被关停，如前所述，在"四五计划"时期，社队企业获得中央财政扶持资金约80亿元。在这种情况下，社队企业数量在1971～1978年大大增长，其年增长率达到20%～35%。与之相对应的是，我国社办企业污染总体上加剧了，尽管这种加剧所造成的农村环境污染问题彼时总体上并不突出。[②]

因此，在政府承担农村环境污染整治责任奠基阶段，农村环境污染整治效果是，局部得到保护而总体趋于被污染。政府在这一阶段的最大收获是积累了"漓江污染整治经验"，第一，污染整治能否取得实效的决定性因素是政府是否有决心治污；第二，确保污染整治顺利开展的必要条件是建立环境保护体制。

（二）政府承担社队、乡镇企业污染整治责任阶段的业绩与效果

1979年，在制定并实施《环境保护法》的同时，国务院颁布由原农业和林业部拟定的《关于发展社队企业若干问题的规定（试行草案）》即"十八条"，第一次以法规的形式要求采取措施发展壮大社队企业。这些措施包括，在市场份额方面城市工业要部分"让份于"社队企业，在税收方面社队企业要享受低税（社队企业所得税按彼时税率20%征收）、免税（对小铁矿、小电站、小煤窑、小水泥等免征工商税和所得税三年）政策等。[③]"十八条""十六条"（1981年国务院发布的《关于社队企业贯彻国民经济调整方针的若干规定》）以及由财政、原农业、原建筑材料工业等部门发布的有关规章共同决定了，在这一阶段，发展壮大社队企业经济是地方政府的首要任务和几乎唯一的工作目标。在这种情况下，政府整治乡镇企业污染目标和任务在实践中并不明确。

---

① 马维辉．曲格平眼中的环保40年［N］．华夏时报，2018-07-30（034）．

② 李周，尹晓青，包晓斌．乡镇企业与环境污染［J］．中国农村观察，1999（3）：1-10．

③ 颜公平．对1984年以前社队企业发展的历史考察与反思［J］．当代中国史研究，2007，14（2）：60-69．

至1995年，我国乡镇企业经济在国民经济中已经处于支柱地位，与此相对应，依据由国家环境保护总局、农业部、国家统计局、财政部于1997年完成的“全国乡镇工业污染源调查”，以及国家环境保护局乡镇企业环境污染对策研究协作组、自然保护司的研究结果，这一阶段我国乡镇工业污染物排放量迅速增大。这主要体现在以下几个方面。

1. 乡镇企业污染源在数量、地域分布方面形成规模

（1）数量方面

从存量来看，至1995年，全国乡镇工业污染源总计121. 6万个，总计占当年乡镇工业企业总数的16. 9%。这其中，村以下工业污染源91. 6万个，占全国乡镇工业污染源总数的75. 3%。也就是说，至1995年，每100个乡镇企业中约有17个为污染源，其中13个污染源驻地为村庄。从增量来看，根据国家环境保护部门牵头对全国乡镇工业环境污染状况进行的调查，1984年、1989年、1995年全国乡镇企业污染源个数分别为18. 16万个、57. 15万个、121. 6万个。这意味着，全国乡镇企业污染源数量在1984～1989年平均每年增长7. 8万个；1989～1995年平均每年增长10. 7万个。可见，在这11年中，我国乡镇企业污染源数量总体上加速增长。①②③

（2）地域分布方面

全国31个省区市都有乡镇企业污染源，其中浙江约占18%，江苏约占16%、山东约占12%、广东约占10%、上海约占10%、福建约占5%，江西、重庆、贵州、内蒙古、甘肃、青海、新疆、宁夏、海南和西藏等10个省区市占比在1%以下，其余15个省区市占比在1%～5%。

2. 乡镇企业污染物排放量总体持续增大

（1）废水排放量增大

依据国家环境保护局、农业部、财政部、国家统计局所进行的全国

① 国家环境保护局乡镇企业环境污染对策研究协作组．全国乡镇企业环境污染对策研究［M］．南京：江苏人民出版社，1993：113.

② 国家环境保护局自然保护司．中国乡镇工业环境污染及其防治对策［M］．北京：中国环境科学出版社，1995：21.

③ 国家环境保护局，农业部，财政部，国家统计局．全国乡镇工业污染源调查公报［R］．1997－12－23.

乡镇工业污染源调查，从废水排放存量看，至1995年，我国乡镇企业排放废水达到5.91×10^9吨，如表1-2所示。从增量看，1989年全国乡镇企业污染源排放废水比1985年减少4.0×10^7吨，1995年比1989年增加3.23×10^9吨，如表1-3所示。

表1-2 1985年、1989年、1995年乡镇企业污染源污染物排放量

单位：吨

排放物 年份	废水	二氧化硫	固体废物
1985	2.72×10^9	2.71×10^6	2.54×10^7
1989	2.68×10^9	3.60×10^6	2.76×10^7
1995	5.91×10^9	4.41×10^6	1.8×10^8

资料来源：国家环境保护局乡镇企业环境污染对策研究协作组．全国乡镇企业环境污染对策研究［M］．南京：江苏人民出版社，1993：113；国家环境保护局自然保护司．中国乡镇工业环境污染及其防治对策［M］．北京：中国环境科学出版社，1995：21；国家环境保护局、农业部、财政部、国家统计局．全国乡镇工业污染源调查公报［R］．1997：12。

表1-3 1985年、1989年、1995年乡镇企业污染源污染物排放增量

单位：吨

排放物 年份区间段增加排放量	废水	二氧化硫	固体废物
1989年比1985年增加排放量	-4.0×10^7	8.9×10^5	2.2×10^6
1995年比1989年增加排放量	3.23×10^9	8.1×10^5	1.52×10^8

资料来源：国家环境保护局乡镇企业环境污染对策研究协作组．全国乡镇企业环境污染对策研究［M］．南京：江苏人民出版社，1993：113；国家环境保护局自然保护司．中国乡镇工业环境污染及其防治对策［M］．北京：中国环境科学出版社，1995：21；国家环境保护局、农业部、财政部、国家统计局．全国乡镇工业污染源调查公报［R］．1997：12。

（2）二氧化硫排放量持续增大。从存量看，至1995年，我国乡镇企业二氧化硫排放量达到4.41×10^6吨，如表1-2所示。从增量看，全国乡镇企业污染源在排放二氧化硫方面，1989年比1985年多排放8.9×10^5吨，1995年比1989年多排放8.1×10^5吨，如表1-3所示。

（3）固体废物排放量持续增大。从存量看，至1995年，我国乡镇企业固体废物排放量达到1.8 ×10^8 吨，如表1 –2 所示。从增量看，全国乡镇企业污染源在排放固体废物方面，1989 年比1985 年多排放2.2 ×10^6 吨，1995 年比1989 年多排放1.52 ×10^8 吨，如表1 –3 所示。

又依据李周等人的研究，至本阶段结束即1997 年，全国乡镇企业废水物排放量达到3.84 ×10^9 吨，二氧化硫排放量达到4.89 ×10^6 吨，固体废物排放量达到2.01 ×10^8 吨。[①] 综合分析以上数据可知，1985 ~ 1997 年，全国乡镇企业“三废”排放量总体增大。其中，二氧化硫和固体废物年排放量分别由2.71 ×10^6 吨/年、2.54 ×10^7 吨/年，持续增加到4.89 ×10^6 吨/年、2.01 ×10^8 吨/年，后者分别是前者的1.8 倍和7.9 倍。废水排放量由1985 年的2.72 ×10^9 吨增大到1997 年的3.84 ×10^9 吨，增大1.4 倍，尽管这其中有两次下降，但总体上是增大。

3. *乡镇企业污染来源广泛且危害严重*

农业部乡镇企业局于1997 年发布《全国乡镇工业污染源调查公报》，指出，“乡镇企业污染已成为环境保护的突出问题和影响人体健康的重要因素”。依据李周等人的研究，乡镇企业污染在这一阶段的主要危害有以下几个方面。第一，破坏甚至毁坏农业生产条件。乡镇企业污染形成广泛的环境公害，直接对农村水、土和空气的农业生产功能造成损害，这种损害在一些局部地区甚至是毁灭性的。如在云南、贵州和四川等省的炼硫区，由于乡镇炼硫企业所排放的二氧化硫浓度超过国家规定排放标准的5 倍至50 倍，所以炼硫区周边空气被严重污染，大面积耕地寸草不生。第二，造成农业经济损失。星罗棋布的乡镇小造纸厂、小电镀厂、小印染厂等五小工厂“三废”污染河流、耕地，给农业生产者和农户带来经济损失。如浙江省原萧山县，彼时有100 多家乡村印染厂，其印染废水污染厂区周边水体，致使相应河水、湖塘水等水体不仅不适合饮用，而且也无法用来灌溉和养殖。又如山东省、福建省，彼时各有6000 多家乡村造纸厂，这些造纸厂每年排放超过7000 万吨的强碱性污水，给本省种植和养殖业造成了巨大的经济损失。第三，引发社会问题。如某有色

---

① 李周，尹晓青，包晓斌. 乡镇企业与环境污染［J］. 中国农村观察，1999（3）：1 –10.

金属加工厂排放的废弃物曾严重污染当地环境，影响村民生产生活，村民向工厂讨要说法时，双方发生冲突。①

综上，在承担社队、乡镇企业污染整治责任阶段，政府担责效果并不好。与前一阶段相比，在这一阶段，农村环境污染由点成面形成了扩散，危害程度加深，使我国在真正意义上出现了农村环境污染问题，即乡镇企业污染源在数量、地域分布方面形成规模，且污染物排放量总体持续增大，造成广泛、持久、程度不断加深的经济和社会危害。

这一阶段，政府整治农村环境污染的主要业绩是，在前一阶段经验积累的基础上，环境保护体制被系统建立起来。尤其重要的是，面对社队、乡镇企业污染不断加深的严峻现实，我国于 1997 年实施《乡镇企业法》，从法律上规定乡镇企业必须承担污染防治责任。

（三）政府全面承担农村环境污染整治责任阶段的业绩与效果

党中央在 1998 年发布的《关于农业和农村工作若干重大问题的决定》和党中央、国务院于 2005 年发布的《关于推进社会主义新农村建设的若干意见》共同指明，政府全面承担农村环境污染整治责任所要达到的目标是改善农业生态环境和村庄人居环境。围绕这一目标，国务院又于 2005 年发布《关于落实科学发展观加强环境保护的决定》，要求各地政府在实施农村小康环保行动计划时，必须承担整治乡镇企业污染和农业生产、村民生活污染的责任。

1. 政府整治乡镇企业污染的业绩与效果

继党中央在《关于农业和农村工作若干重大问题的决定》中指出“乡镇企业是推动国民经济新高涨的一支重要力量”，“对乡镇企业积极扶持”“依法管理”之后，我国乡镇企业迎来了继 1970 年、1979 年之后的第三次大发展。在这次大发展中，依据有关部门整治乡镇企业污染业绩与效果的不同，可将这次大发展划分为 2000～2006 年、2007～2013 年两个时间段，如表 1－4 所示。

① 李桂林. 农村环境污染现状成因与防治对策［J］. 环境科学动态，1999（1）：9－12.

表1-4　2000～2013年政府整治乡镇企业污染的业绩与效果

年份	乡镇企业数（$\times 10^6$个）	整治乡镇企业污染业绩	乡镇企业污染整治效果
2000	6.74	全国建成和在建城镇工业小区9397个	2000～2006年，通过经济园区化，城镇集聚约12.8%的乡镇工业企业，这虽然在一定程度上降低了乡镇企业增量污染，但是，乡镇企业存量污染总体上很大，农村环境所遭受的污染并未被实质性减轻，突出表现为全国各地群发"癌症村"
2001	6.72	全国建成和在建城镇工业园区9149个	
2002	6.28	全国范围批准建设乡镇工业园区8699个，累计入园企业1.07×10^6个，约占全国乡镇工业企业总数的17.04%	
2003	6.43	全国累计有9.44×10^5个乡镇企业入驻乡镇企业工业园	
2004	6.40	农业部引导各地重新打造乡镇企业园区，使乡镇企业"走集群发展、清洁生产和循环经济的路子"。乡镇企业中的规模企业、科技企业、外贸企业等大都入驻工业园区和科技园区	
2005	6.33	全国建成各类乡镇企业园区累计29575个，园区内企业数累计163.8万个	
2006	6.57	全国乡镇工业园区累计5661个，园内乡镇企业8.4×10^5个	
2007	2.85	各地淘汰乡镇企业中的落后产能，包括淘汰化工、冶金、建材、有色等高污染、高能耗和资源型行业乡镇企业	2007～2013年，各地政府持续淘汰产能落后或过剩的重污染乡镇企业数量超过372万个。驻村工业企业数在总乡镇工业企业数中的份额降低为约66%。驻村乡镇企业持续转型升级，乡镇企业污染持续减轻。 2009年以后，全国"癌症村"发生发现数减少80%以上；在2010年公布的《第一次全国污染源普查公报》中，乡镇企业污染已不再是染源普查对象
2008	2.80	全国实际建成并运行的乡镇工业园区累计7879个，园内乡镇企业累计6.76×10^5个。各地调整乡镇企业结构，引导乡镇企业大力发展现代农业，促进乡镇企业向农产品加工企业转型	
2009	2.77	各地加紧治理产能过剩乡镇企业，集中关停矿山、初级产品和"两高一低"（高耗能、高污染、低产出）资源型企业	
2010	2.94	全国实际建成并运行乡镇工业园区累计9854个，园内乡镇企业累计1.11×10^5个。国家下达淘汰18个行业落后产能的硬性指标，要求实施节能减排、整治环境污染。各地政府严格关停、重组和整顿资源消耗型与产能过剩型企业，尤其重点关停和淘汰乡镇企业中的产能过剩企业	
2011	3.07	国家继续下达节能减排硬性任务和18个行业淘汰落后产能硬性指标，各地政府继续整顿和淘汰有关污染型乡镇企业	
2012	—	—	
2013	3.26	各地持续加强环境保护倒逼机制建设，乡镇企业污染物减排支出持续增加	

资料来源：《中国乡镇企业年鉴》（2000～2013年），其中数据源自年鉴中的"统计资料"。

（1）2000～2006年政府整治乡镇企业污染的业绩与效果

第一，这一时段的业绩。政府担责整治乡镇企业污染的主要业绩是将乡镇工业园区化，即将工业企业集中于园区，并依照新颁布的《乡镇企业法》《清洁生产促进法》将企业排污纳入日常环境监管，引导其发展清洁生产、循环经济。如表1-4所示，在这一时段，全国各地拥有的乡镇工业园数量总计为5000～10000个，入园工业企业数在6.28×10^6个以上。全国2006年建成并运行的乡镇工业园区数量为5661个，园区内工业企业数为8.4×10^5个，园区工业企业占总乡镇工业企业数的12.8%。第二，这一时段的效果。在这一时段，政府整治乡镇企业污染效果不理想。这主要是因为，实施工业企业入园虽然在一定程度上降低了乡镇企业增量污染，但是乡镇企业存量污染这一时段总体上依然很大，农村环境所遭受的环境污染并未实质性减轻，突出表现为全国各地群发“癌症村”（村庄内居民癌症发病率高、因癌症致死的死亡率高）。依照龚胜生和张涛的研究，从2000年开始，在全国范围内，除新疆、甘肃、西藏、青海、宁夏五省区之外，全国其余省区市每年平均出现“癌症村”18.6个，该数据远远超过2000年之前我国平均每年出现3.3个“癌症村”的统计数据。由于导致村民患癌的原因主要是村庄土壤尤其是村庄水体被规模化物理或化学致癌因子污染，而规模化致癌因子几乎只能来自工业“三废”，所以乡镇工业企业污染是造成“癌症村”群发的最可能原因。①②

（2）2007～2013年政府整治乡镇企业污染的业绩与效果

第一，这一时段的业绩。各地政府整治乡镇企业污染的主要业绩是，除继续建设乡镇工业园、纳企入园之外，还整顿关停了大批重污染型乡镇企业、淘汰了大批落后和过剩产能、使众多乡镇企业转型升级。其一，在整顿、关停重污染企业方面。乡镇企业数量从之前的6.57×10^6个，下降到之后的2.85×10^6个，下降幅度达到56.6%，即一半以上的乡镇企

---

① 龚胜生，张涛. 中国“癌症村”时空分布变迁研究［J］. 中国人口·资源与环境，2013，23（9）：156-164.

② 魏后凯. 对促进农村可持续发展的战略思考［J］. 环境保护，2015，（17）：16-19.

业被关停。[①] 其二，在淘汰落后和过剩产能方面。从 2007 年尤其是 2009 年开始，国家持续下达淘汰落后、过剩产能硬性指标，重点涉及 18 个行业的乡镇企业。例如，辽宁省于 2009 年集中关停省内约 80% 的“两高一低”（“高污染、高能耗、低产出”）乡镇企业。其三，在使企业转型升级方面。各地政府调整乡镇企业结构，引导乡镇企业大力发展现代农业、向农产品加工业转型，推动乡镇企业发展成为高新技术产业、重大装备制造业以及生产性服务业，实现经济与环境协调发展。第二，这一时段的效果。在这一时段，政府整治乡镇企业污染效果较为理想。其一，自 2009 年以后，全国“癌症村”发生发现数减少 80% 以上，每年发生发现“癌症村”数基本恢复正常水平。其二，在 2010 年公布的《第一次全国污染源普查公报》中，乡镇工业企业污染已不再如同 1997 年那样被单列为污染源普查对象。其三，在 2015 年中央发布的《生态文明体制改革总体方案》中，建立农村环境治理体制机制的重点是建立农业生产、村民生活污染治理体制机制。这意味着，乡镇工业企业污染已在总体上被遏制并逐渐势弱。

2. 政府整治农业生产、村民生活污染的业绩与效果

1999 年之后实施的《农业法》《水污染防治法》等法律法规与《秸秆禁烧和综合利用管理办法》《环境监测管理办法》等部门规章尤其是 2005 年发布的《国务院关于落实科学发展观加强环境保护的决定》共同指明，政府承担的农业生产、村民生活污染整治责任具体有四部分，分别是控制化肥和农药施用量、资源化利用秸秆、防治农膜和畜禽养殖业污染、处理村民生活污水和垃圾。按照污染整治内容不同，政府承担农业生产、村民生活污染整治责任可分为两个阶段，即 1998 ~ 2003 年的担责建设生态农业责任阶段，以及 2004 ~ 2014 年的明确整治农业生产、村民生活污染阶段，如表 1 – 5 所示。

---

① 中国乡镇企业及农产品加工业年鉴（2008 年）［M］. 北京：中国农业出版社，2008：17 – 20.

表 1-5　1998～2014 年政府承担农业生产、村民生活污染整治责任

年份	农业生产、村民生活污染整治内容	阶段
1998	建设自 1993 年起实施的第一批 51 个国家级生态农业示范县。 建设自 1996 年起实施的全国 300 个节水增产重点县、节水灌溉示范区，启动节水灌溉技术开发和推广（至 2008 年，节水灌溉明确成为防治农业生产污染的重要措施）	第一阶段：1998～2003 年，承担生态农业建设责任阶段
1999	全面启动大型灌区节水改造，制定改造规划	
2000	建设第二批国家级生态农业示范县（市）	
2001	启动全国无公害农产品认证，健全无公害农产品生产法规、标准、推广、监测四大体系和创建示范基地	
2002	全国第一次对重点地区耕地进行环境监测，对太湖流域农业面源污染进行调查、评价和实施示范性控制。实施严格的能源工程政府购买制度，做到项目进村入户、公开账务，公开招标、集中采购，统一标准、专业兴建。制定并发布《无公害农产品管理办法》	
2003	组织开展优势农产品产地环境质量监测与评价。持续推进以用户和养殖小区沼气池建设为主要内容的可再生能源工程建设。制定并发布《无公害农产品产地认定程序》《无公害农产品认证程序》	
2004	正式启动农业面源污染防治，对化肥和农药不合理使用、农膜残留、畜禽和水产养殖场粪便以及农村生活废弃物造成的农业面源污染进行典型性调研。继续开展优势农产品产地环境质量监测与评价。制定并发布《有机产品认证管理办法》	第二阶段：2004～2014 年，明确整治农业生产、村民生活污染阶段
2005	开展农业面源污染调查和监测，编制重点流域农业面源污染防治规划。在全国新增 200 个县试点推广测土配方施肥项目。在 5 省 30 个村启动乡村清洁工程试点，除继续实施农村能源工程外，开展农村污水垃圾整治行动。在农村垃圾处理方面，福建、江苏等省住建部门首创“村收集、镇转运、市县集中处理”垃圾处理模式	
2006	扩大乡村清洁工程试点范围。正式启动测土配方施肥项目。改革农产品认证制度，强化认证后监管，促进认证农产品流通，强化技术培训和支撑体系建设；制定《关于进一步推进农业品牌化工作的意见》，大力发展无公害农产品、绿色食品和有机农产品。制定并实施《节水灌溉工程技术规范》《节水灌溉设备现场验收规程》等节水灌溉管理制度	
2007	扩大被列为为农民办实事的测土配方施肥应用的作物范围。建设国家级循环农业示范地（市、州），整合乡村沼气、清洁工程、测土配方施肥等项目	
2008	加快秸秆综合利用。在 16 个省区市 1000 多个村庄开展清洁工程示范建设，建设生活污水垃圾、人畜粪便、农作物秸秆等收集处理与利用设施设备，全面推广秸秆资源化利用、测土配方施肥、节肥、节水、节药等技术。加强测土配方施肥项目质量控制，引导企业参与、创新测土配方施肥技术服务。制定并发布《农产品地理标志管理办法》。组织编制《全国大型灌区续建配套与节水改造规划（2009—2020 年）》，下发《全国灌溉用水有效利用系数测算分析技术指南》。发布《村庄整治技术规范》，在全国推进村庄人居生态环境改善工作	

续表

年份	农业生产、村民生活污染整治内容	阶段
2009	深入推进秸秆综合利用，将秸秆以肥料化、饲料化、燃料化、基料化、原料化形式加以利用。沼气建管并重，省财政出资开展扶持服务体系运转的试点。在测土配方施肥方面，强化项目监督管理。住房和城乡建设部统筹全国污水垃圾处理，组织江苏、云南、安徽等省建设部门编制太湖、滇池、巢湖流域村庄污水治理专项规划	第二阶段：2004～2014年，明确整治农业生产、村民生活污染阶段
2010	继续在17省区市1226个村开展农村清洁工程建设，推进农村环境综合整治。在测土配方施肥方面，强化政府主导统筹推进，将部门行为转变为政府决策机构和社会行为。持续推进村庄人居生态环境改善工作，搞好污水垃圾处理	
2011	整建制（整县、整乡、整村）推进测土配方施肥技术落实到作物、地块、农户，修订《测土配方施肥技术规范》，强化测土配方施肥技术指导服务	
2012	继续在22省区市1500多个村开展农村清洁工程建设。启动国家级农业清洁生产示范项目，重点实施地膜回收利用、蔬菜清洁生产、生猪清洁养殖。制定和发布《绿色食品标志管理办法》（废止1993年版）	
2013	持续在24省区市1600多个村开展农村清洁工程建设。建立多部门共同推动配方肥发展的合作机制，发展农业服务社会专业化、社会化组织。启动土壤治理与修复试点，治理新增废弃农膜所致土壤环境污染，鼓励废弃农膜回收与综合利用	
2014	强化农业面源污染监测预警，建设农业面源污染监测网络；进一步加强农业面源污染监测的常态化、规范化和制度化。建设太湖、洱海、巢湖、三峡库区流域农业面源污染防治综合示范区，重点防治畜禽养殖污染、控源减排农田氮磷、循环利用农村废弃物。各地实施农业清洁生产示范项目，提高地膜回收能力。制定并发布《有机产品认证管理办法》（废止2004年版）	

资料来源：《中国农业年鉴》（2000～2014年），其中数据源自年鉴中的“统计资料”；《中国品牌农业年鉴》（2015年）；《中国环境统计年鉴》（2015～2016年）。

（1）政府整治农业生产、村民生活污染的业绩

①政府建设生态农业阶段

这一阶段为1998～2003年。在该阶段，各地政府以建设生态农业示范县（市）的形式发展生态农业。我国生态农业建设起始于1993年，其目标是防治土壤沙化，推广省柴节煤灶，提高森林覆盖率和土壤中有机质含量，提高秸秆还田率，提高固体废弃物利用率，推广“四位一体”模式（将沼气池、猪舍、蔬菜栽培组装在日光温室中）和“猪—沼—果（渔）”模式（以养殖业为龙头，以沼气技术为纽带，带动果树栽培和水

产养殖发展）等。[1] 2000 年，我国实施为期三年的第二批 50 个国家级生态农业示范县建设，如表 1－5 所示。此时，我国生态农业建设任务中明确增加了整治农业生产、村民生活污染内容，如增加了建设无公害农产品基地内容。[2] 在这一阶段，我国农业部环境监测总站开始执行农村环境监测任务，包括开始对北京、天津等 5 个城市郊区蔬菜基地和湖北大冶市等 3 个工矿企业区基本农田进行环境监测和预警，开始组织实施优势农产品产地环境质量监测与评价，并开始对太湖流域农业生产和村民生活产生的污染进行调查、评估和示范性控制。

各地政府建设生态农业的业绩主要包括两个方面。一是在农业生态工程建设方面，51 个国家级生态农业示范县共实施 630 多项工程，示范县内大中型养殖场粪便综合利用率达到 66.6%，氮肥和农药使用量分别下降 3.2% 和 7.0%。二是在无公害农产品基地建设方面，农业部等部门发布《无公害农产品管理办法》、《无公害农产品产地认定程序》和《无公害农产品认证程序》，制定无公害农产品产地认定、产品认证、标志管理、监督管理、罚则等，统一了全国无公害农产品认证的标准、标志、管理、监督和程序。[3]

②政府明确担责整治农业生产、村民生活污染阶段

这一阶段为 2004～2014 年，各地政府有关部门所要完成的任务主要有两项，即强化品牌农业建设和实施乡村清洁工程。

（A）深化品牌农业建设

（a）深化品牌农业建设的内容

在这方面，农业部门及有关机构完成的任务包括五部分。其一，于 2004 年制定并发布《有机产品认证管理办法》。其二，于 2006 年改革农产品认证制度，并强化认证后监管、力促得到认证的农产品顺畅流通、

---

① 中国农业年鉴编辑委员会．中国农业年鉴（2001 年）［M］．北京：中国农业出版社，2001：232－233.

② 中国农业年鉴编辑委员会．中国农业年鉴（2003 年）［M］．北京：中国农业出版社，2003：82－84.

③ 中国农业年鉴编辑委员会．中国农业年鉴（2004 年）［M］．北京：中国农业出版社，2004：112－113.

加强无公害农产品技术培训和支撑体系建设。其三，改革无公害农产品产地认定与产品认证程序，简化申报程序，扩大申请认证主体的范围，缩短认证周期。其四，修订《绿色食品标志管理办法》。其五，于2008年制定并发布《农产品地理标志管理办法》，着手建立完整的“三品一标”管理体制。

（b）深化品牌农业建设的业绩

至2014年，我国无公害农产品产地达到19973个，认证面积达到1.92×10^7公顷，淘汰高毒农药33种。①

（B）实施乡村清洁工程

我国乡村清洁工程始于2004年。时年，农业部等环境保护有关部门在调研化肥农药、残留地膜、养殖场畜禽粪便、村民污水垃圾污染的基础上，进一步调查和监测北京官厅水库、太湖等11个重点流域农业生产和村民生活污染，继而编制出有关太湖、巢湖等6个重点流域农业生产和村民生活污染防治规划。之后，农业、环境保护等部门于2005年在5个省区市30个村试点乡村清洁工程，并于2008年在全国16个省区市的1000多个村庄开始实施清洁工程，包括实施测土配方施肥项目，实施秸秆、人畜粪便和地膜综合利用项目，实施村庄污水垃圾处理项目，实施节水灌溉项目等。这些项目的内容和实施项目的业绩如下。

（a）实施测土配方施肥项目与深入实施节水灌溉项目

第一，实施测土配方施肥项目的业绩。2005年，农业部在全国200个县试点推广测土配方施肥工程，探索“测土到田、配方到厂、供肥到点、指导到户”施肥技术模式，并推广“测土到田、配方到厂、供肥到点、指导到户”工作方法，即免费为农民测土、提供配方和技术培训，农民按方购肥、合理施用。2006年，农业部正式启动测土配方施肥项目，具体为成立工作办公室与技术专家组；制定受补贴项目验收方法，并建立和应用项目进度统计管理系统；建立施肥效果调查、工作检查、化验

① 中国优质农产品开发服务协会．中国品牌农业年鉴（2015年）［M］．北京：中国农业出版社，2015：404.

工作考核制度；制定项目招投标办法和程序。2007 年，农业部一方面制定政策，扩大测土配方施肥项目所覆盖的作物范围，使棉花、油菜、蔬菜等经济作物也能获得测土配方施肥项目所提供的服务；另一方面建立测土配方施肥技术骨干培训制度、测土配方施肥项目监管制度。2008 年，农业部一方面开始着力推进企业参与测土配方施肥项目，另一方面制定全国主要作物施肥指标体系、建立全国测土配方施肥技术基础数据库、规范专家咨询系统编制。2010 年，农业部印发《省级测土配方施肥工作绩效考评试行方案》，将测土配方施肥由部门行为转变为政府决策机构及社会行为。至 2014 年，测土配方施肥项目已为 1.9 亿农户提供免费技术服务，这些农户种植农作物时的氮、磷、钾肥平均利用率达到 33%、24%、42%，比项目开始时的 2005 年分别提高 5 个、10 个、12 个百分点。

第二，深入实施节水灌溉项目的业绩。我国于 1996 年开始在全国建设 300 个节水增产重点县和节水灌溉示范区。1998 年，农业和水利部门继续落实节水增产重点县和节水灌溉示范区建设，同时启动节水灌溉技术开发和推广工作，包括开发和推广喷灌、微灌、低压管灌技术，渠道防渗技术等。2006 年，农业和水利部门制定并实施《节水灌溉工程技术规程》《节水灌溉设备现场验收规程》《农田低压管道输水灌溉工程技术规范》等节水灌溉管理制度。2008 年，水利部组织编制《全国大型灌区续建配套与节水改造规划（2009—2020 年）》，下发《全国灌溉用水有效利用系数测算分析技术指南》；同年，清洁工程示范村建设与节水灌溉项目整合，节水灌溉成为整治农业生产污染的重要任务。至 2014 年，全国灌溉用水有效利用系数为 0.53，比 1998 年的 0.4 提高了 32.5%；全国节水灌溉面积达到 2.9×10^7 公顷，比 1998 年的 1.53×10^7 公顷增加了 89.5%。

（b）深入实施人畜粪便、秸秆和地膜综合利用项目业绩

从 2005 年开始，在建设农村能源工程的基础上，农业、环境保护、住房与城乡建设等部门启动乡村清洁工程，其核心内容是资源化利用生活垃圾、人畜粪便和秸秆。2007 年，农业部启动国家级循环农业示范地（市、州）建设工程，其主要内容是整合秸秆综合利用、有机肥生产、乡村沼气制备以及测土配方施肥等项目；同年，农业部开始建设乡村沼气

设施社会化服务网点。2009年，农业部深入推进秸秆综合利用，其具体途径是“秸秆五化”即秸秆肥料化、饲料化、燃料化、基料化、原料化。2012年，农业部启动国家级农业清洁生产示范工程，其内容包括实施地膜回收与综合利用。2013年，农业、环境保护部门启动农用地土壤治理与修复试点，内容包括整治废弃农膜所致土壤环境污染。至2014年，全国建成沼气工程10.3万处，比1998年的700余处增长了146.14倍；沼气用户达到4383.16万户，比1998年的660万户增长了5.64倍；沼气服务网点超过9.5万个。秸秆综合利用率达到78%，比开始全面实施秸秆综合利用之2008年的68.7%增加了9.3个百分点。

（c）实施村庄污水垃圾处理项目的业绩

2005年之前，村庄污水垃圾处理设施建设任务包含在小城镇建设项目中。2005年，乡村清洁工程启动后，各地住房和城乡建设部门开始强化村庄污水垃圾处理，主要内容是建设村民生活污水排放管道和沟渠、建设污水集中处理设施、建设村庄垃圾收集站点。2006年，农业部在四川、湖南等11个省区市建设251个乡村清洁工程示范村，有关乡（或镇）及县（市）政府在积极修建乡村污水垃圾处理设施的同时，组织村庄村民建立“村规民约”，以“村规民约”规范和约束村民在日常生产生活中妥善处置生活污水垃圾。2008年，住房和城乡建设部、国家质量监督检验检疫总局联合发布《村庄整治技术规范》，在全国推进村庄人居生态环境治理工作。2009年，住房和城乡建设部组织江苏、云南、安徽等省建设部门编制太湖、滇池、巢湖流域村庄污水治理专项规划。2010年以后，住房和城乡建设部按照党中央、国务院要求，实施村庄人居生态环境改善工程，常态化建设村庄污水垃圾处理设施。至2014年，全国行政村中，对村民生活污水进行处理的行政村占行政村总数的10%，比全面启动乡村清洁工程之2006年的5.2%增长了近1倍；对生活垃圾进行处理的行政村占行政村总数的48.2%，比2006年的27.0%增加了21.2个百分点。

（2）政府明确整治农业生产、村民生活污染的效果

综上所述，在全面承担农村环境污染整治责任阶段，政府整治农业

生产和村民生活污染整治有一定的业绩，如表 1－6 所示。

表 1－6 1998～2014 年政府担责整治农业生产、村民生活污染的业绩

任务	业绩
建设“三品一标”基地	无公害农产品产地面积从无到有，占全国耕地面积的 15.7%
实施测土配方施肥项目	全国农作物氮、磷、钾肥平均利用率达到 33%、24%、42%，比项目开始实施的 2005 年以前分别提高 5 个、10 个、12 个百分点
实施节水灌溉项目	全国灌溉用水有效利用系数为 0.53，比 1998 年的 0.4 提高了 32.5%；全国节水灌溉面积达到 2.9×10^7 公顷，比 1998 年的 1.53×10^7 公顷提高了 89.5%
深入实施人畜粪便、秸秆利用项目	至 2014 年全国建成沼气工程 10.3 万处，比 1998 年的 700 余处增长了 146.14 倍；沼气用户达到 4383.16 万户，比 1998 年的 660 万户增长了 5.64 倍；沼气服务网点超过 9.5 万个。秸秆综合利用率达到 78%，比开始全面实施秸秆综合利用之前，即 2008 年的 68.7% 增加了 9.3 个百分点
实施村庄污水垃圾处理项目	至 2014 年，全国行政村中，对村民生活污水进行处理的行政村占行政村总数的 10%，比全面启动乡村清洁工程之前即 2006 年的 5.2% 增长了近 1 倍；对生活垃圾进行处理的行政村占行政村总数的 48.2%，比 2006 年的 27.0% 增长了 21.2 个百分点

资料来源：《中国农业年鉴》（2000～2014 年），其中数据源自年鉴中的“统计资料”；《中国品牌农业年鉴》（2015 年）；《中国环境统计年鉴》（2015～2016 年）；《中国农业年鉴》（2001 年、2003 年、2004 年）。

然而，整治污染有业绩并不代表整治污染效果理想，这集中体现在我国在国家层面对太湖流域水环境污染实施整治时，虽然对农业生产、村民生活污染实施了整治，但却未能实现预期目标。

我国在国家层面十分关注太湖流域水环境质量。如上文所述，农业、水利等部门于 2002 年起开始对太湖流域农业面源污染进行调查、评价和实施示范性控制，并于 2005 年起编制了太湖重点流域农业生产污染防治规划，还于 2009 年起编制了太湖流域村庄污染防治规划。然而，尽管在国家层面太湖流域水环境质量受到重点保护，但是，自 1997 年起，太湖水体却持续富营养化，并且由初期的轻度富营养化逐渐升至中度富营养化，[①] 并终于在 2007 年爆发蓝藻危机，导致无锡水源地水质遭到污染，近百万群众用水受到严重影响。

① 太湖流域水环境综合治理总体方案［EB/OL］. https://wenku.baidu.com/view/bf7f554133126edb6f1aff00bed5b9f3f90f72bb.html.

太湖蓝藻危机事件发生后，党中央、国务院对太湖流域水污染治理高度重视，授权国家发展和改革委员会牵头组建太湖流域水环境综合治理领导小组和太湖流域水环境综合治理联席会以开展太湖流域污染治理工作，并指示：要把包括太湖治理工程在内的“三湖”（太湖、巢湖、滇池）治理工程建设成为“国家生态环境建设标志性工程”——这意味着，在整治太湖流域水环境污染时，农业生产、村民生活污染整治效果代表了我国在农业生产、村民生活污染整治方面所能达到的最好效果。根据指示，国家发展和改革委员会牵头制定了提高太湖水环境质量的目标，其中包括，至2012年太湖水体总磷浓度降到0.07mg/L以下，至2015年太湖水体总磷浓度降到0.06mg/L以下。

为实现太湖流域水污染治理目标，太湖流域水环境综合治理联席会向国务院有关部委和江苏、浙江、上海两省一市政府下达污染整治任务，其中包括实施69个农业生产、村民生活污染整治项目。十余年来，随着国务院有关部委和两省一市政府采取一系列保障措施大力实施太湖流域水环境综合治理项目，污染整治目标理当被全面实现，然而如表1-7所示，太湖水体总磷浓度却总体未达标：至2012年以后，太湖水体总磷浓度未稳定在小于或等于0.07mg/L；至2015年和2016年，太湖水体总磷浓度不仅没有小于或等于0.06mg/L，反而从0.0667mg/L连续反弹走高而达到0.0822mg/L和0.0843mg/L——这些值甚至高于本应于2012年达到的小于或等于0.07mg/L的目标值。

表1-7 2006~2016年太湖水体水质变化情况

单位：mg/L

项目	2006年	2007年	2008年	2009年	2010年	2011年	2012年	2013年	2014年	2015年	2016年
总磷浓度	0.0966	0.0747	0.0740	0.0625	0.0718	0.0659	0.0709	0.0779	0.0667	0.0822	0.0843
总磷浓度控制目标	至2012年小于或等于0.07							至2015年小于或等于0.06			

资料来源：水利部太湖流域管理局．水资源公报［EB/OL］．http://www.tba.gov.cn/slbthlyglj/sj/sj.html。

为探究太湖水体总磷浓度总体未达标的原因，太湖流域水环境综合治理联席会组织力量于2013年展开调查。结果表明，依据2010年数据，在每年进入太湖水体的总磷中（2010年进入太湖水体的总磷为7851吨），57.7%来源于农业生产、村民生活所排放的污染物，6.56%来源于工业点源，25.19%来源于城镇生活，10.57%来源于城镇面源。事实上，正如《太湖流域水环境综合治理总体方案（2013年修编）》所言，随着太湖流域工业点源和城乡污水治理逐步到位，面源污染尤其是农业生产、村民生活污染占污染负荷的比重逐步提高，已成为太湖治理的主要矛盾。[①] 这实际上表明，农业生产、村民生活污染持续积重是十余年来太湖水体中总磷浓度未达标且总体维持在0.07mg/L以上的主要原因。这揭示出，国务院有关部委和两省一市政府虽担责整治流域内农业生产、村民生活污染，但总体上未能实现预期目标。

三 问题提出

上述梳理表明，在农村环境污染整治中，伴随政府从开始担责到有限担责再到全面担责，我国农村环境污染从以工业企业污染为主演变为以农业生产、村民生活污染为主。第一，在承担农村环境污染整治责任奠基阶段，政府担责重心是初步建立环境保护体制，包括制定我国第一部环境保护综合性法规，制定环境管理制度、环境规划以及制定污染物排放标准等。这些措施虽然使社队企业污染整治工作开始有章可循，局部地区如官厅水库、漓江等区域的社队企业污染被消除，但是，从全国范围来看，社队企业污染并未得到实质性整治，因而在该阶段，我国农村环境污染开始扩散。第二，在承担社队、乡镇企业污染整治责任阶段，政府担责重心是系统建立健全环境保护体制，包括健全环境保护法律法规、政策体系与不断完善环境污染整治制度。这些措施虽然为整治乡镇企业污染建章立制，但在该阶段我国农村环境污染由点到面形成了扩散，

① 太湖流域水环境综合治理总体方案（2013年编修）［EB/OL］. http：//www.tba.gov.cn/slbthlyglj/sj/sj.html.

并且污染所造成的危害程度逐渐加深，最终，我国开始出现农村环境污染问题。第三，在全面承担农村环境污染整治责任阶段，政府担责重心是扩大担责范围，强化环境规制，不仅整治乡镇企业污染，同时也整治农业生产、村民生活污染。政府担责整治乡镇企业污染达到预期效果，乡镇企业污染最终在总体上被遏制并逐渐削弱。然而，与此同时，以治理太湖流域水环境污染为代表，我国政府虽担责整治农业生产、村民生活污染，但总体上迟迟未能实现预期目标，农业生产、村民生活污染持续积重并最终成为我国农村环境污染中的主要污染。

政府虽担责整治农业生产、村民生活污染，但整治效果总体上迟迟未能达到预期目标，揭示出，在农村环境资源配置中，市场机制失灵之上叠加着政府干预产生的政府担责机制失灵。那么，政府承担农业生产、村民生活污染整治责任机制失灵之处何在？在当前党中央、国务院明确要求建立多方参与的农村环境治理体制机制、培育农业生产和村民生活污染治理市场主体阶段，为解决市场与政府在配置农村环境资源时双重失灵问题以提高环境质量，又应当如何将农业生产、村民生活污染整治由政府担责向市场分担责任推进？

第二节　文献综述

对国内外相关研究进行梳理，探究政府承担农业生产、村民生活污染整治责任机制失灵之处何在，又应当采取何种措施解决市场与政府双重失灵问题以提高环境质量。结果表明，现有研究已经到了具体问题具体分析阶段。要解决市场与政府双重失灵问题以提高环境质量，就必须建立健全市场主体分担农业生产、村民生活污染整治责任机制。既有相关研究经验和存在的不足决定了课题组应当主要在公共经济学理论指导下回答前述问题。

一　国外研究

国外有关市场与政府双重失灵问题的研究主要集中于理论与实践两

个层面。

（一）理论层面的研究

理论层面的研究主要探究市场失灵与政府双重失灵问题存在的客观性、起因及解决问题的原则。

保罗·萨缪尔森（Paul A. Samuelson）和威廉·诺德豪斯（William D. Nordhaus）认为，市场失灵是指价格体系不完备阻碍资源的有效配置。造成市场失灵的原因是不完全竞争、外部性、公共品等。针对市场失灵，政府承担起许多责任，其主要目标是提高效率、增进公平以及促进宏观经济稳定增长。但是，当政府政策不能提高效率，或者集体行动所采取的手段不能改善道德上可接受的收入分配时，政府失灵就会出现。合理划分市场和政府的界限，以防止政府失灵是一个长期而持久的课题，其关键是刻画出市场机制与政府干预之间的黄金分割线。市场和政府应当同时存在，没有市场或没有政府，现代经济运作都会孤掌难鸣。[①]

约瑟夫·E. 斯蒂格利茨认为，市场失灵是指市场达不到约束条件下的帕累托效率。市场失灵具有普遍性，如公共物品、外部性、垄断尤其是自然垄断等。虽然市场存在失灵问题，且要求政府以某种形式进行干预，但是市场并没有必然地要求政府干预生产。即使政府有必要干预市场，在实施干预之前，还须解决两个问题以决定政府的适当作用，一是政府生产和利用私人生产商的政府供给之比较，二是与政府生产相关联的直接调控和间接调控之比较。在实施干预时，为避免干预失灵，政府应努力做到，无论是实施垄断权还是授予垄断权都应慎重，鼓励在公共部门中展开竞争，使自身的经济功能分散化等。[②]

速水佑次郎认为，市场通过自发交易协调经济活动，而政府使用强制力量和由它制定的一整套规章来协调人们的活动，二者在资源配置上有着不可分割的依赖性。具体而言，市场发挥作用的前提条件是政府制

① 保罗·萨缪尔森，威廉·诺德豪斯. 经济学［M］. 于健译. 北京：人民邮电出版社，2018：30－37.

② 斯蒂格利茨. 政府为什么干预经济：政府在市场经济中的作用［M］. 郑秉文译. 北京：中国物资出版社，1998：69－72.

定法律，而政府发挥作用的前提是政府要能够从市场交易中获得税收。尽管市场和政府都会失灵，但是市场和政府在配置资源方面都是必不可少的。经济体制的差异就是市场和政府结合方式上的差异，即哪部分经济活动由国家负责、哪部分经济活动留给市场的差异。因此，选择经济体制的主要任务是，在掌握市场和政府失灵原因的前提下，找到二者结合的适宜方式。一般而言，一个国家越不发达支持市场的制度（如产权保护）就越不完善，市场失灵就越普遍而严重，也就越需要强有力的政府干预来解决市场失灵问题。然而，与此相对应的是，在不发达国家，往往公民的教育水平也很低，即政治参与同国家整体性意识的公民传统并没有很好地在人民中建立。“在这样的社会条件下，政府失灵比市场失灵更严重的可能性更大。认识到这种可能性，选择一个在特定的历史条件下最优的市场和政府的结合方式是发展设计中最根本的。”①

公共选择理论的代表人物肯尼斯·阿罗（Kenneth J. Arrow）、詹姆斯·布坎南（James M. Buchanan）、阿马蒂亚·森（Amartya Sen）以及丹尼斯·C. 缪勒（Dennis C. Mueller）等认为，市场失灵并不意味着公共物品或服务供给责任要完全由政府来承担。早先的经济学文献认为，当公共物品或服务、外部性等市场失灵问题出现，国家有必要纠正这种市场失灵时，通过制定并实施税收、补贴等政策，政府就能够消除这些失灵以实现资源配置的帕累托最优。但是，20 世纪 60 年代以后，大量公共选择研究陆续挑战此种政府之“天堂式模型”。结果发现，民主投票规则、政治家与政党行为、利益集团行为、官僚机构和官僚行为、政府行为等都会造成公共选择机制即政府供给公共物品或服务失灵。②

以科斯（Ronald H. Coase）等人为代表的新制度经济学研究人员认为，政府与市场是两种可以相互替代的资源配置方式与具体制度安排。具体到环境资源配置，依照新制度经济学环境理论，环境资源配置失灵的

---

① 速水佑次郎．发展经济学——从贫困到富裕［M］．李周译．北京：社会科学文献出版社，2003：231－240.

② 丹尼斯·C. 穆勒．公共选择理论（第三版）［M］．杨春学等译．北京：中国社会科学出版社，2010：1－7.

根源既源于市场缺陷，也源于政府失灵——政府没有清晰界定环境产权。在产权明晰且交易成本极低或者为零的前提下，环境问题就能够通过市场机制，如通过排污权交易来解决。因此，新制度经济学环境理论研究人员认为，依靠单一的市场模式或政府模式，政府都不能解决环境资源配置的市场与政府双重失灵问题；要解决这一问题，就必须有机整合政府干预和市场手段。[①]

（二）实践层面的研究

实践层面的研究主要探究在解决市场与政府双重失灵问题时政府与市场合作的方式方法。

针对公共产品领域中的市场与政府双重失灵问题，20 世纪 80 年代之后，西方国家政府普遍采取的一种做法是把市场还给市场，即在创造性地区分“公共产品的提供”与“公共产品的生产”两个概念的前提下，政府在肩负提供、送达公共产品责任的同时，在公共产品的生产环节引入市场机制，以此提高公共产品供给效率。[②]

20 世纪 90 年代以后，世界银行对各国发展经验进行总结，认为发展的核心问题是政府与市场如何相互作用，并指出，当市场与政府相互对立时，就会产生包括市场与政府双重失灵在内的灾难性后果。虽然市场在组织生产和分配货物与劳务方面优势明显，但市场不能在真空中运行——它需要政府才能提供的法律与规章制度体系。在诸如投资基础设施、向穷人提供最基本服务等方面，市场会失灵，这就需要政府来干预。但是，政府干预应当谨慎和明智，即要同市场协调一致运转。经验表明，当市场和政府能协调一致运行时，就会产生比总和收益更高的惊人成就。[③]

---

① Berger, S., Forstater, M. Toward a Political Institutionalist Economics: Kapp's Social Costs, Lowe's Instrumental Analysis, and the European Institutionalist Approach to Environmental Policy [J]. Journal of Economic Issues. 2007, 41 (2): 539 – 546.

② 贾康，冯俏彬 . 从替代走向合作：论公共产品提供中政府、市场、志愿部门之间的新型关系［J］. 财贸经济，2012（8）：28 – 35.

③ 世界银行 . 1991 年世界发展报告——发展面临的挑战［M］. 北京：中国财政经济出版社，1991：1 – 8.

世界银行认为，若要提高自身有效性，即在解决市场失灵问题的同时又避免自身失灵，政府就要使自身作用与自身能力相适应。依据承担解决市场失灵问题责任的不同程度，政府职能可被划分为小职能、中型职能和积极职能。政府小职能是指，在解决市场失灵方面政府仅提供纯粹的公共物品，如国防、宏观经济管理、法律与秩序、公共医疗卫生、财产所有权等。在这里，政府不能选择是否去干预市场，而只能选择去提供这些公共物品。政府中型职能是指，在解决市场失灵方面政府进一步解决外部性问题，如提供基础教育、环境保护服务等，规范垄断企业如制定反垄断政策、公用事业法规等，克服信息不完全问题如提供社会保险等。在这里，政府也不能选择是否去干预市场，但政府可以选择如何才能更好地干预，那就是，政府可以与市场和市民社会形成合作关系，以保证这些公共物品得到提供。政府积极职能是指，在解决市场失灵问题方面进一步协调私人活动，如集中各种举措促进市场发展等。使自身作用与自身能力相适应，不仅包括政府做什么的问题，还包括政府如何做的问题。虽然政府在提供基础服务方面依然要发挥中心作用，但这根本不表明政府必须是唯一的提供者。[①]

为整治农业非点源污染，欧盟成员国和美国当前正在完善其现行的农业生产污染治理政策体系，其主要内容是，在继续实施向污染者支付制度（Pay-The-Polluter，PTP）[②③] 的同时，加强污染者付费原则（Polluter-Pays Principle，PPP）的使用。[④⑤] 欧盟成员国和美国完善其现行的农

① 世界银行.1997年世界发展报告——变革世界中的政府［M］. 北京：中国财政经济出版社，1997：26－27.

② Shortle，J. S.，Ribaudo，M.，Horan，R. D. and Blandford，D. Reforming Agricultural Nonpoint Pollution Policy in an Increasingly Budget-constrained Environment［J］. Environmental Science and Technology. 2012，46（3）：1316－1325.

③ Shortle，J.，Horan，R. D. Policy Instruments for Water Quality Protection［J］. Annual Review of Resource Economics，2013，5：111－138.

④ Goetz，R. U.，Martínez，Y. Nonpoint Source Pollution and Two-part Instruments［J］. Environmental Economics and Policy Studies. 2013，15：237－258.

⑤ Garnache，C.，Swinton，S. M.，Herriges，J. A.，Lupi，F. and Tevenson，R，J. Solving the Phosphorus Pollution Puzzle：Synthesis and Directions for Future Research［J］. American Journal of Agricultural Economics. 2016，98（5）：1334－1359.

业生产污染整治政策体系的实质是，在环境经济学框架内寻求解决环境资源配置的市场与政府双重失灵问题之对策措施。事实上，当前在美国，地方政府在 CWA（Clean Water Act）框架下整治非点源污染的实践，就如同40年前整治工业点源污染的境况——既缺乏组织的联合（监管者、受害者、污染者共享信息）又充满变数；在欧盟，尽管制定了雄心勃勃的 WFD（Water Framework Directive）并执行了近二十年，但要把农业部门带进 WFD 所要求的条款中去，政府还要做许多工作。[①]

二 国内研究

国内有关市场与政府失灵问题的研究正处于深入细致推进阶段，其研究过程主要基于环境经济学、公共经济学和公共治理理论的视角展开。

（一）基于环境经济学的视角

这一视角的研究主要探究环境资源配置上的市场失灵起因，以及政府应当采取何种环境政策工具消除市场失灵，并指出政府采取政策工具应当有效，以避免政府自身失灵。

陆远如认为，环境资源配置上的市场失灵，以及政府干预中的政府失灵是环境问题产生的经济根源。[②] 任力和吴骅认为，环境问题产生的机理是生产者在生产时虽因产生污染环境的副产品而产生社会成本，但这种社会成本却不计入生产成本以及产品的市场价格，从而社会成本被低估。因为环境负外部性扭曲成本和收益关系，所以市场配置环境资源时失灵。[③] 沈小波认为，为消除市场失灵，政府需要通过制定环境政策来消除环境负外部性，这些政策包括利用市场、创建市场、环境管制三种。利用市场型政策工具包括针对排污、投入和产出的环境税费，使用者收费，押金—退款制度等；创建市场型政策工具主要是界定环境产权的机制，如可交易的排污许可证制度；环境管制型政策工具主要是环境标准、

---

① Drevno，A. Policy Tools for Agricultural Nonpoint Source Water Pollution Control in the U. S. and E. U. Management of Environmental Quality ［J］. 2016，27（2）：106－123.

② 陆远如．环境经济学的演变与发展［J］．经济学动态，2004（12）：32－35.

③ 任力，吴骅．奥地利学派环境经济学研究［J］．国外社会科学，2014（3）：88－96.

技术标准、禁令、不可交易的排污许可证等。这些环境政策要综合制定，精巧平衡，确保环境有效性、经济效率性和分配公平性。[①] 陆远如认为，解决政府失灵问题，关键在于政府提高对环境问题的正确和全面理解，制定操作性强的政策措施。

尚振田和尚振国认为，当前污染物排放日渐成为农业生产者生产、村民生活的必需投入，这表现在四个方面。其一，农业生产者长期以来使用化肥已使地力受损，但为了使地力受损的农地产出与先前同样多产量的作物，就必须继续增大化肥施用量，即农业生产者患上化肥依赖症；同化肥依赖症相似，农民也患上农药依赖症。其二，随着化肥被使用，人畜粪便逐渐不再是种植的必需投入，“肥水不流外人田”逐渐变成了粪水直接流入河道或随意堆积。其三，随着生活水平提高，村民在日常生活中开始广泛用电、液化气，在畜禽养殖中更多使用饲料，导致秸秆逐渐不再被当作柴火和饲料，而是越来越多地被丢弃在路边或被焚烧。其四，随着农村消费经济发展，村民生活垃圾由过去的以有机成分为主，逐渐转变为当前更多的成分是在短期内难以被降解的塑料制品、废旧电池、农药瓶、废旧薄膜等。然而，尽管农业生产者、村民生产和生活过程产生污染，但他们却并不承担相应责任，造成市场配置农村环境资源时失灵。[②] 苏阳和马宙宙认为，政府整治农业生产、村民生活污染失灵的一个重要原因是，由于几乎没有有效的经济手段对农业生产者、村民行为所产生的环境正外部效应给予一定补偿，也没有有效的经济手段对他们行为所产生的环境负外部效应收取一定费用，所以农业生产者、村民采用掠夺式方式进行生产实际上受到鼓励。[③] 管宏友和陈玉成认为，村民污水垃圾处理效果之所以不佳，是因为农村环境监管机构缺乏，继而对

---

① 沈小波．环境经济学的理论基础、政策工具及前景［J］．厦门大学学报（哲学社会科学版），2008（6）：19－25.

② 尚振田，尚振国：农村内源性环境污染及其治理研究——基于鲁南G村的分析［J］．安徽行政学院学报，2018（5）：68－75.

③ 苏杨，马宙宙．我国农村现代化进程中的环境污染问题及对策研究［J］．中国人口·资源与环境，2006，16（2）：2－7.

村民的排污行为缺乏有效监管。[①] 袁平和朱立志认为，一方面，只有农民积极主动参与防治，农业污染才能得到有效整治，然而事实上，规制农民参与污染防控的环境法律法规长期缺位；另一方面，促使农民减排的激励机制也存在缺失，这两方面原因导致农业生产污染整治失灵。[②] 傅晶晶、赵云璐、司言武等人提出的解决农业生产、村民生活污染防治中政府失灵问题的措施主要包括，制定农村环境污染整治法律法规，使农业生产者、村民承担污染防治责任；强化环境政策工具的使用，包括对重金属含量高的农药、化肥产品征收销售税，对农业生产者施用化肥、农药等征收“污染税”等。[③]

（二）基于公共经济学的视角

这一视角的研究主要探究市场失灵的起因，政府干预市场的必要性与政府干预失灵的起因，以及解决市场与政府双重失灵问题的公共经济学方式方法。

黄新华认为，市场失灵是指仅仅依靠市场机制不能实现帕累托最优，也不能避免收入分配不公和宏观经济失衡等现象。市场失灵主要由不完全竞争、规模报酬递增、信息不完全、外部性、公共物品等原因引起。市场失灵的存在决定了市场经济条件下政府干预市场的合理性，但政府干预市场时，自身也会失灵。政府失灵的原因主要有七个方面：一是政府政策目标与公共利益有差异；二是政府行为效率低下；三是政府角色错位，即管了不该管也管不好的事；四是政策滞后；五是政府干预机制与市场运行机制发生冲突；六是受到不完全信息的影响；七是存在寻租活动。从市场失灵到政府失灵表明，作为配置资源和协调社会经济活动的主要机制或制度安排，政府与市场各有其优缺点。政府可以帮助市场、

---

① 管宏友，陈玉成．农村生活污染的制度“缺失”与“补位”［J］．经济管理，2011，33（6）：176－181．

② 袁平，朱立志．中国农业污染防控：环境规制缺陷与利益相关者的逆向选择［J］．农业经济问题，2015（11）：73－79．

③ 傅晶晶，赵云璐．农村环境法律制度嬗变的逻辑审视与启示［J］．云南社会科学，2018（5）：32－42．司言武．农业非点源水污染税收政策研究［J］．中央财经大学学报，2010（9）：6－9．

校正市场，市场也可以帮助政府、校正政府，试图在政府和市场之间人为划出一条泾渭分明的界限是徒劳的。要解决从市场失灵到政府失灵的问题，就不能固化政府与市场各自的功能，而应当根据社会经济发展变化不断调整二者关系，实现市场与政府的有效组合。①

周清杰、张志芳认为，政府介入市场失灵领域的实质是，政府用规制力量来解决特定情形下价格、竞争、供求等机制在资源配置中的低效率问题。然而，一旦政府的微观规制也因某种原因出现失灵现象，就会出现市场机制和政府规制的"双失灵"问题。"双失灵"会导致市场机制推崇的效率至上原则被放弃，政府规制行为也不再是以矫正市场失灵为目标。为矫正市场与政府双失灵，应当提升规制能力和引入激励机制。②

刘佳丽、谢地认为，市场失灵产生对政府供给的需求，而政府供给低效却引发政府失灵，这导致人们在公共产品领域努力重塑旨在既可以规避市场失灵，又能够防止政府失灵的供给模式。由于无论是基于市场失灵考量的政府垄断供给公共产品模式，抑或是基于政府失灵考量的政府与市场二元主体供给公共产品模式，还是兼顾政府失灵和市场失灵建立的多元主体互动供给公共产品模式，都是一个当原有主体供给失灵即供给效率不足之后，再重新寻找公共产品供给主体的过程，所以，重塑政府与市场关系以解决市场与政府双重失灵问题的首要工作是，明确公共产品供给主体选择的效率标准。③

刘尧认为，生态文明建设中的市场机制失灵为政府干预提供理论依据，但市场失灵并不构成政府有效解决环境问题的充分条件，事实上地方政府在环境管理方面会失灵。要解决生态文明建设中的市场与政府双失灵问题，政府就要创新环境治理机制，包括强化生态责任承担、建立

---

① 黄新华．从市场失灵到政府失灵——政府与市场关系的论辩与思考［J］．浙江工商大学学报，2014（5）：68－72．

② 周清杰，张志芳．微观规制中的政府失灵：理论演进与现实思考［J］．晋阳学刊，2017（5）：126－132．

③ 刘佳丽，谢地．西方公共产品理论回顾、反思与前瞻——兼论我国公共产品民营化与政府监管改革［J］．河北经贸大学学报，2015，36（5）：11－17．

健全环境问责制度等。[①]

虞满华、徐东辉、褚丽认为，在市场和政府双重失灵中，经济学语境中的市场失灵是指市场不能有效率地配置经济资源，公共选择理论视角的政府失灵是指政府在提供公共物品时效率不足，具有错配和滥用公共资源的倾向。政府失灵的表现形式很多，主要包括政府职能的越位、缺位和错位三种。其中，政府职能的越位是指，政府在对企业和市场进行过多不必要干涉的同时，基于种种原因，对一些本不该由国家财政机制配置的产品由财政投资并分配，导致产品供给的低效率或分配不公。政府职能的缺位是指，政府在提供公共物品、公共服务和对市场进行监管时缺位。政府职能的错位是指，政府偏离其应当承担的职能，把重心放在了管控和配置资源等事项上，导致经济与社会建设错位、效率与公平错位、管控与服务错位等。在解决市场与政府的双重失灵问题时，发挥市场与政府的积极作用，打造“有效市场”和“有为政府”，形成“强政府—强市场”的双强模式极其重要。[②]

（三）基于公共治理理论的视角

这一视角的研究主要探究市场失灵的起因，政府干预市场的必要性与政府干预失灵的起因，以及如何以多元共治方式解决市场与政府双重失灵问题。

贾康和冯俏彬认为，政府干预市场从一开始就以校正市场失灵为己任，因而早先的政府干预市场机制是一种政府替代市场机制，这一机制引出了广泛的政府失灵。当前，在解决政府替代所导致的政府失灵问题时，政府需要转换视角，从重视“失灵”“替代”转向重视“有效”“合作”，做到在一系列重要领域，在正视市场、政府、社会等各自有效性和失灵之处的基础上，重视各自的优势与长处，将原先的替代、拼接机制转换为相互渗透融合机制。这种融合机制是政府作为核心来吸收市场和

① 刘尧．地方政府环境管理失灵的成因及对策［J］．现代经济探讨，2018（10）：16－20．

② 虞满华，徐东辉，褚丽．市场与政府的双重失灵与阶层利益失衡［J］．湖南社会科学，2016（2）：99－102．

社会主体。[①]

严宏、田红宇和祝志勇认为，政府干预市场而造成政府供给农村公共产品失灵的原因是，政府在供给公共产品时缺乏竞争。为有效克服市场和政府双重失灵，在农村公共产品供给上，就要打破政府是农村公共产品供给的唯一主体体制，构筑起包括农村环境保护在内的农村公共产品供给多元体制。该体制的核心内涵是，农村公共产品供给主体明晰，农村公共产品供给“主体间性”有保障，农村公共产品供给主体间利益平衡。在实践层面，要构筑“有效市场＋有为政府”的农村公共产品供给机制，即政府以最重要、最核心供给主体身份做好自己该做的事，而把市场能做的事交由市场去做。[②]

陈小燕认为，由于市场失灵，所以在解决生态文明建设过程中的环境问题时政府需要出面干预，但当政府干预不能纠正市场失灵，甚至导致市场失灵加剧时，就会出现政府失灵。造成政府建设生态文明时失灵的主要原因一是管理体制存在弊端，即生态文明建设的相关管理机构重复设置、多头管理；二是制度不健全，即生态文明建设中的治理模式单一，治理过程更多使用的是行政管制手段。要解决生态文明建设中的市场与政府双重失灵问题，需要全社会的共同协作，其中包括政府主体、市场主体与社会主体之间的协作。[③]

陈潭认为，市场失灵的存在表明政府干预是有必要的，但是，政府干预本身所存在的缺陷与局限性又导致政府失灵。环境是公共物品，政府有责任与义务向公众提供，但是，环保机构承担环境污染治理责任时所存在的权责不对等、调控手段不健全、执法效率低等问题却造成环境污染治理的效果不理想。政府治理环境时失灵为“第三方”成为环境公

---

① 贾康，冯俏彬．从替代走向合作：论公共产品提供中政府、市场、志愿部门之间的新型关系［J］．财贸经济，2012（8）：28－35.

② 严宏，田红宇，祝志勇．农村公共产品供给主体多元化：一个新政治经济学的分析视角［J］．农村经济，2017（2）：25－31.

③ 陈小燕．“失灵”与“纠正”：生态文明建设的协同治理［J］．理论月刊，2016（11）：165－169.

共物品的提供者创造了机会和条件。[①]

黄忠怀和杨娇娇认为，市场失灵是指通过市场机制不能达到资源的最优配置，特别是不能按最优化原则提供公共物品和公共服务。因为市场存在失灵，所以政府干预市场具有必要性，但市场失灵、政府失灵与社会失灵的同时存在导致公共服务供给"低质、低效、低用"。其中，政府干预失灵的主要成因是行政官僚"结构低效"、政府具有超然地位以及政府目标与公众利益存在偏差。要解决公共服务供给的"低质、低效、低用"问题，就要在基于合作供给的逻辑上，在多元主体间塑造一种良好的伙伴关系，其中，合理定位市场在公共服务供给中的角色是关键。[②]

三 文献述评

综上，国外研究较早注意到市场失灵与政府失灵，界定了市场失灵与政府失灵的概念，分析了其起因，并从理论层面提出了消除市场与政府双重失灵的原则，这些原则包括：政府在干预市场时，要刻画出市场机制与政府干预之间的黄金分割线，市场和政府应当同时存在；政府无论是实施垄断权还是授予垄断权都应慎重，要鼓励在公共部门中展开竞争，使自身的经济功能分散化；政府选择经济体制时，要在特定的历史条件下选用最优的市场和政府结合方式；政府与市场是两种可以相互替代的资源配置方式与具体制度安排；依靠单一的市场模式或政府模式，政府都不能解决环境资源配置的市场与政府双重失灵问题，要解决这一问题，就必须有机整合政府干预和市场手段等。国外实践带来的消除市场与政府双重失灵的方法和启示是，政府与市场合作，区分"公共产品的提供"与"公共产品的生产"两个概念；政府在肩负提供、送达公共产品责任的同时，在公共产品的生产环节引入市场机制，以此提高公共产品供给效率；政府细分和准确定位自身承担的职责和应有的功能，不能把自身定位为基础服务的唯一提供者；针对农业非点源污染问题，欧

① 陈潭．第三方治理：理论范式与实践逻辑［J］．政治学研究，2017（1）：90－98.

② 黄忠怀，杨娇娇．公共服务供给的三重失灵与结构重塑：一种生态循环的平衡［J］．理论导刊，2019（3）：28－32.

盟成员国和美国正力图在环境经济学框架内寻求解决环境资源配置的市场与政府双重失灵问题之对策措施等。

国内研究虽然起步较晚，但在借鉴国外理论和经验的基础上，结合我国国情，正在将市场失灵和政府失灵问题研究推向深入，这种深入体现在两个方面。一是，深入指出了要解决市场和政府双失灵问题，就必须实现市场与政府的有效组合，从重视“失灵”“替代”转向重视“有效”“合作”，将原来的替代、拼接机制转换为相互渗透融合机制，形成“强政府—强市场”的双强模式。二是，深入指出市场与政府合作的关键是，政府以最重要、最核心主体身份做好自己该做的事，而把市场能做的事交由市场去做。

现有研究存在的局限性与不足主要有三个方面。

第一，在采用环境经济学理论解决农业生产、村民生活污染整治领域的环境资源配置上的市场与政府双重失灵问题时，监管者选择政策工具的局限性较大。其一，监管者使农业生产、村民生活过程中的环境污染负外部性内部化之技术可行性不足。在农业生产、村民生活污染整治中使用政策工具的重要特点是，为减轻或消除污染，监管者通过环境规制使环境外部性尤其是环境负外部性内部化。但是，农业生产、村民生活污染具有非点源性，污染物的产生、在地质剖面间传输、蒸腾挥发、最终归宿都随机发生，造成的环境影响具有时空异质性、非线性，这使得污染排放量无法通过单一资源实施常规测量。[①] 由此，对于监管者来说，要精确知道有多少污染来自一块具体农田或农户的信息成本高得离谱，[②] 即污染信息难以对称极大地限制着政策工具在整治农业生产、村民生活中的充分使用。其二，监管者使农业生产、村民生活过程中的环境

① Shortle, J., Horan, R. D. Policy Instruments for Water Quality Protection [J]. Annual Review of Resource Economics, 2013, 5: 111-138.

② Miao, H., Fooks, J. R., Guilfoos, T., Messer, K. D., Pradhanang, S. M., Suter, J. F., Trandafir, S. and Uchida, E. The Impact of Information on Behavior Under an Ambient-based Policy for Regulating Nonpoint Source Pollution [EB/OL]. Water Resources Research. Published online 1 MAY 2016. http://digitalcommons.uri.edu/cgi/viewcontent.cgi?article=100z0&context=enre_working_papers.

污染负外部性内部化之政策执行难度极大。实践当中，虽然有少数欧盟成员国如挪威、瑞典等国专门在农业生产环节对肥料、杀虫剂征收环境税，[①] 以抑制农业生产者过度施用肥料、杀虫剂行为，但这种征收环境税政策并没有起到预期的污染防治作用。其原因是，由于对肥料、杀虫剂等征收环境税的难度极大，所以这些国家实际上只对该环境税制定了极低税率。又如荷兰于1998年制定了名为矿物质会计系统（Minerals Accounting System，MINAS）的肥料投入—产出管理政策，用以对过量施用的肥料征收养分盈余税。尽管实施该政策很好地抑制了氮肥的过量使用，但是，鉴于高交易成本和高额罚款，荷兰被迫于2006年取消了硝酸盐税。[②③④]

第二，在采用公共经济学理论解决市场与政府双重失灵问题时，方式方法有待细化。具体而言，在实现市场与政府的有效组合时，政府应当将何种产品或服务的生产以合同形式承包给私人生产，应当在哪些环节提升规制能力和引入激励机制，如何建立健全问责制度，如何纠正政府职能的越位、缺位和错位等。

第三，在采用公共治理理论解决市场与政府双重失灵问题时，方式方法同样有待细化。具体而言，政府与市场合作形成“强政府—强市场”双强模式时，政府最重要、最核心的职责究竟是什么，市场能做的又是什么，政府在哪些环节、如何吸收市场和社会主体，政府究竟该如何合理定位市场在公共服务供给中的角色。

现有研究的不足在于为课题组留下提出问题的空间的同时，也指明

---

① 马中．环境与自然资源经济学概论［M］．北京：高等教育出版社，2013：264.

② Goodlass, G., Haldberg, N. and Verschuur, G. Study on Input/Output Accounting System on EU Agricultural Holdings. Centre for Agriculture and Environment［EB/OL］．［2001－08－12］．http://ec. europa. eu/environment/ agriculture/pdf.

③ Winsten, J. R., Baffaut, C., Britt, J., Borisova, T., Ingels, C. and Brown, S. Performance Based Incentives for Agricultural Pollution Control: Identifying and Assessing Performance Measure in the U. S.［J］. Water Policy. 2011, 13 (5): 677－692.

④ Organizations for Economic Cooperation and Development (OECD), Water Quality Trading in Agriculture［EB/OL］. http://www. oecd. org/tad/sustainable-agriculture/49849817. pdf (accessed 20 December 2014).

课题组所要回答的问题的实质是，如何具体问题具体分析，建立健全能有效解决在配置环境资源时政府与市场双重失灵问题之政府与市场合作机制。为此，针对政府虽担责整治农业生产、村民生活污染，但整治效果总体上迟迟未能达到预期目标所揭示的在农村环境资源配置中，市场机制失灵之上叠加着政府干预产生的政府担责机制失灵问题，课题组首先具体分析政府担责机制失灵环节，之后以破解失灵环节、推进政府与市场合作以提高环境质量为导向，探寻建立健全市场主体分担责任机制之对策。

鉴于应用环境经济学理论来解决市场与政府在配置农村环境资源时双重失灵问题存在局限性，同时，无论是在基于公共经济学视角还是在基于公共治理理论视角的研究中，相关研究人员在选择破解市场与政府双重失灵问题的方式方法时都以如何提高公共物品或服务供给效率为导向，而如何提高公共物品或服务供给效率的方式方法基础理论更系统地在公共经济学中得到阐述，因此课题组选择在公共经济学理论指导下回答前述问题。

事实上，鉴于政府行为的公共性，公共经济学理论十分适合用来分析如何解决市场和政府在供给公共物品或服务上的双重失灵问题。首先，搭便车、囚徒困境、外部性、信息不对称等问题会造成完全没有公共物品或服务供给，或造成供给效率不足，公共经济学就是在研究这些市场失灵问题的过程中发展起来的，它专门研究公共物品或服务的供给与消费问题。其次，公共经济学理论中的公共物品或服务、公共选择等理论同时又研究政府在供给公共物品或服务时的失灵问题，主张政府、企业、社会组织以及个人等行为主体拥有平等的权利和责任去供给公共物品或服务。

第三节　研究内容与方法

一　研究逻辑框架与内容

研究逻辑框架是，提出问题→理论依据界定→理论梳理→回答问题一→回答问题二即提出对策→分析具体措施。研究内容分为五部分，共八章。研究内容与逻辑框架如图 1－1 所示。

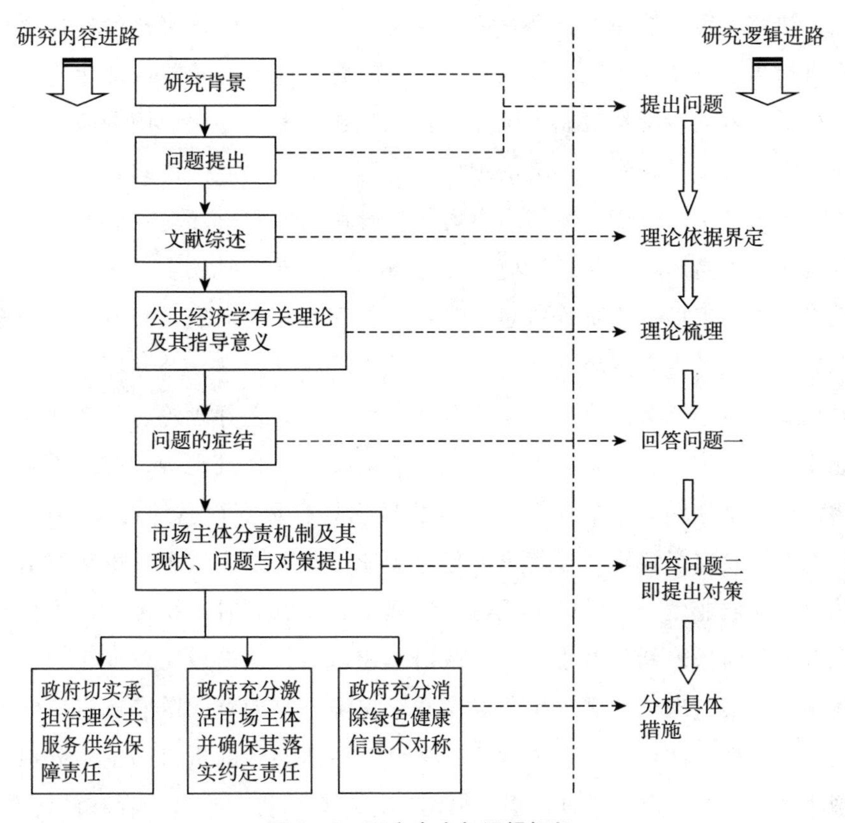

图 1－1　研究内容与逻辑框架

第一步，在梳理政府虽承担整治农业生产、村民生活污染的责任，但总体上迟迟未能实现预期目标这一历史过程的基础上，提出问题。第二步，文献综述，对现有研究的经验与不足进行综合分析，梳理出解决问题所依据的理论主要源自公共经济学有关理论。第三步，依据公共经济学有关理论，剖析政府承担农业生产、村民生活污染责任机制失灵之处，回答问题一。第四步，针对政府承担农业生产、村民生活污染责任机制失灵之处，依据公共经济学有关理论，结合实践活动，剖析市场主体分担农业生产、村民生活污染整治责任机制，并针对该机制运行中存在的问题，提出将农业生产、村民生活污染整治由政府担责向市场主体分担责任推进对策，回答问题二。第五步，依据公共经济学有关理论，结合实践活动，细化对策为具体措施。

研究内容具体如下。第一章，导论。在梳理我国政府整治农村环境污染历程、业绩与效果的基础上，提出问题，即政府承担农业生产、村民生活污染整治责任机制失灵之处何在？在当前党中央、国务院明确要求建立多方参与的农村环境治理体制机制、培育农业生产和村民生活污染治理市场主体阶段，为解决市场与政府在配置农村环境资源时双重失灵问题以提高环境质量，又应当如何将农业生产、村民生活污染整治由政府担责向市场分担责任推进？其后，对现有相关研究进行分析，确定问题的回答过程需在公共经济学框架下展开。第二章，公共经济学有关理论及其指导意义。公共物品或服务理论、公共选择理论、外部性与信息不对称理论、公共规制与公共经济活动民主监督理论等，都对提高农村环境污染整治效率、实现污染整治目标具有重要而具体的指导意义。第三章，政府担责机制及其失灵环节实证：以太湖流域水环境综合治理为例。在农业生产、村民生活污染治理中，政府同时承担污染治理公共服务的供给保障和生产责任，即政府承担双责，这造成了农业生产、村民生活污染治理公共服务生产效率缺乏保障。第四章，政府让市场分担责任。依据公共经济学有关理论，结合实践活动，剖析市场主体分担农业生产、村民生活污染整治责任机制，并针对该机制运行中存在的问题，提出将农业生产、村民生活污染整治由政府担责向市场主体分担责任推进对策。第五章，市场分责的保障条件。依据公共经济活动民主监督理论、环境规制理论，分析政府切实承担提高环境质量责任、环境监管责任和使污染产生者配合实施环境治理措施责任之具体措施。第六章，市场分责积极性的激励与分责落实。依据公共物品或服务供给方式理论、公共规制理论和外部性理论，分析政府充分激发市场主体担责积极性并确保市场主体落实约定责任之具体措施。第七章，市场分责中绿色健康信息不对称的充分消除。依据信息不对称理论，分析政府充分消除受认证农产品生产—消费链中的绿色健康信息不对称之具体措施。第八章，结论与展望。

二 研究方法

课题组采用的研究方法主要包括，第一，实证分析法。以太湖流域水环境治理为典型案例，剖析政府承担责任机制及其失灵之处。第二，实地调研法。实地考察福建省南平市霞霞丽乡（化名）政府购买村民生活垃圾处理服务过程、南平市炉下镇政府购买生猪养殖所产生的粪便之资源化利用服务过程，实地考察甘肃省庄浪县农业农村局、河北省邱县农业农村局、浙江省杭州市西湖区住房和城乡建设局等政府有关部门购买农业生产、村民生活污染治理公共服务过程，剖析市场主体分担责任机制，以及政府购买污染治理公共服务存在的问题等。第三，问卷调查法和聚类分析法。采用问卷调查法考察无公害农产品生产组织中种植和养殖者的环境偏好，以及考察无公害农产品消费者对认证标志信号可被辨识和抗干扰的偏好，并进行聚类分析。第四，文本分析法。采用文本分析法，对环境法律法规、政策及制度进行分析，剖析政府承担环境责任存在的问题。

本章小结

在农村环境污染整治中，伴随政府从开始担责到有限担责再到全面担责，我国农村环境污染从以工业企业污染为主演变为以农业生产、村民生活污染为主。第一，在承担农村环境污染整治责任奠基阶段，政府担责重心是初步建立环境保护机制，包括制定我国第一部环境保护综合性法规，制定环境管理制度、环境规划以及制定污染物排放标准等。这些措施虽然使社队企业污染整治工作开始有章可循，局部地区如官厅水库、漓江等区域的社队企业污染被消除，但是，从全国范围来看，社队企业污染并未得到实质性整治，因而在该阶段，我国农村环境污染开始扩散。第二，在承担社队、乡镇企业污染整治责任阶段，政府担责重心是系统建立环境保护法律法规、政策体系与管理体制，建立并不断完善环境污染整治制度。这些措施虽然为整治乡镇企业污染建章立制，但在该阶段我国农村环境污染由点到面形成了扩散，并且污染所造成的危害程度逐渐加深，最终，我国开始出现农村环境污染问题。第三，在全面承担农村环境污染整治责任阶段，政府担责重心是扩大担责范围，强化环境规制，不仅整治乡镇企业污染，同时也整治农业生产、村民生活污染。政府担责整治乡镇企业污染达到预期效果，乡镇企业污染最终在总体上被遏制并逐渐势弱。然而，与此同时，以治理太湖流域水环境污染为代表，我国政府虽担责整治农业生产、村民生活污染，但总体上迟迟未能实现预期目标，农业生产、村民生活污染持续加重并最终成为我国农村环境污染中的主要污染。

政府虽担责整治农业生产、村民生活污染，但整治效果总体上迟迟未能达到预期目标，揭示出，在农村环境资源配置中，市场机制失灵之上叠加着政府干预产生的政府担责机制失灵。那么，政府承担农业生产、村民生活污染整治责任机制失灵之处何在？在当前党中央、国务院明确要求建立多方参与的农村环境治理体制机制、培育农业生产和村民生活污染治理市场主体阶段，为解决市场与政府在配置农村环境资源时双重失灵问题以提高环境质量，又应当如何将农业生产、村民生活污染整治由政府担责向市场分担责任推进？

在解决市场与政府双重失灵问题方面，国内外有关研究认为，政府要以市场和政府同时存在为原则，细分和准确定位自身承担的职责和应有的功能，而不能把自身定位为基础服务的唯一提供者。在此基础上，政府要以提高公共产品供给效率为目标，使自身的经济功能分散化，在特定的历史条件下选择有效的市场和政府结合方式。实现市场和政府有效结合的方式是，将原来公共产品供给的政府替代、拼接市场机制转换为市场和政府相互渗透融合机制，形成“强政府—强市场”的双强模式，其中，政府以最重要、最核心主体身份做好自己该做的事，而把市场能做的事交由市场去做。依靠单一的市场模式或政府模式，政府都不能解决环境资源配置的市场与政府双重失灵问题，而要解决这一问题，就必须有机整合政府干预和市场手段。

鉴于应用环境经济学理论来解决市场与政府在配置农村环境资源双

重失灵问题时存在局限性，同时，无论是在基于公共经济学视角还是在基于公共治理理论视角的研究中，相关研究人员在选择破解市场与政府双重失灵问题的方式方法时都以如何提高公共物品或服务供给效率为导向，而如何提高公共物品或服务供给效率的方式方法基础理论更系统地在公共经济学中得到阐述，因此课题组选择在公共经济学理论指导下回答前述问题。

研究逻辑框架是，提出问题→理论依据界定→理论梳理→回答问题一→回答问题二即提出对策→分析具体措施。研究内容分五部分，共八章。

课题组采用的研究方法主要包括实证分析法、实地调研法、案例分析法、问卷调查法和聚类分析法等。

第二章　公共经济学有关理论及其指导意义

公共经济学作为一门独立学科，源于理查德·马斯格雷夫（Richard A. Musgrave）于1959年出版的《财政学原理：公共经济研究》（*The Theory of Public Finance: A Study on Public Economics*），以及他于1964年出版的《公共经济学基础：国家经济作用理论概述》和1965年出版的《公共经济学》。在这几部著作中，虽然只是政府收入—支出过程中出现的复杂问题（在书中被称为财政学）得到系统研究，但马斯格雷夫本人认为，他研究的是“预算管理中出现的经济政策问题”而非财政问题。[①] 这实际上说明，从一开始公共经济学内涵就不十分明确。正因如此，公共经济学研究对象和范围一直在不断拓展，这包括：在20世纪70年代和80年代，鲍德威（Robin W. Boadway）与威迪逊（David E. Wildasin）合作编写的《公共部门经济学》，阿特金森（A. Atkinson）与斯蒂格利茨（J. Stiglitz）合编的《公共经济学讲义》，就将政府选择、政府决策以及政策对经济的影响内容添加进公共经济学；进入21世纪后，斯蒂格利茨又将税负的承担以及税收的效率与公平问题、私有化与公共生产的适当范围问题、信息不对称等问题纳入公共经济学范畴。[②] 当前，公共经济学的最新研究成果体现在《公共经济学杂志30周年特刊》（*The Special 30th Anniversary Issue of the Journal of Public Economics*）、《公共经济学手册》

---

① 彼得·M. 杰克逊. 公共部门经济学的前沿问题［M］. 郭庆旺等译. 北京：中国税务出版社，2000：2，177.

② Stilitz，J. E. New Perspectives on Public Finance：Recent Achievements and Future Challenges［J］. Journal of Publics，2002，86（3）：341－360.

（*Handbooks of Public Economics*）和《美国国家经济研究局关于公共经济报告》（*National Bureau of Economic Research Reporters in Public Economics*）中。[①] 总体来看，虽然税收与公共支出等财政学问题始终是公共经济学研究的核心内容[②]，但半个多世纪以来，公共经济学在主题兴趣方面有相当大的演变。在这一过程中，众多研究人员深入挖掘税收、公共物品或服务等理论，将其用来解决包括教育、环境污染整治、医疗卫生、社会保障、养老等社会各领域出现的众多公共物品或服务供给问题。尤其令人瞩目的是，他们立足经济领域中政府公共干预行为研究，持续从经济和政治双重视角，深入揭示私人利益与公共利益、市场机制与政府机制、私人部门与公共部门之间的对立统一关系，致力于推动政府活动的适当边界与政府职能实现的有效方式形成，以此增进政府及其公共部门效率、改善社会公平，其研究方法越来越体现出经济学、管理学、政治学、社会学等多学科交叉融合的特征。在这一过程中，众多公共物品或服务的有效提供方式在实践中不断被完善，在理论上也就相应形成了以公共物品或服务、公共选择、外部性、信息不对称、公共规制等理论为基础的公共经济学理论体系，这一体系对于创新农村环境治理体制机制，推动污染整治由政府担责向市场分责转变具有重要指导意义。

第一节　公共物品或服务理论及其指导意义

公共物品或服务理论是公共经济学基础性和代表性核心理论之一。之所以如此，是因为公共物品或服务构成社会公共需求的一个重要领域，政府及其部门的众多经济活动都以直接满足这种需求为核心。[③] 保罗·A. 萨缪尔森（Paul A. Samuelson）因为 1954 年、1955 年在《经济与统计评

---

① Martinez-Vazquez, J. Perspectives on the Last Quarter Century of Research in Public Economics [J]. Revista de Economía Aplicada. 2018, 26: 9 – 33.

② 刘志红，王利辉．公共经济学研究主题与方法发展趋势分析［J］．南京财经大学学报，2017（4）：87 – 96.

③ 高培勇．深刻理解社会主要矛盾变化的经济学意义［J］．经济研究，2017（12）：9 – 12.

论》期刊上发表《公共支出的纯理论》和《公共支出理论图释》，而成为界定公共物品或服务两大特性的第一人，也成为公共物品或服务研究的奠基者。[①] 此后，众多学者如马斯格雷夫（Richard A. Musgrave）、詹姆斯·布坎南（James M. Buchanan Jr.）、罗纳德·科斯（Ronald Coase）、阿特金森（A. Atkinson）、斯蒂格利茨（J. Stiglitz）、查尔斯·蒂布特（Charles Tiebout）等，围绕公共物品或服务的分类、供给、需求、搭便车等问题展开深入研究，逐渐构筑起公共物品或服务理论体系。[②]

一　公共物品或服务定义

公共物品或服务的定义是在同私人物品的比较中诞生的。埃里克·罗伯特·林达尔（Erik Robert Lindahl）最早引入公共物品这一概念，萨缪尔森等人将这一概念规范化、系统化，而马斯格雷夫则最早提出非排他性和非竞争性概念。[③]

（一）公共物品或服务特征

萨缪尔森等人认为，如果一个产品（或服务）能够被分割成不同的部分，每一部分又都可以以竞争价格出售给不同的确定消费者，且对其他消费者不产生外部消费效果，则这个产品（或服务）就是私人物品。私人物品具备效用可分割性（Divisibility）、消费竞争性（Rivalness）、受益排他性（Excludability），而公共物品或服务则不具备这“三性”。[④]

第一，效用分割性方面。私人物品或服务能够被“化整为零”以单位形式销售，销售一单位物品或服务对应于购买者得到一单位相应效用，

① Samuelson, P. A. The Pure Theory of Public Expenditrue [J]. Review of Economics and Statistics. 1954 (36): 387 - 389.

② 周静．公共信息资源服务模式研究［D］．同济大学硕士学位论文，2006：26 - 28．唐任伍，李楚翘．国外公共经济学研究的最新进展和发展趋势［J］．经济学动态，2017（8）：109 - 123.

③ 张琦．公共物品理论的分歧与融合［J］．经济学动态，2015（11）：147 - 158.

④ 保罗·萨缪尔森，威廉·D. 诺德豪斯．经济学［M］．北京：中国发展出版社，2018：321.

即谁付款谁受益，且不付款者不受益。如家用汽车，它可以按辆销售，购得汽车者或其家庭独自享受汽车带来的效用，没有购得此车者则不能占有这种效用。公共物品或服务则不同，其效用不可分割，即公共物品或服务不能被分割销售，它只能以整体“打包”方式向社会供给，相应地，消费者共同对这种物品进行消费并联合受益。这意味着，对于公共物品或服务，在获取效用方面无法实行谁付款谁受益原则，不付款者也可获得效用。例如，最典型的国防公共物品或服务，它不能被分解而向个人销售，即不能将不向国防付款的人与向国防付款的人加以区别，不能只对后者提供保护。

第二，消费竞争性方面。私人物品或服务在被消费者消费时，随着物品或服务被购买，剩余物品或服务数量减少以至消失，导致其他消费者不能消费到这一物品或服务，即先行消费排斥后继消费。如果后继消费者要享用该产品或服务所带来的效用，就需要自行付费。这意味着，增加私人物品或服务的消费，必然要增加消费成本，也就是说，增加一单位消费者，对应的生产或服务成本的增加不为零。例如，前述某一家用汽车消费者先购得一辆汽车后，该汽车就不能被后继购买者享用，后继购买者若要享用汽车效用，就必须另行购买其他车辆。公共物品或服务则不同，消费者在享用公共物品或服务时不分先后，先行享用者并不妨碍也无法排斥后继享用者，即先行享用者的消费不减少后继者的消费量，后继者享用公共物品或服务的成本为零，即增加一单位消费者，对应公共物品或服务消费的边际成本为零。例如，前述国防公共物品或服务，尽管每时每刻都有新生人口，但这些“新人”受到的国防保护同其父母等“旧人”相同，并不减少。

第三，受益排他性方面。如果将效用分割性的有无看作物品或服务消费方式特征，消费竞争性有无看作消费过程特征，那么受益排他性的有无则可看作消费效果特征。私人物品或服务被消费后，其所提供的效用悉数被该物品或服务购得者捕获，而该物品或服务非购得者不能得到该物品或服务的任何效用。也就是说，私人物品消费所带来的收益具有内部取向性，即收益具有很强的排他性，不会也不允许向具体消费者之外的该物品或服务非购得者外溢。例如，前述家用汽车，某消费者只有通过购买且拥有汽车后，才能独占汽车带给他及其家庭的效用，这种享用非他及其家庭莫属。事实上，正是这种受益排他性使这一消费者愿意付款购车。但公共物品或服务则不同，尽管可以考虑将公共物品或服务所具有的效用只向物品或服务购买者提供，但是在实施时却缺乏相应排他性技术，即到目前为止，没有找到将拒绝付款的消费者排除在公共物品或服务受益范围之外的技术，或者说这种技术的实施成本很高。这意味着，公共物品或服务被购买消费后，消费效果不具有独占性，拒绝付款的消费者同样能享受公共物品或服务所具有的效用，如前述国防公共物品或服务。通常，让国防所具有的安全保障功能为一国所有居民享有比较容易做到，而将居民中没有支付国防款者排除在享受国防安全保障范围之外则很困难。

（二）公共物品或服务定义

定义公共物品或服务的实质是，厘清哪些物品或服务不具有私人物品或服务典型特征。萨缪尔森在其《公共支出的纯理论》中指出，公共物品是一个集体中所有成员同时共享的消费品，具有外部消费效果，每个人对该产品的消费不减少其他成员对该产品的消费。在与诺德豪斯合著的《经济学》中，萨缪尔森又指出，公共物品（或服务）常常要求集体行动，而私人物品（或服务）则通常能够通过市场被有效提供。[①] 斯蒂格利茨在其《经济学》中认为，公共物品（或服务）是指，消费该物品人数的增加并不导致消费成本的增加——该物品消费不具有竞争性，但是，排除任一消费者享用该物品的花费都十分巨大——从该物品中受益不具有排他性。[②] 奥尔森在其《集体行动的逻辑》中认为，公共物品是任何人不能适当地排斥其他人对它消费的物品。[③]

1997 年，世界银行发布的《世界银行发展报告：变革世界中的政府》

---

① Samuelson, P. A. The Pure Theory of Public Expenditure [J]. Review of Economics and Statistics, 1954 (36): 387 - 389.

② 斯蒂格利茨．经济学 [M]. 北京：中国发展出版社，1992：147.

③ 曼瑟尔·奥尔森. 集体行动的逻辑 [M]. 陈郁等译. 上海：上海人民出版社，1995：13.

认为，公共物品（或服务）是具有非竞争性和非排他性的物品（或服务），并指出，非竞争性是指一个消费者对该物品（或服务）的消费并不减少该物品（或服务）对另外消费者的供应，非排他性是指任一消费者不能或很难被排除在对该物品（或服务）的消费之外。至此，关于公共物品或服务的定义似乎有了统一界定，即公共物品是用于满足社会公共消费需要的物品、劳务或服务，也可称之为公共产品、公共商品或公共品，具有消费上的非竞争性和非排他性。①

但是，关于公共物品或服务定义的分歧依然存在。这主要是因为公共物品或服务其实是一个“大家族”，许多公共物品或服务界于“公和私”的“灰色地带”，并不是“非公即私”，仅凭在消费上是否具有非竞争性和非排他性很难将其界定清楚。为此，结合高培勇、唐任伍等人的观点，公共物品或服务完整的定义是，公共物品或服务是指被用于满足社会公共消费需求的，可被称为公共产品、公共商品或公共品的物品、劳务或服务，具有消费上的非竞争性或非排他性——标准或纯粹的公共物品或服务同时具有消费上的非竞争性或非排他性，并且排他消费的技术不存在或者成本很高。

由上述定义出发，就能够对某种物品或服务是否为公共物品或服务做出判定，判定步骤如图 2－1 所示。第一，判断某种物品或服务是否具有其效用可分割性。若该物品效用具有可分割性，则可判定其不属于公共物品或服务。第二，在确定某种物品效用具有不可分割性的基础上，判断该物品或服务在消费时是否具有竞争性。如果在消费时具有竞争性，则进一步判断该物品在消费时是否具有排他性，若判定结果为否，可判定该物品或服务不是纯粹公共物品或服务。第三，在确定某种物品效用具有不可分割性、消费时不具有竞争性的基础上，判定该物品或服务是否在受益上不具有排他性即排他消费技术是否存在，若排他技术不存在，则判定该物品或服务是纯粹公共物品或服务。

---

① 世界银行．1997 年世界银行发展报告：变革世界中的政府［M］．北京：中国财政经济出版社，1997：26.

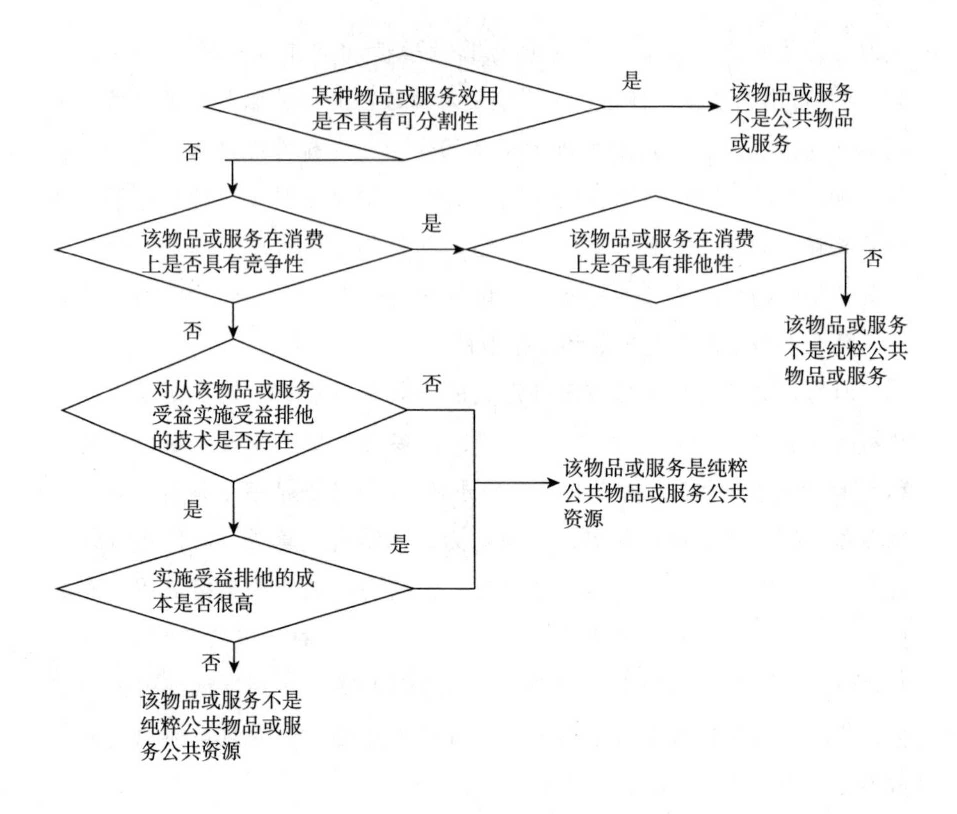

图 2－1　纯粹公共物品或服务判断步骤

注：◇表示判断内容；→表示判断结果及其逻辑推定。

二　公共物品或服务分类

（一）一般分类

按照前述定义，纯粹的公共物品或服务同时具有消费上的非竞争性或非排他性，并且排他消费的技术不存在或者成本很高。但是，有些物品或服务并不同时满足消费上具有非竞争性、非排他性、排他消费的技术不存在或者成本很高等这些条件。为此，公共物品或服务又被分成纯公共物品或服务、准公共物品或服务两类。

1. 纯公共物品或服务

纯公共物品概念最先由马斯格雷夫正式提出，指一物品在消费上同时严格具备非竞争性和非排他性特征。另外，布坎南在《俱乐部的经济理论》一文中也提到纯公共物品一词：根据萨缪尔森对公共物品定义导出的公共物品是“纯公共物品”，完全靠市场决定（有无）的是“纯私人产品”。[①] 现实中，纯公共物品或服务除包括前文所述国防外，一般还包括基础教育、法律法规、环境保护等。

纯公共物品或服务的特征在前述“公共物品或服务特征”中已有揭示。其中，纯公共物品或服务在消费过程中所具有的非竞争性可细究为三方面含义。第一，边际生产成本为零。这在前文已有表述。第二，边际拥挤成本为零。纯公共物品或服务在被消费过程中，已有消费者的消费不影响后来消费者消费，即不产生拥挤问题。之所以如此，在萨缪尔森看来是源于公共物品或服务效用的不可分割性，即任何一名消费者所支配并消费的公共物品或服务数量就是该公共物品或服务的全部总量，即每个人必定消费相同数量的公共物品或服务，而不是这个总量的某一部分，因而不存在随着消费者增多出现“僧多粥少”问题。[②] 第三，消费具有不可拒绝性或强制性。一部分人在消费纯公共物品或服务时，其他人无法不消费，即纯公共物品或服务消费存在“被消费”特征。

2. *准公共物品或服务*

某一物品或服务如果只满足消费上具有非竞争性条件，或者只满足消费上具有非排他性条件，则该物品或服务就是准公共物品或服务。准公共物品或服务包括共同资源型、俱乐部型两类。第一，共同资源型。这类物品或服务如公共渔场、牧场在消费上具有竞争性和非排他性。共同资源型公共物品或服务的消费特征是，每个消费共同资源的个体虽按照自己的理性安排消费，但如果不合作，就会因集体消费不理性而最终供给出过多公共劣等品（Public Bads），最终毁灭“所有人趋之若鹜的目的地”。[③] 第二，俱乐部型。这类公共物品或服务在消费上具有非竞争性和弱排他性，其消费特征是，被消费数量或消费人数如果超过“饱和”

---

① Buchanan, J. M. Club of Economic Theory [J]. Economic, 1965: 1-15.

② 范里安. 微观经济学：现代观点（第8版）[M]. 上海：格致出版社，2011: 1-85.

③ Hardin, G. The Tragedy of the Commons [J]. Science, 1968, 162: 1243-1248.

点，则原有消费者的效用受到影响，同时物品或服务供给成本增加，由此产生一定程度的拥挤。为了消除拥挤，对这类物品或服务的消费通常收取一定费用。现实中，俱乐部物品或服务又被分成自然垄断性和共有资源性公共物品或服务。前者与规模经济有密切联系，通常属于社会基础设施如信息通信、公路交通、铁路运输等。后者又被称为优效型公共物品或服务，通常包括必要的娱乐设施、传染病免疫措施、公共绿地、社会卫生保健等。

（二）其他分类

在公共物品或服务已被确认的前提下，考虑区域因素，可以将公共物品或服务区分为国际性、国家性、国内区域或地方性公共物品或服务；考虑形态、来源、作用因素，可以将公共物品或服务分为有形与无形、人工与自然、实物类与服务类、生产性与生活性等类别。[①]

在公共物品或服务定义基础上考虑其外部性而对公共物品或服务进行划分，长期受到公共经济学研究人员的注意。Nunn 和 Watkins 在综合了布坎南、Whinston 等人的观点之后，将公共物品或服务区分为外部性可分离和不可分离两类。[②③] Dekel 等人则将公共物品或服务划分为显在和潜在的帕累托型两类。具体而言，一些公共物品或服务的存在能让社会成员普遍受益，即该类公共物品或服务只有正外部性，因而可将这类公共物品或服务称为显在的帕累托公共物品或服务；而另一些公共物品或服务却具有负外部性，它们的出现虽然总体上增加了社会利益，但会使部分社会成员利益受损，因而可将这类公共物品或服务称为潜在的帕累托公共物品或服务。对于潜在的帕累托公共物品或服务，由于其给获益者带来的收益大于损害，所以如果将收益中的一部分拿来补偿受损害群

---

① 张晋武，齐守印．公共物品概念定义的缺陷及其重新建构［J］．财政研究，2016（8）：2－13.

② Buchanan，J. M. and Stubblebine，W. C. Externality［J］. Economica，1962，29（116）：371－384.

③ Nunn，G. E. and Watkins，T. H. Public Goods Games［J］. Southern Economic Journal，1978，45（2）：598－606.

体但不损害获益者利益，则可使该类公共物品或服务的供给实现帕累托改进。[①] 事实上，潜在的帕累托公共物品或服务普遍存在，如具有邻避效应（Not-In-My-Back-Yard，NIMBY）的物品或服务提供[②]、土地重新规划[③]、大规模农田灌溉系统建设等[④]。

三 公共物品或服务供给

（一）有效供给标准

确定公共物品或服务供给最优数量所遵循的原则依然是边际收益等于边际成本，但此时的边际收益是社会边际效用。分析这一问题需要借用萨缪尔森所称的公共服务或服务的“虚假的需求曲线”。在萨缪尔森看来，之所以公共服务或服务只具有“虚假的需求曲线”，是因为消费者在生活中通常不明确说明自己消费一定数量公共物品或服务得到了多少效用，也不会明确说出为获取这一效用愿意支付多少货币。前述公共物品或服务具有受益的非排他性，每个消费者对某一既定公共物品或服务的消费量是相同的。但是，相同的消费数量带给不同消费者的边际效用却不同，也就是不同的消费者愿意为既定公共物品或服务支付不同的价格，即不同消费者对既定公共物品和服务有不同需求曲线。现实表明，收入较高或者生活品质较高的消费者更愿意为公共物品或服务支付更高价格。事实上，不论谁更愿意出高价，既定公共物品或服务“总价格”是相关社会和集体中每个成员愿意为公共物品或服务支付“价格”的加总，即既定公共物品或服务的市场需求曲线是每个成员需求曲线的垂直加总。由于每个消费者所支付的价格本质上反映的是边际效用，所以每个消费者愿意支付的价格之和构成既定公共物品或服务的社会边际效用。当以

---

① Dekel, S., Fischer, S., Zultan, R. Potential Pareto Public Goods [J]. Journal of Public Economics, 2017, 146: 87-96.

② Schively, C. Understanding the NIMBY and LULU Phenomena: Reassessing our Knowledge Base and Informing Future Research [J]. Journal of Planning Literature, 2007, 21 (3), 255-266.

③ Fischel. Zoning Rules [R]. Lincoln Institute of Land Policy, Cambridge, MA. 2015.

④ Duflo, E., Pande, R. Dams [J]. The Quarterly Journal of Economics, 2007, 122 (2): 601-646.

社会边际效用等于社会边际成本为标准或条件，决定公共物品或服务供给量时，帕累托最优得以实现。

但是在现实中，因为个人公共物品或服务需求曲线不存在或难以获得，所以公共物品或服务的价格通常转化成个人缴纳税。显然，因为不同消费者消费公共物品或服务所获边际效用不同，所以每个成员应纳税额不同。这就是说，虽然公共物品或服务不能由市场定价，但这可以转化为消费者自觉依照收益来缴税，以使消费者承担公共物品或服务的生产成本。

（二）有效供给均衡机制

尽管人人自觉依照收益来负担成本能够使公共物品或服务的供给量达到最佳水平，但这只是公共物品或服务实现有效供给的标准。要将这一标准变成现实即消费者自觉依照收益来承担生产成本，还需要有机制来保障。为此，林达尔于1919年提出自愿交换模型，这被称为林达尔均衡，如图2－2所示。

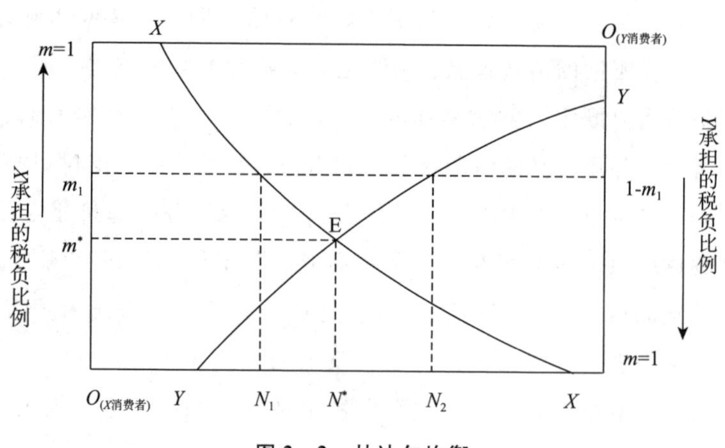

图2－2 林达尔均衡

林达尔均衡揭示的是两个不同的消费者 X 和 Y 通过协商，或者说是通过讨价还价来确定各自承担的公共物品或服务提供成本比例，成本在此处以税负表示。X 承担的比例以图中左侧纵轴表示，Y 承担的比例以图中右侧纵轴表示，m 表示承担比例。显然，当 X 承担的比例为 m 时，Y

承担的比例为 $1-m$。横轴为公共物品或服务供给数量。

XX 和 YY 曲线分别是 X 和 Y 各自对公共物品或服务的需求曲线。进一步，当把 X 和 Y 看作公共物品或服务供需均衡的制造者时，XX 曲线和 YY 曲线互为需求—供应曲线，即一方有需求（支付成本），同时另一方有供给（支付成本），需求和供给一致时（任何一方对自己和对方的支付都满意），公共物品或服务得到均衡供给，在图中表示为 E（N^*，m^*）。

均衡点 E 是 X 和 Y 协商或者说讨价还价的结果。假定最初 X 愿意为 N_1 数量的公共物品或服务承担 m_1 份额的税负，此时，Y 愿意为 N_1 数量的公共物品或服务承担 $1-m_1$ 份额的税负，Y 对应的公共物品或服务需求数量为 N_2。此时，若以 X 承担 m_1 份额的税负、Y 承担 $1-m_1$ 份额的税负来征税，则对于 X 而言，他需求的是 N_1 数量的公共物品或服务但却被供给 N_2 数量；对于 Y 而言，他需求的是 N_2 数量的公共物品或服务，但却被供给 N_1 数量，双方均不满意。显然，只有以协商或讨价还价的方式，X 和 Y 才能够找到均衡点 E，此时 X 和 Y 愿意为共同的、N^* 数量的公共物品或服务承担 m^* 和 $1-m^*$ 份额的税负，每个人都实现了各自对公共物品或服务的供需均衡。

四　公共物品或服务供给的市场失灵

由林达尔均衡机制可知，如果要有效供给公共物品或服务，就需要当事人精诚合作。但是，对于追求个人利益最大化的社会或集体成员来说，公共利益实现过程是他们可以搭乘的便车。免费搭车者的存在造成市场只能以低效率供给公共物品或服务。

（一）免费搭车者阻碍公共物品或服务供给均衡

从公共物品或服务供给标准与均衡机制可知，如果每一个社会或集体成员都不隐瞒、低估自己所获公共物品或服务的边际效益，同时对其他成员消费嗜好、收入状况，尤其是对每一种公共物品或服务带给每个人的边际效益都了如指掌，都能够自觉按照边际效益大小支付价格，则公共物品或服务能够实现均衡。但是在公共物品或服务实际供给中，在一个由成千上万、上亿成员构成的社会中，消费者隐瞒和低估自己所获公共物品或服务边际效益的动机和可能性很大，这导致公共物品或服务供给不足甚至无法供给，这被称为免费搭车所致的公共物品或服务供给市场失灵。

第一，现实的公共物品或服务需求曲线不存在或仅是虚拟的。公共物品或服务没有市场价格，而在没有价格参照的情况下，消费者不仅很难准确描述自己对该物品或服务的需求量，而且也很难掌握每一种公共物品或服务带给其他成员的边际效益。也就是说，虚拟的公共物品或服务需求曲线使消费者隐瞒、低估自己所获公共物品或服务的边际效益成为可能。

第二，消费者隐瞒、谎报自己所获边际效益并不妨碍他享用同其他成员同等量的公共物品或服务。前述，由于具有效用不可分割性，所以在不同消费者之间就公共物品或服务进行分配是不可能的。也就是说，一旦公共物品或服务被供给，无论付费与否，消费者都享用等量效用。当消费者得知，自己披露的公共物品或服务需求量对应着自己要为该需求量支付相应价格时，尤其是当他得知，自己压低需求量，甚至谎报没有需求会获得与他人同等量的公共物品或服务时，他就有了隐瞒、低估自己所获边际效益的动机，即搭便车使自己获利的动机。搭便车使自己获利的动机也可能来源于事先告诉消费者，满足其消费偏好的代价与其所呈报的需求量无关，这会诱使该消费者夸大需求量而导致公共物品或服务供给过度。搭便车者的存在，也可能使不愿搭便车者即非常关心公共利益者“谎报”自己的公共物品或服务需求量，不过这种“谎报”是以自己多支出来确保公共物品或服务供给量。基于经济学最基本的经济人假设，显然这种善意的，并不只考虑使自己获利的“谎报者”，相对于恶意的、只考虑使自己获利的谎报者只会是少数。所以，总体上来说，消费者隐瞒、谎报自己所获边际效益并不妨碍他享用与其他成员同等量的公共物品或服务的客观事实，使消费者具有了隐瞒、低估自己所获公共物品或服务的边际效益的动机。

第三，即使能杜绝主观搭便车行为，也难以消除客观搭便车现象。

某些公共物品或服务如前述国防，消费者一方面难以对国防具体物品或服务量进行计算加总，另一方面个人之间也难以就国防具体物品或服务需求量进行讨价还价，如发生战争时谁更应当牺牲就无法讨论。这就是说，即使社会或集体成员主观上杜绝了搭便车，但在客观上，搭便车现象依然无法完全消除。

（二）市场中存在免费搭车者

共同资源悲剧、“囚徒困境”博弈以及集体行动逻辑均揭示出市场中存在免费搭车者（Free Rider）。共同资源往往被毁灭而不是被市场供给的原因是，共同资源是公共物品，具有消费非排他性。对此哈丁以牧场自由放牧分析模型加以说明。自由牧场中的放牧者通过增加放牧数量获取更多的收益，这一收益完全归放牧者个人占有。但是，放牧者个人增加放牧量所造成的牧场退化修复成本，却并不由个人分别按量承担，而是由全体牧民共同承担。也就是说，当出现过度放牧问题时，放牧者个人只承担牧场退化修复成本的平均量。显然，这种收益归个人所有、成本归集体承担的制度是收益与责任不对等的制度，它驱使和鼓励追求个人利益最大化的放牧者在有限范围内无节制地增加放牧量。最终，在所有放牧人共同作用下，牧场因水土流失而毁灭。哈丁在这里其实分析了共同资源在消费时具有个体消费上的外部不经济性。具体而言，因为共同资源具有非排他性，所以共同资源自身无法阻止追求个人利益最大化的消费者利用这种自身的不经济性，从而导致市场只能低效率地提供这种类型的公共物品或服务。①

“囚徒困境”博弈模型同样揭示出，当某个体成本与其收益不对称尤其是后者大于前者时，即别的成员的行动具有正外部性时，该个体会“搭乘”这种正外部性便车以使自身利益最大化，而不是选择与他人合作以使公共利益最大化。在“囚徒困境”博弈模型中，囚徒甲对合作与不合作的选择会影响到囚徒乙的收益。当囚徒甲选择合作即不坦白罪行时，他的选择对囚徒乙就具有正外部性。此时，囚徒甲的正外部性就成为一

① Hardin, G. The Tragedy of the Commons [J]. Science, 1968, 162: 1243 - 1248.

部便车，囚徒乙搭乘它使自身收益最大化，即囚徒乙选择不合作即坦白罪行而使自己获得最轻的惩罚，而囚徒乙这样搭便车的结果就是使囚徒甲获得最重的惩罚。同样，囚徒乙也可以选择不合作，而搭乘囚徒甲的便车。但是，如果囚徒甲和乙选择合作而不是不合作，本来可以让自己都不必受到最重惩罚，也就是使二人所构成的集体利益最大化。显然，之所以没有能实现公共利益最大化，是因为每个囚徒都追求自身利益最大化时，严格的占优策略是不合作，也就是搭对方便车。①

集体行动逻辑认为，个人在追求自身利益最大化时，很难同时追求他所处社会或集体的公共利益最大化。奥尔森认为，集体行动的逻辑是，个人理性并非实现集体理性的充分条件，其原因在于，在实现集体目标即公共利益最大化时，个人不可避免地会产生“搭便车”动机。在集体行动过程中，只有当社会或集体成员足够少、存在强迫或诱使机制时，搭便车动机才能得到遏制。但是，现实情况是社会或集体成员如此之多，以致往往会出现小利益即分利集团，其天然倾向是牺牲国家利益而为自己谋取利益。②

五　公共物品或服务供给方式

由于存在公共物品或服务供给的市场失灵，所以公共物品或服务一般要由政府等公共组织来供给，或者说政府等公共组织在供给公共物品或服务方面具有不可推卸的责任。但政府等公共组织在承担某一具体公共物品或服务供给责任时需要选择一定的方式，其原则是，公共物品或服务的供给包括提供与生产两个环节，这两个环节所对应的活动任务可以由政府和市场分别执行。

（一）政府及其他公共组织供给

政府及其他公共组织供给公共物品或服务方式通常有三种，包括国

---

① 桂林，邓宁．社会科学中的囚徒困境现象及其解［J］．当代经济研究，2009（5）：24－26，43.

② Olson，M. The Rise and Decline of Nations：Econnmic Growth Stagflation and Social Rigidities［M］. New Haven：Yale University Press，1982：17－35.

家层面中央政府直接供给、地方政府直接供给、地方公共团体直接供给等。第一，国家层面中央政府直接供给。这是指中央政府直接管理中央银行、国防部门、军工厂、最高法院等机构，直接提供货币、国防、公安、法律等公共物品或服务。中央政府直接供给还包括政府将某些生产公共物品或服务的私人机构国有化，如将某些经营不善而亏损或破产的私人医院、学校、煤气公司、图书馆、自来水厂等收购，实施国有化经营。

第二，地方政府直接供给。国家二级及以下地方各级政府可以直接经营自然垄断性较强的公共物品或服务机构，如医疗卫生机构、司法机构、基础设施运维机构、图书馆等。从世界范围来看，对这些自然垄断性公共物品或服务，欧洲大多数国家采取地方政府直接生产经营方式来供给，美国则采取地方政府间接生产即通过政府向企业购买方式来供给，而我国目前的情况是介于欧洲和美国之间。

第三，地方公共团体直接供给。这是指非营利组织成立诸如社会运动性组织、慈善性组织、文化性组织、宗教组织、保护性组织、社会性组织、学术性组织等，供给社区养老、学术、宗教、联合会、俱乐部等公共物品或服务。①② 相对来说，美国、欧盟成员国以及日本等国的非营利组织发展较为完善，生产着大量本国政府和企业“不愿做、不常做，或做不好”的公共物品或服务，而我国非营利组织目前还处在发育阶段，承担公共物品或服务供给责任的能力还有待提高。

（二）私人组织供给

1. 私人组织供给公共物品或服务的现实性、可能性和条件

公共物品或服务由市场供给通常是失灵的，但这并不是说现实中的公共物品或服务没有可能由市场供给，这在科斯（Ronald H. Coase）《经济学上的灯塔》一文中有充分论述。英国的灯塔从 17 世纪开始建造并运

---

① 郭国庆. 国外非营利组织的界定与分类研究［J］. 市场与人口分析，1999，5（6）：5-8.

② Hansmann，H. The Role of Nonprofit Enterprise［J］. Yale Law Journal，1980，89：835-901.

行，但建造和运行者并不是政府而是私人。具体而言，是私人从国王那里获得授权，这种授权不仅包括建造权，还包括运营权——允许私人建造者向特定船只收费。1820年，英国政府规定领港会（Trinity House）来收购所有私人灯塔，但承担公共服务的领港会仍然是一个私人组织。为此，科斯认为，萨缪尔森等奉行凯恩斯主义的经济学家不应该把灯塔举证为只能由政府供给的例子。[①]

如果说科斯从经验的立场论证了私人组织供给公共物品或服务的现实性，那么戈尔丁（Knneth D. Goldin）和德姆塞斯（Harold Demsetz）则从理论角度论证了私人组织供给公共物品或服务的可能性。戈尔丁认为，决定一个物品或服务是否为公共物品或服务的因素，是该物品或服务的供给方式，即该物品或服务是“平等进入”还是“选择性进入”消费。如果是前者，即任何消费者都可以消费该物品或服务，则该物品或服务是纯公共物品或服务；如果是后者，即消费者只有满足一定消费条件后才能消费该物品或服务，则该物品或服务是俱乐部型公共物品或服务。公共物品或服务之所以没有被市场供给，是因为把不付费者排除出消费的技术没有或者成本太高。沿着这一思路，德姆塞斯认为，只要存在公共物品或服务消费上的排他性技术，如通过价格歧视，对不同的消费者收取不同价格来满足供给均衡条件，私人组织供给公共物品或服务就是可能的。[②]

一般认为，私人组织供给公共物品或服务需要具备几个条件。第一，被私人组织供给的公共物品或服务是适合由私人组织生产的准公共物品或服务。这是因为，其一，有些纯公共物品或服务规模较大而生产成本较高，私人组织难以承受。其二，有些纯公共物品或服务由私人组织生产不合法，如涉及国计民生的制度、政策就不能由私人供给。第二，被

---

① Coase, R. H. The Lighthouse in Economics [J]. The Journal of Law and Economics, 1974, 17 (2): 357 - 376.

② Goldin, K. H. Equal Access VS Selective Access: A Critique of Public Goods Theory [J]. Public Choice (spring), 1979, 29: 53 - 71. Demsetz, H. The Private Production of Public Goods [J]. Journal of Law and Economics, 1970, 13 (October): 293 - 306.

私人组织供给的公共物品或服务虽然是纯公共物品或服务，但其涉及的消费者有限，适合使用契约工具以市场方式供给。第三，存在公共物品或服务消费上的排他性技术。第四，有为私人组织生产公共物品或服务所配套安排的制度，如公共物品或服务产权制度。

2. 私人组织供给公共物品或服务形式及政府作用

私人组织供给公共物品或服务形式主要有三种，包括私人组织独立供给、私人组织和政府联合供给、私人组织与社区联合供给。私人组织独立供给是指，私人组织投资和生产经营公共物品或服务，其收益完全源于消费者支付。私人组织和政府联合供给是指私人组织与政府合作供给公共物品或服务，这种合作可以是政府给予私人组织补贴或政策优惠，也可以是政府购买等。私人组织与社区联合供给是指私人组织与社区合作供给公共物品或服务，其中，社区向私人组织提供场地或优惠条件等。

政府在私人组织供给公共物品或服务中所起的作用主要包括三个方面，即顶层设计、监管、支持或协助消费。在顶层设计方面，主要是指政府对私人组织供给公共物品或服务给予补贴、政策优惠，或者赋予供给者以产权、收益权等。在监管方面，主要是指，在政府赋予私人组织以某公共物品或服务产权、收益权后，私人组织就可能在该公共物品或服务的供给上形成垄断，导致公共物品或服务被低质量供给，为此政府需要对私人组织供给过程实施必要规制，以确保公共物品或服务质量。在支持和促进公共物品或服务消费方面，主要是指，消费者是公共物品或服务的分散消费者，容易陷入集体行动困境，即不易以强有力的集体行动来解决公共物品或服务供给和消费中出现的问题。为此，政府需要为消费者提供必要支持，确保消费者所消费的公共物品或服务“物有所值”。

（三）公共物品或服务供给市场化方式方法

1. 签订合同或协议

就大部分基础设施、一部分公共服务业等自然垄断型产品和服务，政府与私人组织签订共同经营合同或协议，是当前公共物品或服务供给市场化最普遍的形式。其中，签订合同又日渐成为主流。

签订合同主要采用招投标方式。第一，招标是指，在项目获批、获准招标之后，项目委托方成立招标机构、发布招标公告，组织投标方到项目现场勘查，之后接受投标文件，对投标书进行评标、议标和开标。招标主要有竞争性招标、邀请招标和议标三种形式。第二，投标是指，在接到招标书后，在有资质的前提下，投标者选定投标项目，成立投标机构、购买投标文件、参加投标文件答疑、到项目现场勘查，之后编写报送标书、参加开标会议。通过开标，中标者被确定，项目委托方与投标方双方签订合同。

2. 公共物品或服务特许经营和经济资助

公共物品或服务特许经营是指，政府将公共领域活动委托给私人组织来开展，这些活动包括自来水供应、供电、电影制作、电视节目播放等。要获得公共物品或服务经营权，有关私人组织需要向政府有关部门提出申请，言明要提供的公共物品或服务内容、方式方法，并承诺遵守相关法律法规和文件。政府有关部门对申请书进行核准并通过后，对申请者发放执照，特许其经营。

公共物品或服务经济资助是指，对民营公共物品或服务活动，政府在产业政策方面给予优惠和支持，包括优惠的补贴政策、贷款政策、税收政策、投资政策和技术支持政策等。如政府对私人组织进行宇航、机器人、精密陶瓷等高科技领域技术研发给予补贴，对民营教育、卫生医疗机构给予补贴等。

六　理论指导意义

（一）环境污染整治即环境治理是纯公共服务

依据公共物品或服务定义，环境污染整治即环境治理是纯公共服务。第一，污染治理主体如政府治理环境污染，提供的环境质量保障即是对集体内所有成员而不是对单个成员提供的，即环境治理效用具有非分割性。第二，环境质量保障一旦被提供，集体内即使增加一名消费者其边际成本也为零，即环境治理具有消费的非竞争性；同时，环境质量保障一旦被提供，治理者就无法将拒绝为环境治理付费的成员排除在环境治理的受益范围之外，即环境治理具有消费的非排他性。第三，在受益上不存在排除某集体成员享受环境质量保障的技术。

财政部、民政部和国家工商总局于2014年发布《政府购买服务管理办法》，将环境治理明确界定为基本公共服务。

（二）环境治理公共服务的市场供给存在严重失灵

环境治理公共服务供给存在严重市场失灵。依据纯公共物品配置效率原则，环境治理公共服务社会边际效益等于某具体消费者个人所获边际效益与其他所有成员各自获得边际效益的加总，等于环境治理公共服务社会边际成本。单个消费者效益汇总之后，资源配给者才能决定环境治理公共服务供给总量。依据林达尔均衡机制，只要每个消费者洞悉其他成员的真实消费情况，同时自觉披露自己所获得的边际效益，都自觉按照边际效益大小支付价格，环境治理服务供给在个人间的均衡就能够实现。显然，环境治理公共服务供需总量均衡、个人配置均衡都需要以环境价值判断为基础。在环境价值判断基础之上，消费者之间进行讨价还价、精诚合作以决定具体供给价格，是环境治理公共服务实现帕累托最优的条件和特征。这对环境治理公共服务供给提出的要求是，对环境治理公共服务供给效果需要实施环境绩效评价，以使供给活动利益相关方都满意。

对环境治理公共服务供给效果实施环境绩效评价在理论上是可行的，即只要将个人效用函数中的环境效用加以量化即可，具体方法有租金或预期收益资本化法、剂量—反应法、防护支出法、直接评估法、恢复费用法等。[①] 然而，即便是在得到广泛应用的、环境价值计量占据显著地位的环境影响评价法中，环境价值依然是非常模糊的，事实上它提供的是较为准确的项目污染防治、污染补偿和环境功能恢复等环境成本，而非环境效用。[②]

---

① A. 迈里克·弗里曼．环境与资源价值评估——理论与方法［M］．曾贤刚译．北京：中国人民大学出版社，2002：4.

② 刘勇．“种养加”型生态工业园的发展［M］．厦门：厦门大学出版社，2016：176－185.

大量事实证明，环境效用之所以难以被披露而导致环境治理公共服务的市场有效供给难以实现，正如众多公共经济学研究人员所言，是因为理性的经济人出于搭便车考虑而压低或隐瞒自己所获边际环境价值，以及环境价值个人需求曲线不存在共同点使然。事实上，在众多公共物品或服务中，在林达尔均衡机制难以实现方面，环境治理公共服务的表现尤为突出。

（三）政府（私人组织）供给环境治理公共服务具有必然性（可能性）

由于市场供给环境治理公共服务时失灵，政府供给环境治理公共服务就成为必然。这其中，国家层面中央政府、地方政府所起的作用是决定性的，我国就广泛实行中央投资、地方配套的环境治理政策。政府供给环境治理公共服务主要表现为，制定供给目标，安排供给任务，实施供给措施等。

环境治理公共服务存在由私人供给的可能性是指，政府与私人组织可以联合供给环境治理公共服务，即环境治理公共服务提供者与生产者分离。从私人组织供给公共物品所需具备的条件看，由于界定环境治理公共服务产权并不容易、环境治理公共服务消费的排他性技术使用范围有限，所以，区域或一定范围内环境治理公共服务的有效供给更适合依托契约工具来实现，即环境治理公共服务有效供给方式以私人组织和政府联合供给为主。在联合供给中，政府确立环境治理公共服务供给体制，制定供给制度，组织和监管供给者行为；而私人组织是环境治理公共服务生产者。

（四）环境治理公共服务供给市场化要依托一定的方式方法

首先，可依托签订合同或协议方式使环境治理公共服务供给市场化。财政部在其发布的“政府购买服务管理办法”中专设“合同及履行”一章并规定，政府购买主体应当与确定的项目承包方签订书面合同，规定服务内容、期限、数量、质量、价格，资金结算方式，各方权利义务事项和违约责任等内容，以使项目承包方按照合同约定提供服务。

其次，可依托公共服务特许经营方式使环境治理公共服务供给市场化。国家发展和改革委员会于2015年发布《基础设施和公用事业特许经营管理办法》，引导鼓励社会资本参与公用事业和基础设施建设运营。财政部于2017年发布《关于政府参与的污水、垃圾处理项目全面实施PPP模式的通知》，不仅规定在新建污水、垃圾处理项目时要全面采用PPP模式，而且规定要将存量污水和垃圾处理项目运行方式转变为PPP模式。PPP模式是指，在公共服务领域，通过采取竞争性方式，政府授权具有投资、运营管理能力的社会资本提供公共服务，并依据后者服务绩效评价结果向其支付款项。

最后，可依托产业政策使环境治理公共服务供给市场化。完善现有的土地和电价优惠、税收优惠与绿色信贷、向环境污染防治者提供技术服务等经济政策，可促使环境治理公共服务供给市场化。

第二节　公共选择理论及其指导意义

依据公共物品或服务理论，在公共物品或服务供给尤其是在纯公共物品或服务方面，政府供给具有必然性。然而，公共选择理论却指出，政府在供给公共物品或服务时，公共选择机制存在失灵。这意味着，“因为公共物品或服务供给存在市场失灵，所以要把公共物品或服务供给责任完全交给政府”这一逻辑存在问题，至少前者不是后者的充分条件。

一　公共选择的定义与特点

基于对私人选择的定义，公共选择被认为是区别于私人选择的一种集体选择。公共选择指公共物品或服务的需求与供给取决于民主政治过程。在这一过程中，私人选择转化为集体选择对资源配置实施非市场决策，并形成一种机制。公共选择与私人选择在四个方面存在不同。第一，选择所经历的过程不同。私人选择要经历市场过程。在这一过程中，私人依据自身消费偏好、收入能力以及物品价格，按照市场交换法则及程序，以货币选票直接决定厂商产品种类和产量。公共选择则不同，它要经历政治过程，即在选择过程中，消费者要以投票人、选民的身份，遵照政治规则和程序，投票决定公共物品或服务的种类和产量。

第二，选择所遵循的原则不同。在私人选择中，消费者只需要遵循自己的偏好，即市场供给对应着消费者最优需求和最优选择。公共选择则不同，公共物品供给所对应的需求和选择未必最优。这是因为在公共选择中，消费者并不能完全遵循自己的偏好，其选择存在一定程度的被迫性、强制性，即作为投票人的消费者要在少数服从多数原则支配下，间接购买自己不需要、不喜欢的公共物品或服务。

第三，选择后的消费—支出对应关系不同。消费者选择某私人物品或服务消费时，必须支付相应的价格，否则该物品或服务无法生产；消费者支付了价格，则该物品或服务的效用完全归个人所有，不影响其他消费者享用该效用，即私人选择后的私人物品或服务消费—支出存在一一对应关系。但当消费者进行公共选择时，公共物品或服务供给费用是由财政支出，这导致公共选择后的公共物品或服务消费—支出不存在一一对应关系。

第四，需求方和供给方的选择决策权力对等程度不同。消费者选择私人物品或服务与厂商供给私人物品或服务均存在竞争，这两种竞争机制在市场机制的统领下具有对等的决策权力，即当消费者拒绝消费某私人物品或服务时，厂商必须做出调整；而当厂商无法供给某私人物品或服务时，消费者也必须做出调整，而且这些调整都非常迅速。公共物品或服务的需求方是所有消费者以及厂商，供给方是政府，后者比前者拥有更大的决策权力——如当前者并不需要某公共物品或服务时，后者却往往依然可以供给，而当后者对前者已变化的需求做出调整时，其决策行为过程通常比较缓慢。

二　公共物品或服务供给的公共选择机制失灵

公共选择研究者认为，公共物品或服务需求是有差异的个人决策的加总，这种加总要经历民主投票过程。民主投票规则不同，则投票人的投票行为及结果不同。民主体制分为直接和间接两种。在直接民主体制下，个人决策不可被代表，每人以同等的决策力投一票来决定公共物品或服务的需求与供给，以此，所有投票人做出公共决策。在间接民主体制即代议制下，投票人先选出自己的代表，然后授权这些代表代自己投票，以此，所有代表做出公共决策。

（一）利益集团行为所致公共选择机制失灵

利益集团是中性词，通常指具有某种共同偏好的个人群体，或者更具体地说，指以某种方式形成组织，并以集体行动来维护该组织利益的自然人、法人群体。公共选择研究人员如奥尔森关注的是由具有共同政治经济利益的投票人所组成的、力图影响甚至控制公共决策的非大规模利益集团。[①] 投票人之所以会“走到一起”组成利益集团源于三个原因。第一，投票人利用集团的成本分摊功能降低信息成本。在由集团分摊有关投票信息的搜集、分析及占有成本后，与单独行动相比，集团中每个投票人获取同类信息的成本大大降低。第二，为了获得加总的选民偏好，候选人（政治家与政党）需要并且支持利益集团存在。对于候选人来说，竞选的一项重要工作是尽可能多地掌握选民偏好，并将单个选民分散的偏好加总以形成较为统一的偏好。利益集团正是看到了在按照中间投票人定理行事时，候选人需要高效率地争取目标选民中的“中间投票人”。为此，不同利益集团实际上就是不同的“中间投票人”。由于“中间投票人”的偏好相对稳定，并且相对于分散的选民，不同“中间投票人”的偏好易于区别，十分有利于候选人提高把握选民偏好的效率，所以由利益集团构成的“中间投票人”得到候选人支持。第三，政治交易所涉及的公共物品或服务所有权难以限定，这为利益集团生存提供了空间。例如，一个普遍的现象是，政府能够自主决定公共物品或服务的分配标准，这实际上是对涉及公共物品或服务的政治交易过程缺乏有效约束的结果。

利益集团会影响或左右公共物品或服务供给决策而导致公共选择机制失灵。一般而言，利益集团通过具体行动从以下四个方面对公共决策产生影响。第一，为普通选民提供有关投票信息，促进选民偏好朝着利益集团期望的方向发展。第二，向候选人提供公共决策所需掌握的公共

① 文建东．公共选择学派［M］．武汉：武汉出版社，1996：74－76.

物品或服务供给流程、供给设施设备等技术信息，或者向候选人提供政治资助，这些技术信息和政治资助迫使或诱使候选人决策结果朝着集团期望的方向发展。第三，不同利益集团采取策略性投票如互投赞成票，来操控投票议程。第四，利益集团向行政机关施加影响或直接参与政策制定。例如，利益集团可将自己“打造”成深得民心的民意代表而影响行政部门及其官员的任命，利益集团也可使自己成为行政部门顾问而直接参与政策制定。

利益集团通过影响公共决策为己谋利即寻租而降低社会福利，致使公共选择机制失灵。寻租有广义与狭义之分，前者指非生产性地追求经济利益，后者指攫取他人既得利益并加以维护，最典型的狭义寻租是指利用行政法规及手段阻碍生产要素自由流动。寻租源于三种途径，即政府无意设租、政府主动设租和政府被动设租，其中政府被动设租即为利益集团所为。以获取物质经济利益为目标的利益集团往往以各种手段向政府施加影响，目的是塑造或改变公共决策过程尤其是使决策结果有利于集团自身。寻租之所以会降低社会福利是因为它会造成大量社会成本，这些成本被布坎南分为三类，即利益集团为达到目的所花费的时间和金钱，政府部门应对利益集团行为所花费的时间和财政，以及寻租行为所引发的第三方行为扭曲。[①] 例如，当政府正在决策一个项目——具体而言是政府正在对这个项目的多种实施方案进行选择时，如果某利益集团获知其中的一个方案对该利益集团利好，那么该利益集团就极有可能游说政府，甚至贿赂政府，这就构成利益集团寻租所致的第一类社会成本。面对利益集团的游说或贿赂，政府如果展开论证，并最终变更业已确定的方案，那么政府为此所花费的时间和财政就构成利益集团寻租所致的第二类社会成本。而当社会上有人发现，通过寻租活动能够实现自己的获利目标时，他就会积极效仿，例如，学会行贿、将隐形或灰色收入高作为选择工作单位的标准等，从而构成利益集团寻租所致的第三类社会

① C. V. 布朗，彼得·M. 杰克逊. 公共部门经济学 [M]. 张鑫译. 北京：中国人民大学出版社，2000：177－178.

成本。需要指出的是，如果利益集团的寻租活动是在政治领域展开，就会造成众所周知的腐败。此时，利益集团所获得的租金远远小于社会成本，社会福利因而大大降低。

（二）官僚机构和官僚行为所致公共选择机制失灵

官僚机构和官僚行为在很大程度上影响公共选择过程，这是因为官僚是公共决策中的执行主体。官僚指处在马克斯·韦伯（Max Weber）所提出的官僚制或科层制组织体系中的行政官员和官员群体。在韦伯看来，在技术层面，官僚制的工作效率可以达到最高完善程度。[①] 然而，从长期实践来看，官僚制也确实只能在工作效率即在完成由任命他们的政府机关、政治家、官员所下达的任务方面达到最高完善程度，而在维护公共利益、有效供给公共物品或服务方面，官僚机构和官僚行为却导致公共选择机制失灵。在对此现象进行解释时，首先，公共选择研究人员假定官僚机构和官僚也是理性经济人，也追求自身利益最大化——这种利益最大化包括两个方面，一是直接经济利益即个人收入、储蓄、享受等最大化，二是非直接经济利益即权力、名望、晋升机会等最大化。其次，基于这一理性经济人假定，研究人员将官僚机构、官僚行为纳入经济学供给与需求模型进行分析。分析显示，在有效供给公共物品或服务方面，官僚机构与官僚行为造成公共选择机制失灵。[②]

其一，官僚机构缺陷所致公共选择机制失灵。第一，缺乏公共物品供给或公共服务效率测度手段和监督渠道，致使公共物品供给或公共服务效率不足。一方面，公共物品供给或公共服务效率难以用价格来衡量，这导致消费者无法通过市场价格来判断供给或服务效率；另一方面，公共物品供给或公共服务投入由税收来保障，即公共物品供给或公共服务与其效率无关，这导致官僚机构并不十分关注公共物品供给或公共服务效率。这两方面因素造成公共物品供给或公共服务效率测度手段和监督

① 马克斯·韦伯．经济与社会（上卷）[M]．林荣远译．北京：商务印书馆，1997：241.

② Frederickson，H. G. New Public Administration [M]. Tuscaloosa：The University of Alabama Press，1980：6-7.

渠道缺乏，其结果是，官僚机构在垄断性供给公共物品或实施公共服务时，既难以避免浪费性的重复生产，又难以确保公共物品被充足供给或公共服务具有效率，即生产浪费与供给和效率不足并存。第二，公共物品或公共服务的供给侧和需求侧均被垄断，致使公共物品或服务供给不足。一方面，在供给公共物品或实施公共服务时，官僚机构一般垄断公共物品或服务供给。另一方面，在作为民众代理人决策公共物品或服务供给规模和相应预算规模时，官僚机构又垄断公共物品或服务需求。这种双侧垄断地位使得官僚机构在供给公共物品或服务时，既难以避免生产浪费，也难以避免供给不足。第三，缺乏提高公共物品供给效率或公共服务效率的激励机制，致使公共物品供给不足或服务效率不足。官僚机构供给公共物品或服务的基本机制是保证供给而不赚取利润，加之公共物品供给效率或公共服务效率测度手段和监督渠道缺乏，使得官僚机构在提高公共物品供给效率或公共服务效率方面所承受的内部和外部压力都很小，其结果自然是公共物品供给不足或公共服务效率不足。

其二，官僚行为所致公共选择机制失灵。第一，追求个人利益最大化所致公共物品供给不足或公共服务效率不足。如前所述，官僚薪资与公共物品供给效率或公共服务效率往往关系不大或基本没有关系，这使得官僚行为目标不可能是追求公共物品供给效率或公共服务效率提高，而只能是其他方面。在这其他方面中，预算更大化是最重要的官僚行为目标，因为预算规模与官僚所关注的官位特权、公共声誉、权利，尤其是自己的薪资成正比，预算更大化意味着财政支配权力更大化，从而自己薪资的提高最大化。[①] 第二，短视所致公共物品供给效率不足或公共服务效率不足。民众和官僚对公共物品或服务的选择都具有短视的特点。民众在进行集体决策时往往优先选择眼前利益，相应地，迫于政治压力，官僚也更加关注民众眼前需求而相对忽视长远公共利益，即官僚也跟着短视。在这种情况下，如果公共物品或服务所带来的是远期利益，而这

① Niskanen, W. A. Bureaucracy and Representative Government [M]. Chicago: Aldine-Atherton, 1971: 38.

种利益又难以估计，民众就缺乏对这种公共物品供给效率或公共服务效率进行监督的意愿，与此相对应，官僚也难以用心去提高这种公共物品供给效率或公共服务效率。第三，官僚对公共需求敏感度低所致公共物品供给效率不足或公共服务效率不足。公共物品或服务需求程度和这种需求被满足的程度需要官僚去判断，但是由于没有市场信号尤其是没有价格信号，所以官僚对某些公共物品或服务的需求及需求被满足的程度难以敏锐感知，这造成他们在供给这类公共物品或服务时，或者供给过多，或者供给不足。

（三）政府行为所致公共选择机制失灵

政府行为所致的公共物品供给效率不足或公共服务效率不足主要是指，政府因扩张其规模而从民众处所取大于其规模扩张后向公众所予。政府扩张规模有其必要性。第一，社会发展决定了政府规模需要扩张，这被称为瓦格纳（Adolf Wagner）法则。瓦格纳法则具体内容有三，一是随着社会发展，市场机制发挥作用所需的法律规章、社会秩序需要被进一步完善和维护，这就要求政府壮大市场机制环境条件。二是规模较大企业较之私营小企业更具有国际竞争力等优势，这就要求政府介入生产领域。三是公共物品或服务需求种类和数量增多，这就要求政府增加财政支出和政府活动范围。瓦格纳法则尽管提出于19世纪，但在现代社会它依然有效。[①] 第二，经济不同发展阶段决定了政府职能是扩张的，因而政府规模是递增的，这由马斯格雷夫和罗斯托（Walt Whitman Rostow）提出。具体而言，在经济现代化初期，政府需要为经济社会发展提供必要基础设施，政府职能就是使财政投资在经济总投资中占较高比重；在现代化中期，政府职能扩展到干预经济以纠正市场失灵；在经济现代化成熟阶段，民众对公共物品或服务需求扩张，政府职能进一步扩展到增加公共支出。

然而，公共选择学派人员研究后认为，政府规模扩张也是预算最大

① 王传纶，高培勇．当代西方财政经济理论（上册）[M]．北京：商务印书馆，1995：127－129.

化误导的结果。在作为理性经济人的政府机构负责人看来，因为工作绩效就是本机构预算得到维持尤其是扩大，而提高效率、节省开支只会招致来年预算削减，所以负责人会在忽视效率提高的前提下追求预算更大化，这导致政府规模扩展。规模扩展反过来又迫使政府机构预算资金增多，如此循环，就形成了政府规模大幅度扩张。在政府每一次扩张规模中，一方面是机构负责人及其成员的津贴提高、晋升机会增加，另一方面是民众获得比以前增多的公共物品或服务，似乎是双赢。但实际上，他们却忽视了效率问题——若考虑税收及各种负担的增加，政府从民众处所得其实超过了政府向民众所予。

四　理论指导意义

就政府承担环境治理公共服务责任而言，公共选择理论实际上指出了政府供给环境治理公共服务时需要采取的必要措施，以及使环境治理公共服务供给具有效率的必要条件。

（一）政府供给环境治理公共服务时需采取必要措施

由于存在阿罗不可能定理，所以无论在何种规则下，政府决策都不可能同时满足民众提出的各种需求。这意味着，在决策中，政府需要努力将环境治理公共服务的供给和预算规模放在较为优先的位置。要做到这一点，考虑到多数通过规则存在的诸多不足，政府应当在以下两方面采取措施。

第一，避免环境治理公共服务的公共选择机制失灵。在坚持多元目标综合理性决策原则下，政府要突出环境治理公共服务的基本国策性，将各级政府多维度供给公共服务议题中的供给环境治理公共服务制度化、责任化。

第二，扶持影响公共决策但其结果却是提高社会福利的环境利益集团发展。依据公共选择理论，一些利益集团通过影响公共决策为己谋利即寻租而降低社会福利，这种利益集团必须被消除。但是，利益集团本身是中性的，另有一些利益集团如民间环境保护组织尤其是绿色产品生产组织等，通过自身努力以社会环境治理（又称“私人环境治理”）方式提供了环境治理公共服务。[①] 对于这种绿色产品生产组织的发展，政府要大力扶持。

（二）使环境治理公共服务供给具有效率要具备必要条件

使环境治理公共服务供给具有效率的必要条件包括，环境治理公共服务供给效率受到有效监督、供给行为受到有效激励等。如果不具备这些条件，政府就应当通过采取以下措施来创造这些条件，这些措施包括理性选择组织类型，即让私人组织也来供给环境治理公共服务，或引入市场机制，或者分权以使不同组织在环境治理公共服务供给职能上联合、交叉等。

第三节　外部性与信息不对称理论及其指导意义

外部性和信息不对称对公共物品或服务的供给与消费产生影响，尤其重要的是，这些影响更多地使市场不能有效配置资源，是消极的。对此市场失灵问题，政府需要采取直接或间接手段予以克服。

一　外部性理论

（一）外部性定义及其分类

萨缪尔森和诺德豪斯认为，外部性是生产或消费行为对其他经济主体强加成本或无偿给予收益。兰德尔（Aran Landall）认为，外部性是一个经济活动主体的某些收益被无偿给予，或某些成本被强加。[②] 当前，外部性一般被定义为，未在市场价格中得到反映的经济交易成本或收益，它又被称为外部效应、外部影响、外溢性、外在性等。

基于以上外部性定义，按照“三级”分类标准，外部性可被分为8

---

① Vandenbergh, M. P. Private Environmental Governance. [J]. Cornell Law Review, 2013, 99 (1): 129 - 199.

② 阿兰·兰德尔. 资源经济学——从经济角度对自然资源和环境政策的探讨 [M]. 施以正译. 北京：商务印书馆，1989：14 - 16.

类，如表2－1所示。在一级分类中，外部性可分为正外部性和负外部性。在二级分类中，正、负外部性可分别分为生产和消费的正、负外部性等4类。在三级分类中，生产和消费的正、负外部性又可再次分为对生产和对消费的正、负外部性等8类。

表2－1　外部性一般分类

<table>
<tr><td>外部性分类层级</td><td>一级分类</td><td>二级分类</td><td>三级分类</td></tr>
<tr><td>分类标准</td><td>外部性导致的结果</td><td>外部性的发起者</td><td>外部性的承受者</td></tr>
<tr><td rowspan="8">外部性分类结果</td><td rowspan="4">正外部性</td><td rowspan="2">生产的正外部性</td><td>生产对生产的正外部性</td></tr>
<tr><td>生产对消费的正外部性</td></tr>
<tr><td rowspan="2">消费的正外部性</td><td>消费对生产的正外部性</td></tr>
<tr><td>消费对消费的正外部性</td></tr>
<tr><td rowspan="4">负外部性</td><td rowspan="2">生产的负外部性</td><td>生产对生产的负外部性</td></tr>
<tr><td>生产对消费的负外部性</td></tr>
<tr><td rowspan="2">消费的负外部性</td><td>消费对生产的负外部性</td></tr>
<tr><td>消费对消费的负外部性</td></tr>
</table>

在表2－1中，根据经济活动外部性导致的结果，一级分类法将外部性分为正外部性和负外部性。正外部性指一个经济活动主体行为的实施使他人利益增加，负外部性则指一个经济活动主体行为的实施使他人利益减少，并且，在前者中，经济活动主体不获得他人给予的补偿，在后者中经济活动主体不予他人补偿。在二级分类法中，根据外部性发起者的不同，外部性又可分为生产和消费所导致的正、负外部性。其中，生产的正、负外部性指生产组织经济行为能使他人利益增加或减少，但该生产组织并不因他人利益增加而获得他人补偿，也不因他人利益减少而补偿他人；消费的正、负外部性指消费者行为能使他人利益增加或减少，但该消费者并不因他人利益增加而获得他人补偿，也不因他人利益减少而补偿他人。在三级分类法中，根据外部性承受者的不同，外部性还可分为生产者对生产者和消费者的正、负外部性，与消费者对生产者和消费者的正、负外部性。

除以上一般分类之外，外部性还可以按照其他分类标准分类。如按照外部性是由金钱即价格还是非价格因素引起的，可将外部性分为货币即金钱的外部性和真正的外部性；按照甲经济活动主体行为虽然影响乙经济活动主体利益，但乙的边际收益可能取决于甲，也可能不取决于甲，可将外部性分为可分的外部性和不可分的外部性；按照随机的外部性是否能够通过某种协调方式，如协商或者合并不同经济活动主体而被内部化，可将外部性分为稳定的和不稳定的外部性；按照具有外部性的物品或服务是否为公共物品或服务，可将外部性分为公共外部性和私人外部性；按照外部性消除后，外部性承受者的利益是否增进，可将外部性分为帕累托相关的外部性和帕累托不相关的外部性；按照外部性在相关的经济活动主体间是单向发起并承受，还是双向发起并承受，可将外部性分为简单外部性和复杂外部性；按照外部性发起者和承受者是否同活于世，可将外部性分为代际外部性和代内外部性；按照外部性产生的根源，可将外部性分为制度外部性和科技外部性等。[①]

（二）外部性导致市场供给不足或过剩

1. 正外部性导致市场供给不足

依据外部性定义，经济活动主体行为的外部性可理解为，在生产或消费某种物品或服务的价格中，未体现出的、该行为的社会影响与个体影响之差，此处个体指单个生产组织、消费者个人或家庭等。当这种社会影响与个体影响之差是收益差时，正外部性就表现为有外部收益（EB，External Benefit）存在，其数额即为社会收益（SB，Social Benefit）与个体收益（PB，Personal Benefit）的差值。在这里，个体收益是由市场决定的、在物品或服务价格中实际发生和获得的收益；外部收益是未由价格反映、游离于个体收益之外的收益；社会收益则是一个加总的概念，其值为个体收益与外部收益之和，反映的是经济活动所产生的真实的全社会享用的全部收益。

由于社会收益是个加总的概念，所以边际社会收益也具有加总

① 沈满洪，何灵巧．外部性的分类及外部性理论的演化［J］．浙江大学学报（人文社会科学版），2002，32（1）：152－160．

性，即

$$MSB = MPB + MEB \tag{2-1}$$

式（2－1）意味着边际社会收益不等于边际个体收益，也意味着市场对这种具有正外部性的物品或服务的供给不足，这可以借助在完全竞争市场下，某经济活动个体行为决策规则是边际收益等于边际成本即 $MB = MC$ 来说明，如图2－3所示。

一般情况下，第一，同一般物品的效用具有递减性相同，某物品或服务（以 G 来表示）所具有的、由承受方强行受益的外部收益 EB 也具有递减性，即边际外部收益曲线 MEB 向右下方倾斜。第二，在完全竞争市场上，具有正外部性的物品或服务的边际供给成本曲线 MSC 和边际收益曲线 MPB 分别向右上方倾斜和向右下方倾斜。第三，随着 G 生产量的增多，其所产生的外部收益递减，即 MEB 逐渐趋于零，表现为 MSB 与 MPB 相交。第四，MSC 与 MPB 交点 E_1 表示的是市场所决定的 G 的均衡产量，即该经济活动个体对 G 的供给决策方案是，在价格 P_1 下供给数量为 Q_1 的 G。第五，MSC 与 MSB 交点 E_2 表示的是最有效率的 G 的供给方案，即在价格 P_2 下供给数量为 Q_2 的 G。由于 $Q_1 < Q_2$，所以市场对 G 的供给不足，其原因是外部收益没有进入经济活动个体的正外部性物品或服务供给数量决策函数。

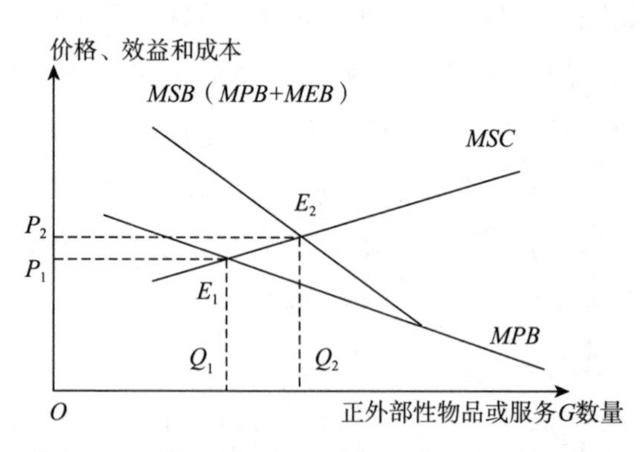

图2－3　产生正外部性且边际外部收益递减时的物品或服务市场供给

图2－4显示的是当外部边际利益不变时，市场对正外部性物品或服

务的供给情况。此时，可同理分析对 G 供给的市场决策方案与最有效率供给方案的差别。其结论是相同的，即市场对 G 供给不足。

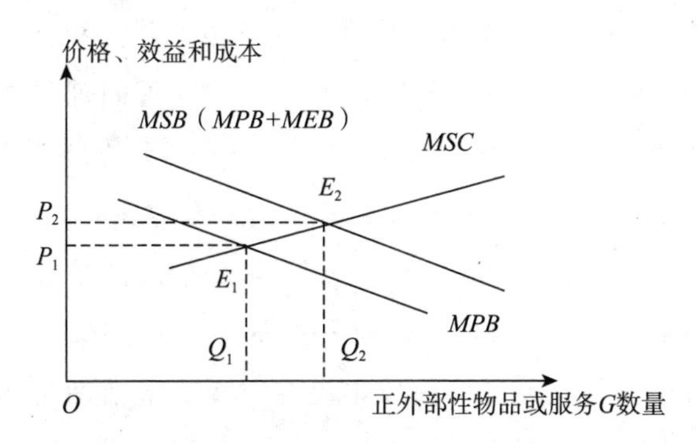

图 2－4　产生正外部性且边际外部收益不变时的物品或服务市场供给

2. 负外部性导致市场供给过剩

在生产或消费某种物品或服务的价格中，当未体现出的、该行为的社会影响与个体影响之差是成本差时，负外部性就表现为有外部成本（EC，External Cost）存在，其数额即为社会成本（SC，Social Cost）与个体成本（PC，Personal Cost）的差值。在这里，个体成本是由市场决定的、在物品或服务价格中实际发生和支付的成本；外部成本是未由价格反映、游离于个体成本之外的成本；社会成本则是一个加总的概念，其值为个体成本与外部成本之和，反映的是经济活动所产生的真实的社会负担的全部成本。

由于社会成本是个加总的概念，所以边际社会成本也具有加总性，即

$$MSC = MPC + MEC \tag{2-2}$$

式（2－2）意味着边际社会成本不等于边际个体成本，也意味着市场对这种具有负外部性物品或服务的供给过剩，这也可以借助在完全竞争市场下，某经济活动个体行为决策规则是边际利益等于边际成本，即 $MB = MC$ 来说明，如图 2－5 所示。

一般情况下，第一，同一般物品的生产成本具有递增性相同，某物品或服务（以 G 来表示）所具有的、由该经济活动个体强加的外部成本

也具有递增性，即边际外部成本曲线 *MEC* 向右上方倾斜。第二，在完全竞争市场上，具有负外部性的物品或服务的边际供给成本曲线 *MSC* 和边际收益曲线 *MPB* 分别向右上方倾斜和向右下方倾斜。第三，经济活动个体在生产 *G* 的同时，产生不变的边际外部成本（可同理分析变化的边际外部成本）*MEC*。第四，*MPC* 与 *MPB* 交点 E_1 表示的是市场所决定的 *G* 的均衡产量，即该经济活动个体对 *G* 的供给决策方案是，在价格 P_1 下供给数量为 Q_1 的 *G*。第五，*MSC* 与 *MPB* 交点 E_2 表示的是最有效率的 *G* 的供给方案，即在价格 P_2 下供给数量为 Q_2 的 *G*。由于 $Q_1 > Q_2$，所以市场对 *G* 的供给过剩，其原因是外部成本没有进入经济活动个体的负外部性物品或服务供给数量决策函数。

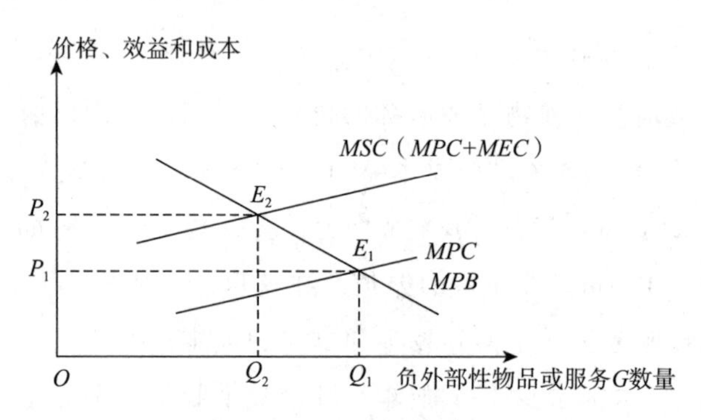

图 2－5　产生负外部性物品或服务的市场供给

（三）外部性内部化

以上分析表明，无论是正外部性还是负外部性，它们的存在都使得物品或服务的供给效率达不到最优，其原因是外部收益或成本没有进入经济活动个体的物品或服务供给数量决策函数。为此，解决外部性问题的措施就是，让外部收益或成本设法进入经济活动个体的物品或服务供给数量决策函数，即外部性内部化，其实质是使供给者个体的成本或收益等于社会成本或收益。

1. 税收与补贴

在矫正外部性时，税收和补贴政策得到普遍使用。税收能够使负外部性发起者负担成本，从而使其经济行为受到抑制，最终减少生产；补贴则能够使正外部性发起者获得收益，从而使其经济行为受到鼓励，最终增加供给。

税收的使用方法是，对具有负外部性的物品或服务征收外部边际成本税，即增大供给该物品或服务的边际成本，使该物品或服务供给的个体边际成本与社会边际成本相等，从而减少这种物品或服务的供给数量，最终实现有效率的供给。具体而言，当一个经济活动个体被征收外部边际成本税 t 时，其实质是 $t = MEC$，该经济活动个体的边际成本转变为 $MPC + t$。此时，该经济活动个体所面临的边际个体成本曲线由 MPC 改变为 MSC，即个体成本与社会成本相等。相应地，边际个体成本曲线与边际个体收益曲线 MPB 的交点从 E_1（Q_1，P_1）变动到 E_2（Q_2，P_2），该物品或服务实现了有效率的供给，如图 2－6 所示。因此，征收外部边际成本税的作用是，增加供给成本，将具有负外部性的物品或服务供给量调整到有效水平。

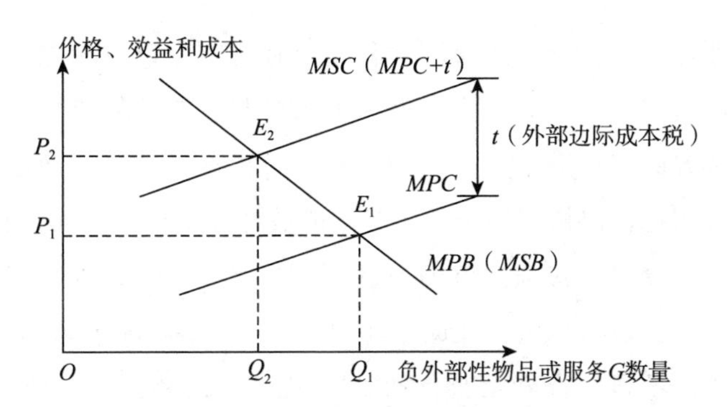

图 2－6　对产生负外部性物品或服务征税

补贴使用的方法是，对具有正外部性的物品或服务给予外部财政补助，增大供给该物品或服务的边际收益，使该物品或服务供给个体的边际收益与社会边际收益相等，从而增大这种物品或服务的供给数量，最终实现有效率的供给。具体而言，当一个经济活动个体被给予外部边际收益补贴 s 时，其实质是 $s = MEB$，该经济活动个体的边际个体收益转变为 $MPB + s$。此时，该经济活动个体所面临的边际个体收益曲线由 MPB 转变为 MSB，即个体收益与社会收益相等。相应地，边际个体收益曲线与边际个体成本曲线 MPC 的交点从 E_1（Q_1，P_1）变动到 E_2（Q_2，P_2），该物品或服务实现了有效率的供给，如图 2－7 所示。因此，给予外部边际收益财政补助的作用是，增加供给者收益，将具有正外部性的物品或服务供给量调整到有效水平。

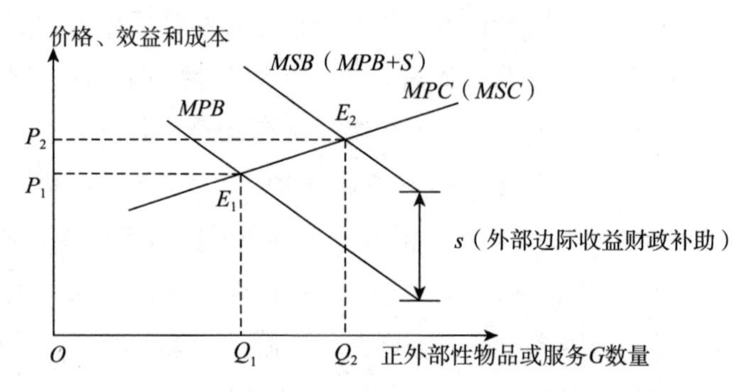

图 2－7　对产生正外部性物品或服务给予补贴

2. 科斯定理

在科斯提出解决外部性问题的科斯定理之前，以庇古等人为代表的外部性问题研究人员一般认为，因为市场机制在有效供给具有外部性的物品或服务方面存在不足，所以只有政府干预这类经济活动才能使相应资源配置最优化，即相应物品或服务才能被有效供给。然而，科斯认为，如果通过某种设置或安排使市场力量足够强，那么市场机制就能够使外部性内部化。科斯在其《社会成本问题》（*The Problem of Social Cost*）中指出，因为市场机制及其运行能否达到最优包括是否产生外部性问题，在很大程度上取决于交易费用和财产权安排，所以在考虑交易费用基础上来安排适当的财产权或者说界定财产权，市场就能够自发解决外部性问题。① 科斯的这一提法被其他经济研究人员总结归纳为科斯定理。一般认为，科斯定理包括两方面内容，第一个其实是一种假设，即如果没有交易费用（这里的交易费用包括公共决策和集体行动费用）或交易费用近似为零，则财产权就应当明确赋予经济活动主体中的任何一方，明晰

① Coase, R. H. The Problem of Social Cost [J]. The Journal of Law and Economics, 1960, 3 (10): 1－44.

的财产权将支持物品或服务供给函数包含经济活动全部成本与收益，从而使经济活动个体成本或收益与社会成本或收益一致。科斯第二定理可看作对科斯第一定理的实践应用，即在现实世界里的交易费用不为零甚至很高的情况下，具体采用什么措施，例如，是使用财政手段还是设置财产权，需要通过比较不同方案的成本——收益大小来权衡。可见，科斯定理的实质是，尽量依靠市场来解决外部性问题，采用政府干预即实施庇古税措施只是解决外部性问题的方案之一。

一般认为，科斯定理在解决外部性问题时面临三个难题，一是有些物品或服务财产权难以明确规定，二是已经规定的财产权往往难以转让，三是财产权的转让未必就能确保公共物品或服务被有效供给。为此，斯蒂格利茨（Joseph Stiglitz）认为，大多数公共物品或服务交易所涉及的参与者众多，协商、谈判成本极其高昂，加之有“搭便车”行为干扰，所以，在公共物品或服务供给领域实施政府干预是必需的。诺斯（Douglas C. North）等新经济史学派则认为，解决外部性问题时，市场与政府需要联合行动，这是因为，市场与生产力进化的历史与外部性的内部化历史同行，即随着交易和生产力发展。一方面，市场本身逐步将外部性内部化；另一方面，政府干预市场来纠正外部性也在“进化”——公共决策对外部性纠正越来越精确。因此，事实上是市场的“固有程序”与政府公共决策共同纠正着外部性。①

二　信息不对称理论

（一）信息不对称研究历程、定义与分类

信息体现出一定程度的公共物品特征。一方面，众多消费者往往能够在边际信息成本为零的情况下得到信息，即获得信息具有一定程度的非竞争性；另一方面，即使信息的最初拥有者能够封锁信息，但当信息已经被众多人获得后，信息最初拥有者阻止信息进一步传播的成本就变得十分高昂，此时信息扩散往往成为必然，即获得信息具有一定程度的非排他性。

① 向昀，任健．西方经济学界外部性理论研究介评［J］．经济评论，2002（3）：61.

经济决策主体之所以需要信息，并想方设法获得完全信息，是因为掌握的信息越完全，就越能够降低决策风险和损失。事实上，完全竞争市场实现帕累托最优的一个重要条件是理性经济人的决策是基于完全信息，即每个消费者和生产者都充分掌握了有关商品交换的信息：消费者与生产者充分掌握自己的偏好函数与生产函数，知道何时、何地、何种质量、何种价格的商品与生产要素在出售。

但是，市场往往不能向经济决策主体供给完全信息这种公共物品，也就是说，市场只能向经济决策主体供给不完全信息。最早关注市场不完全信息问题的研究人员应当包括亚当·斯密，因为他发现，在处理财务问题时，股份公司董事与私人合伙公司工作人员的利益着眼点不同：相比于私人合伙公司工作人员更注重资产增值，董事更倾向于有意疏忽和浪费资产，更为重要的是，董事有意疏忽和浪费资产的信息往往不为公司所知，从而导致公司往往在不完全信息的情况下做出业务决策。亚当·斯密对此的看法是，在信息不全的情况下做出决策似乎是市场本身难以避免的一个弊端。[①] 莫里斯（James A. Mirrlees）所创立的非对称信息下的经济激励理论进一步揭示出，在经济活动过程中，活动结果一般能够被观察到，而活动过程往往很难被观察到，这会导致相关经济主体隐藏其行动，即不完全供给信息。[②] 最早明确提出信息不对称概念的是阿克洛夫（George A. Akerlof），他认为，某商品的买卖双方各自掌握的商品信息尤其是质量信息有差异，通常是“买的不如卖的精”，即商品生产者所掌握的信息一般多于消费者，如市场相对较少地向消费者供给商品质量信息。阿克洛夫认为，柠檬市场（The Market for Lemons）的存在最能说明市场不能向经济决策主体供给完全信息：在早期二手车交易市场中，通常情况是，品质相对更优的二手车少有人购买，而低价的、品质相对较次的“柠檬车”销量却较大，最终，二手车市场被“柠檬车”垄

① 亚当·斯密．国民财富的性质和原因的研究（下卷）［M］．郭大力，王亚南译．北京：商务印书馆，1988：303．

② Mirrlees，J. A. The Optimal Structure of Authority and Incentive within an Organization［J］. Bell Journal of Economics，1976，7（1）：105－131.

断。阿克洛夫认为，对这种现象的唯一解释是，在卖方能够完全掌握商品质量信息而买方不能完全掌握每件商品质量信息的情况下，买方为了用更少的代价获得商品，会按照自己所掌握的所有商品质量分布即以商品平均质量出价去购买商品。显然，正是因为不能完全掌握商品质量信息，所以消费者才做出了有利于“柠檬车”销售的出价决策，客观上支撑了柠檬市场的存在。[①] 同样明确提出信息不对称概念的还有斯宾塞（Andrew M. Spence），他认为，市场本身不能向经济决策主体供给完全信息是确定无疑的，具有信息优势的供给方若要将有关物品或服务的质量与价值信息传递给处于信息劣势的需求方，以实现最优供需均衡，就需要向市场释放有关“信号”，而供给方获得这种信号时要负担一定的“获得成本”。[②] 同阿克洛夫等人一道为破解信息不对称问题做出杰出贡献的斯蒂格利茨（Joseph Stiglitz）认为，市场本身往往不能向经济决策主体供给完全信息表现为三个方面，一是信息不完全和不对称往往导致买卖交易不一定成交；二是即使成交，其交易量均衡点也不是最优供需均衡点；三是信息不完全和不对称甚至可以摧毁市场本身。[③]

由于市场往往不能向经济决策主体供给完全信息是供求过程中普遍存在的一种规律，而这一规律又导致帕累托效率不能实现，所以，信息不对称可定义为，在现实经济活动中，不同的活动主体所拥有的活动信息尤其是质量信息这种公共物品不同，有些主体拥有的信息比另一些主体拥有的信息更多，这导致交易决策和行为失真。

按照发生在经济活动主体之间的不同即“地点”不同来划分，信息不对称（Asymmetric Information）可分为卖方与买方之间信息不对称、卖方与卖方之间信息不对称、买方与买方之间信息不对称。其中，对实现帕累托效率而言，卖方与买方之间信息不对称所产生的负面影响最为严重。按照

---

① Akerlof, G. A. The Market for “Lemons”: Quality Uncertainty and the Market Mechanism [J]. Quarterly Journal of Economics, 1970, 84 (3): 488 - 500.

② Spence, M., Zeckhauser, R. Insurance, Information, and Individual Action [J]. American Economic Review, 1971, 61 (2): 380 - 387.

③ Stiglitz, J., Weiss, A. Credit Rationing in Markets with Imperfect Information [J]. American Economic Review, 1981, 71 (6): 393 - 410.

发生在经济活动阶段的不同，即“时间”不同来划分，信息不对称可分为交易双方事前信息不对称、交易双方事后信息不对称，前者是交易一方对另一方隐藏有关知识信息，后者是交易一方对另一方隐藏有关行动信息。

（二）信息不对称带来逆向选择和道德风险

逆向选择和道德风险是信息不对称所引发的最为严重的问题。

1. 逆向选择及其所致供给不足

逆向选择（Adverse Selection）一般是指，在信息不对称情况下，交易双方中的购买方不能完全获知供给方所供物品或服务信息尤其是质量状况信息，导致优良物品或服务被大量劣质物品或服务排挤、市场逐渐被劣质物品或服务占领的过程，如“柠檬车”垄断二手车市场就是购买方逆向选择的结果。在极端信息不对称情况下，“柠檬车”所代表的劣等品会将优等品完全驱逐出市场，其驱逐轨迹是：劣等品在一定程度上驱逐优等品→市场平均价格下降→购买者购买数量下降→优等品被进一步驱逐→市场平均价格进一步下降→……→完全劣等品市场。当劣等品质量逐步降到一定“质量底线”之后，购买者因无法获得商品应具有的效用而放弃购买，导致市场止步、萎缩以至于被摧毁。

信息不对称市场中逆向选择形成的原因在于，在信息不对称市场中消费者需求曲线向后弯曲，即消费需求随着价格降低而下降，如图 2－8 所示。需求曲线向后弯曲是因为，当消费函数包括了物品或服务质量时，单位价格质量（可表示为 q/P），而不仅仅是价格成为决定消费数量的因素。单位价格质量 q/P 所对应的价格为图中 P_o，P_o 即最优价格，这个最优价格所对应的是最优物品或服务供给量 Q_{o-1}。由于价格下降一般对应着质量下降，而此时价格上升也对应着质量下降，所以，当市场价格不是 P_o 时，即无论价格是上涨还是下降，消费者对物品或服务的购买量总是低于 Q_{o-1}。在市场价格高于 P_o 时，由于 q/P 能正常满足消费者对物品或服务效用的需求，所以此时随着价格降低，消费者购买量增大，消费曲线向右下方倾斜；但是，当市场价格低于 P_o 时，由于 q/P 不能正常满足消费者对物品或服务效用的需求，所以此时，随着价格降低，消费者购买量反而下降，消费曲线向右上方倾斜。这样，消费者需求曲线向后弯曲。

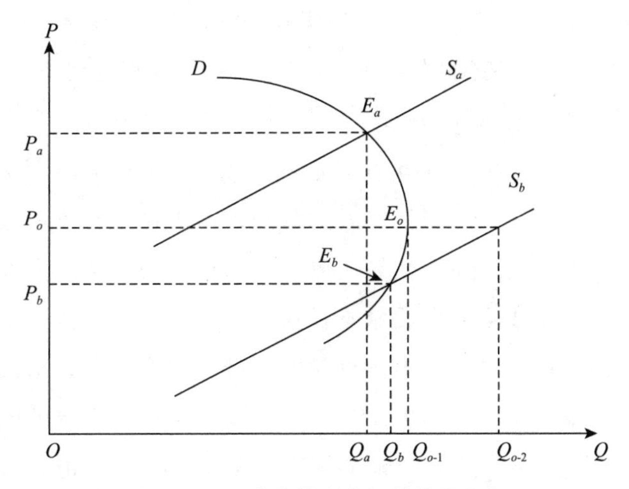

图 2-8　不完全信息市场的供需均衡

逆向选择的结果是市场上物品或服务的供给量不足。由于通常认为不完全信息拥有者是消费者，所以在信息不对称市场中供给曲线正常，即如图 2-8 中 S 曲线所示。在市场价格高于 P_o 时，供给曲线 S_a 与需求曲线 D 交于点 E_a（Q_a，P_a），此即为正常的供求均衡点。当市场价格低于 P_o 时，供给曲线 S_b 与需求曲线 D 交于点 E_b（Q_b，P_b），此即为信息不对称下市场供求均衡点。显然，E_b 不是最优供求均衡点，因为，如果提高价格，即将 P_b 上提，则在（Q_b，Q_{O-1}）区间，供给量增加并且需求价格高于供给价格，买卖双方受益都增加。然而，实际上，价格 P_b 上提至如上提到的 P_o 时，其对应的供给量却是 Q_{O-2}，大于需求量 Q_{O-1}，均衡无法实现。因此，在信息不对称市场，逆向选择导致供给量偏低。

2. 道德风险及其所致市场配置资源效率受损

一般认为，尽管道德风险的经济学概念最早由阿罗（Kenneth J. Arrow）在研究医疗保险问题时提出[①]，但正如上文所述，道德风险意识却可以追溯到亚当·斯密面对公司在不完全信息情况下做出业务决策时所表现出的担忧。道德风险（Moral Hazard）又被称为道德危机、败德行为等，是

① Arrow, K. J. Uncertainty and the Welfare Economics of Medical Care [J]. The American Economic Review, 1963, 53 (5): 941-973.

指在信息不对称市场，交易双方中的获取信息优势者为使自身收益最大化，采取不道德的方式如有意隐藏相关信息，从而对获取信息劣势者造成损害。

斯宾塞和泽克豪泽（Richard J. Zeckhauser）按照风险发生所处的不同交易阶段，将道德风险区分为交易前和交易后道德风险两类。交易前道德风险是指交易一方隐藏信息或隐藏知识以求得自身效用最大化的败德行为。交易发生前，为使交易达成，信息优势一方会想方设法隐瞒自己期望交易的物品或服务之质量不良信息，提高信息劣势一方的交易意愿以促成交易。在这种建立于信息隐藏基础上的交易中，信息劣势一方的需求被虚假地供给，因而供需平衡不真实，市场对资源的配置失真而效率不足。在这方面，广被引证的存在交易前道德风险的领域是劳动力市场、保险市场和委托—代理过程。在劳动力市场中，当每个应聘者都努力展示自己具有较高的工作效率而隐藏自身不足时，低能者会因更善于“包装自己”而取代高能者被招聘，造成市场配置人力资源失真而效率不足。在保险市场中，容易出事故的投保人会有意隐瞒自己诸如开车时漫不经心、对交通规则不熟悉等信息，以防止保险公司将其归类为“高危”投保人而提高保费，但事实是，这种实际上的“高危”投保人往往以与“低危”投保人相同的保费获取更多保险赔偿，造成市场配置保险资金失真而效率不足。在委托—代理过程的签约前阶段，例如，项目招标—投标过程中，投标人一般会选择性地弱化自己在进度、成本、质量等控制方面存在的不足，而突出自己在这些项目要素方面的长处，致使招标方通常只能以投标金额与标底接近程度作为决定中标方的主要依据。这种决策显然以偏概全，其带来的风险是，标底一旦泄露给劣质投标人，则该投标人就很有可能中标而使优质投标人“出局”，造成市场配置项目资源失真而效率不足。[①]

交易后道德风险是指交易方隐藏行动以求得自身效用最大化的败德行为。交易后道德风险发生的原因通常是，处于监督方的交易者很难有

① Spence, M., Zeckhauser, R. Insurance, Information, and Individual Action [J]. American Economic Review, 1971, 61 (2): 380-387.

足够时间、精力以及资金对受监督方实施实时监控，致使受监督方有机会偷懒、要滑、不按照约定行事。交易后道德风险使市场正常运行机制受损。依然以前述劳动力市场、保险市场和委托—代理过程为例，首先，在招聘工作完成后，招聘者通常观察不到被招聘者的工作行动过程，而只能观察到后者的工作结果，导致招聘者无法判断后者工作效率的真实值，进而无法建立起有效的经营机制而使自身利益受损。其次，在保险单生效后，因有保险公司承担事故损失，所以投保人不再像未投保时那样对某些风险采取措施小心翼翼地预防，而是对这些风险表现出或多或少的“不在意”，这给保险公司增加了额外支出，降低了市场配置资源的效率。最后，契约签订后，因代理人包括雇主雇用的雇员、董事会委派的经理、被告委托的律师等更关注的是如何使自己所得报酬最大化，而非想方设法按约定完成被委托的事项，所以代理人在行事时往往将自身利益最大化置于实现委托人利益之前，从而造成委托人利益受损。

（三）逆向选择和道德风险的避免

要避免逆向选择和道德风险发生，就需要以建立有质量区分的物品或服务市场为目标，完善市场机制和实施政府干预，努力消除物品或服务质量信息不完全、不对称。

1. 完善市场机制

完善市场机制以避免逆向选择和道德风险的发生主要包括完善信号传递和契约设计。完善信号传递是指为避免逆向选择，在获得信息上处于优势的交易一方选取某种信号，积极主动地将这一信号传递给在获得信息上处于劣势的交易另一方，后者因此对有关信息尤其是质量信息有较为充分的掌握，能够在质量信息对称的情况下进行经济决策。实践当中常用的完善信号传递的方法有三种，一是卖方建立信誉。建立信誉是卖方让自己的产品在消费者中形成良好口碑。其机制有两方面，一方面是当买卖双方多次、相对固定地重复交易时，卖方不能对消费者实施欺骗，因为欺骗一次就会永久性失去这名购买者。另一方面是当买卖关系并不固定甚至是一次性买卖时，卖方也不能对消费者实施欺骗，因为利益受到损害的购买者会以其亲身体验，向潜在以及显在的购买者做负面

“忠告”，从而使卖方产品的消费人群减少。二是卖方建立品牌。建立品牌可看作更严格、更规范、更广泛地建立信誉，它不仅要求卖方对产品质量本身有较高定位，而且要求卖方建立质量控制体系，使自身成为产品质量的象征，而不仅仅是限于自身所经营的某个产品。三是卖方做出保证或承诺。卖方做出质量保证或承诺，如宣布在一定期限内对所售产品实施“三包”即包修、包换和包退时，向购买者传递了一种信号，即卖方产品的次品率低——因为如果次品率高，那么卖方就无利可图。所以，做出保证或承诺的实质是，卖方将自己的产品与次品相区别。

完善契约设计是指为了避免信息不对称引发的道德风险，在委托—代理过程中，委托人将自身利益“植入”或“搭载”到代理人利益中，以此将双方利益统一起来，即代理人实现自身利益最大化的前提是代理人首先实现委托人的利益。在实践中，契约设计的核心是设计出恰当的激励机制，包括实施所有权激励和绩效考核。实施所有权激励是委托人同代理人约定，代理人履行约定所获利益是一定程度地取得委托方组织所有权。此时，代理人要使自身利益最大化就不能损害委托方利益，因为委托方增加的利益就是自己的报酬。显然，实施所有权激励实现了委托方和代理方利益捆绑。在实施绩效考核时，委托方将自身利益量化，并将量化的利益以各种指标形式写入约定。此时代理方所获得的报酬不固定，它同代理方所完成指标的质量挂钩，即“守信被奖而要赖被罚”。由于代理人“守信”对应的产出就是委托方利益，所以绩效考核也实现了委托方和代理方利益捆绑，同样避免了代理人发生败德行为。

2. 实施政府干预

单凭市场机制并不能很好地解决信息不对称所带来的逆向选择和道德风险，其原因在于，如前所述，信息具有一定程度的公共物品属性。政府实施干预避免逆向选择和道德风险是指，政府在信息供给方面实施调控，增加市场的质量区分度、透明度，确保消费者和生产者、委托方和代理方能充分掌握信息。具体而言，在采取信号传递方法避免逆向选择方面，无论是卖方建立信誉，还是创立品牌，抑或是做出保证或承诺，一方面“建立”、“ 创立”和“做出”行为主体需要受到监管，如产品广告要真实、产品认证过程要规范、保证或承诺要兑现等；另一方面“信誉”“品牌”要受到保护，防止它们在传递过程中被劣等品侵害，如被假冒而使信号扭曲。

在设计契约避免败德行为发生时，政府作用分为两个方面。第一，政府作为契约签订的第三方，完善法律法规制定和实施，加强对契约双方的履约约束。第二，政府作为契约发起者对契约实施治理。由于政府项目属于公共项目，所以此时契约设计的核心内容是，将公共利益“植入”或“搭载”到相对方主要是私人组织利益中。此时，针对公共利益往往难以具体化的特点，对私人组织履约行为，政府需要实施以过程监管为特征的绩效考核。

三 理论指导意义

（一）外部性理论指导意义

农村环境问题产生的机理是，农业生产者、村民在生产和生活时，虽然因产生污染环境的副产品而产生社会成本，但这种社会成本却不计入其生产和生活成本，从而社会成本被低估。由于环境负外部性扭曲成本和收益的关系，所以市场配置农村环境资源时失灵。

环境治理公共服务供给具有极强的正外部性，对这一正外部性应当给予补偿。由于外部性是指未在市场价格中得到反映的经济交易成本或效益，而公共服务本身一般难以形成市场价格，所以，同解决一般公共服务外部性补偿问题相同，在对环境治理公共服务外部性给予补偿时，首先要确定环境治理公共服务价格。对此，应当借鉴萨缪尔森所言的“配置公共物品或服务需要借助价值判断工具”，即要借助环境价值评估工具确定环境治理公共服务价格。

由于现实当中的环境价值评估并不完善，环境治理公共服务评估价格更多是参照私人服务的市场平均价格制定，所以，环境治理公共服务评估价格往往并不能充分反映环境治理公共服务价格，即在环境治理公共服务交易中存在相对于供给者的环境治理正外部性。因此，在对环境治理正外部性进行补偿时，采用税收或补贴手段与应用科斯定理使外部性内部化的现实指导意义是，政府应当制定税收优惠等经济政策，以使环境治理正外部性最大限度内部化。

（二）信息不对称理论指导意义

当政府为农产品生产—消费链运行提供信号，以消除产品信息在消费者与生产者之间的不对称问题时，应当做到以下两点。第一，作为信号提供方的政府要对生产过程进行监管。这是因为，按照斯宾塞和泽克豪泽的观点，因为自身处于信息获取优势地位，所以农产品生产组织极有可能发生败德行为。为此，要确保信号真实，就应当实施政府干预以避免败德行为发生，即由政府对生产过程实施监管。第二，政府要充分完善市场机制。农产品消费者不仅仅是购买农产品回家烹饪的消费者，还包括餐饮消费者。这意味着，农产品信息的对称也应当包括餐饮企业与餐饮消费者之间的信息对称。如果餐饮企业与餐饮消费者之间的信息不对称，政府就应当完善信号在餐饮市场的传递机制。

本章小结

公共物品或服务理论指导意义是，因为环境污染整治即环境治理是纯公共服务，市场在供给该纯公共服务时严重失灵，所以政府必须承担环境治理公共服务供给责任，但市场在供给该公共服务方面仍具有可能性。环境治理公共服务存在由私人供给的可能性是指，政府与私人组织可以联合供给环境治理公共服务，其中，政府确立环境治理公共服务供给体制，制定供给制度，组织和监管供给者行为；而私人组织是环境治理公共服务生产者。环境治理公共服务供给的市场化要依托一定的方式方法，包括依托签订合同或协议方式、公共服务特许经营方式和依托产业政策使环境治理公共服务供给市场化等。

公共选择理论指出了政府供给环境治理公共服务时需要采取的必要措施，以及使环境治理公共服务供给具有效率的必要条件。政府供给环境治理公共服务时需采取的必要措施是，避免环境治理公共服务的公共选择机制失灵，扶持影响公共决策但其结果却是提高社会福利的环境利益集团发展。使环境治理公共服务供给具有效率的必要条件是，环境治理公共服务供给效率受到有效监督、供给行为受到有效激励等。

依据外部性理论，农村环境问题产生的机理是，农业生产者、村民在生产和生活时，虽然因产生污染环境的副产品而产生社会成本，但这种社会成本却不计入其生产和生活成本，从而社会成本被低估。由于环境负外部性扭曲成本和收益关系，所以市场配置农村环境资源时失灵。环境治理公共服务供给具有极强的正外部性，对这一正外部性应当给予补偿。在对环境治理正外部性进行补偿时，政府应制定税收优惠等经济政策，使环境治理正外部性最大限度内部化。

依据信息不对称理论，当政府为农产品生产—消费链运行提供信号以消除产品信息在消费者与生产者之间的不对称问题时，应当做到以下两点：一是作为信号提供方的政府要对生产过程进行监管，二是政府要充分完善市场机制。

第三章　政府担责机制及其失灵环节实证：以太湖流域水环境综合治理为例

如前文所述，由于太湖流域治理工程是“国家生态环境建设的标志性工程”，政府在农业生产、村民生活污染整治中担责的机制具有典型性，所以以太湖流域水环境综合治理为案例，依据公共物品和公共选择理论，分析当前政府担责机制不利于农业生产、村民生活污染整治效率提高之处。结果表明，太湖流域政府在承担农业生产、村民生活污染治理公共服务供给责任中，在承担污染治理公共服务供给保障责任的同时，还承担污染治理公共服务的生产责任，即政府承担双责。政府承担双责一方面造成项目实施单位实施项目的效率所受监督的有效性不足，另一方面造成项目激励机制发挥作用的有效性不足，最终造成农业生产、村民生活污染治理公共服务生产效率缺乏保障。

本章分析素材的来源一是太湖流域水环境综合治理省部际联席会议发布的《太湖流域水环境综合治理总体方案》（2008 年制定、2013 年修编），二是国务院发布的《太湖流域管理条例》、江苏省人民政府制定的《江苏省太湖水污染防治条例》《江苏省“十三五”太湖流域水环境综合治理行动方案》等，三是课题组成员赴江苏省无锡市新区震泽等村、浙江省湖州市南浔镇灯塔等村实地考察所获材料，四是江苏省耕地质量保护站、省畜牧站有关工作人员所提供的材料。

第一节　政府承担公共服务供给责任

由前文所述，依据公共物品或服务理论，环境污染整治即环境治理是纯公共服务，因此政府必须承担太湖流域水环境治理责任。但是，依据公共选择理论，政府是否承担了环境治理公共服务责任，取决于政府供给环境治理公共服务时是否采取了必要措施。为此，在梳理政府为治理太湖水环境而确立的治理目标和任务、采取的治理措施之基础上，依据公共选择理论判断政府是否承担了农业生产、村民生活污染治理公共服务供给责任。

太湖流域水环境综合治理区涉及江苏、浙江和上海两省一市的51个县（市或区）和3镇。

一　国家发展和改革委员会牵头制定太湖水环境质量目标

2007年，素有“鱼米之乡”之称、人口约6000万的太湖流域无锡市湖区爆发了“蓝藻危机”，造成无锡市民饮水困难。国务院对这一危机高度重视，授权国家发展和改革委员会牵头组建太湖流域水环境综合治理领导小组。之后，由国家发展和改革委员会牵头，成立了包括环境保护、住房城乡建设、农业、水利等13个部门和江苏、浙江、上海两省一市人民政府在内的太湖流域水环境综合治理省部际联席会，该联席会于2008年、2013年制订、修编并发布《太湖流域水环境综合治理总体方案》（以下简称《总体方案》）。《总体方案》最显著的特征是制定了明确的提高水环境质量所要达到的目标。

（一）一级水质目标

一级水质目标被分解为五个二级子目标。其一，饮用水安全保障目标。流域内饮用水水源二级保护区水质要稳定达到《地表水环境质量标准》所要求的Ⅲ类标准和补充项目、特定项目标准，流域内饮用水水源一级保护区水质达到Ⅱ类标准和补充项目、特定项目标准的比重要逐年提高。其二，太湖湖体水质目标。到2020年，太湖水体高锰酸盐指数和氨氮浓度要稳定达到Ⅱ类水质标准，总磷浓度要达到Ⅲ类水质标准，总氮浓度要达到Ⅴ类水质标准。其三，入湖河流水质目标。环太湖主要入湖河流年均高锰酸盐浓度要控制在4.5～5.0mg/L，氨氮浓度要控制在1.0～1.2mg/L（个别河流为2.0mg/L以下），总磷浓度要控制在0.12～0.15mg/L，总氮浓度要控制在2.8～4.0mg/L。其四，水功能区水质目标。到2015年、2020年，江苏省、浙江省和上海市辖区内河网水功能区水质达标率要分别达到55%、50%、48%与80%、75%、80%。其五，淀山湖湖体水质目标。到2020年，高锰酸盐指数、氨氮年均浓度要继续达到Ⅲ类水质标准，总磷浓度在2013年以后要达到Ⅲ类水质标准，总氮浓度要达到Ⅴ类水质标准。

（二）一级污染物排放总量控制目标

一级污染物排放总量控制目标被分解为COD、氨氮、总磷、总氮的年均排放总量四个二级子目标。具体而言，至2015年和2020年，太湖流域COD年均排放总量要分别控制在约3.5×10^8kg与3.2×10^8kg，氨氮年均排放总量要分别控制在约5.3×10^7kg与4.8×10^7kg，总磷年均排放总量要分别控制在约6.8×10^6kg与5.6×10^6kg，总氮年均排放总量要分别控制在约1.0×10^8kg与8.6×10^7kg。

（三）一级污染物入河（湖）总量控制目标

一级污染物入河（湖）总量控制目标被分解成COD、氨氮、总磷、总氮入河（湖）总量四个二级子目标。具体而言，太湖流域COD、氨氮、总磷、总氮入河（湖）总量要逐年减少，2015年要比2010年分别减少5.7%、7.5%、22.8%、10.2%，2020年要比2015年分别减少17.6%、22.0%、23.2%、36%。

从表3－1中可以看出，由于来源于农业生产、村民生活的一级污染物COD、氨氮、总磷、总氮在各自总来源中的比例最高，分别为49.59%、43.94%、57.67%、42.72%，所以一级污染物排放和一级污染物入河（湖）总量控制目标实际上很大程度上是针对整治农业生产、村民生活污染而制定。

表 3-1 太湖流域水环境综合治理区污染物入河（湖）总量汇总（基准年 2010 年）

项目	COD		氨氮		总磷		总氮	
	数量（吨）	比重（%）	数量（吨）	比重（%）	数量（吨）	比重（%）	数量（吨）	比重（%）
工业点源	140428	22.27	10848	22.74	515	6.56	41425	30.59
城镇生活	155073	24.60	15068	31.59	1978	25.19	33163	24.49
农业生产、村民生活	312650	49.59	20959	43.94	4528	57.67	57850	42.72
城镇面源	22304	3.54	822	1.72	830	10.57	2976	2.20
合计	630455	100.00	47697	100.00	7851	100.00	135414	100.00

资料来源：太湖流域水环境综合治理总体方案（2013 年修编）［EB/OL］. https://wenku.baidu.com/view/35ffc6cfd5d8d15abe23482fb4daa58da1111c1d.html。

二 太湖流域水环境综合治理省部际联席会安排污染整治任务

太湖流域水环境综合治理省部际联席会对江苏、浙江和上海两省一市政府安排明确的农业生产过程污染整治任务。

（一）两省一市农业部门被安排的农业生产过程污染整治任务

2008 年，两省一市农业部门被安排的农业生产过程污染整治任务主要有以下三方面内容。第一，在发展绿色农业过程中，推广测土配方施肥技术，推广面积达到约 5.17×10^5 公顷；推广减量施药技术，推广面积达到约 4.45×10^5 公顷。第二，在发展畜禽清洁养殖过程中，推广养殖场废弃物资源化利用技术，推广农户家庭利用秸秆、生活垃圾、粪便等发酵生产沼气技术。第三，在发展节水农业过程中，推广和普及节水灌溉技术。

2013 年，两省一市原农业部门被安排的农业生产过程污染整治任务主要有以下四方面内容。第一，全面、系统推广病虫害统防统治技术，生物防治技术和节水灌溉技术，有机肥和复合肥混合施用技术，作物轮作和间作技术以及秸秆还田技术。第二，进一步制订并执行养殖污染总量控制计划，推进畜禽粪便循环利用产业发展，包括鼓励养殖场采用“三分离一净化”（干湿分离、固液分离、雨污分离、生态净化）模式治理粪便污染、对畜禽圈舍进行零排放技术改造、实施规模养殖和建立畜禽粪便集中收储与利用体系等。第三，对秸秆实施资源化利用，包括过腹还田、粉碎还田、生物反应堆、腐熟沤肥、秸秆发电、秸秆纤维化、秸秆气化等。第四，发展节水农业，建立区域农业用水总量控制和农业生产者灌溉用水定额管理制度，推进先进节水灌溉技术发展。

2017 年，两省一市农业部门被安排的农业生产过程污染整治任务主要有以下三方面内容。第一，深入推广以农药化肥减施和畜禽粪便资源化利用为特征的生态、循环、绿色农业技术。第二，建设散养畜禽所产生的粪污集中处理设施，进一步提高散养畜禽粪便资源化利用率。第三，深入推广生物质制沼气、生产有机肥、堆肥发酵还田等农业废弃物资源化利用技术。

（二）两省一市住房和城乡建设部门被安排的村民生活污染整治任务

2008 年，两省一市住房和城乡建设部门被安排的村民生活污染整治任务主要有以下两方面内容。第一，在污水处理方面，建设生活污水处理设施以集中或分散处理生活污水，禁止含磷洗涤剂在流域内销售。第二，在垃圾处理方面，规划和配置城乡垃圾处理设施，对“组保洁—村收集—镇转运—县（市）集中处理”的村民生活垃圾处理体系加以完善，并加速推进村民有机垃圾堆肥建设。

2013 年，两省一市住房和城乡建设部门被安排的村民生活污染整治任务主要有以下两方面内容。第一，在污水处理方面，加大污水输送管线和污水处理设施建设，提高设施运行水平，完善城镇污水处理收费机制，建设和完善城乡污水处理管网。其一，村乡、村镇或村县距离较近时，修建村庄—城镇污水输送管线，以使村庄污水能够被输送至城镇污水处理厂而得到处理；村乡、村镇或村县距离较远时，修建独立小型污水处理厂，污水处理厂尾水自然流入人工湿地后进一步得到净化；对于居住分散的村庄，因地制宜探索污水处理措施。其二，将污水排入封闭水域时，污水处理厂要确保出水水质为一级 A 标准；若条件具备，污水处理厂配套建设湿地来净化尾水，进一步降低所处理尾水的氮、磷等污染物含量；对污水处理厂尾水水质要加强在线监测。其三，完善城镇污水处理收费机制，规范城镇污水处理费征收、使用及管理过程。其四，建设和完善城乡污水处理管网，使各地乡村污水处理厂运营后的第一年的负荷率不低于60%，3年后的负荷率不低于75%。第二，在垃圾处理方面，加快村庄垃圾处理设施建设，其过程同全国“十二五”城镇生活垃圾无害化处理设施建设规划相衔接。其一，在“组保洁—村收集—镇转运—县（市）集中处理”的村民生活垃圾处理模式基础上，积极探索垃圾分类和就地减量处理措施。其二，建立操作性强的村民垃圾处理征费机制。

2017年，两省一市住房和城乡建设部门被安排的村民生活污染整治任务主要是，进一步在流域内乡村全面建设村民污水处理设施，全面建设垃圾收集运输处理处置系统，同时探索村庄污水垃圾市场化处理机制。

三　两省一市政府采取污染整治措施

针对所要完成的污染整治任务，国务院有关部门和江苏、浙江和上海两省一市政府制定项目资金投入保障与项目管理制度，并实施项目科技推广与研发。

（一）制定和实施项目资金投入保障与项目管理制度

1. 制定项目资金投入保障制度

根据《总体方案》制定的项目和工程规划，国务院有关部门和两省一市政府共同落实太湖流域水环境综合整治项目资金，如表3－2所示。至2017年末，太湖流域水环境综合整治项目资金共计1164.13亿元，其中近期、远期投资分别为658.59亿元、505.54亿元，浙江省、江苏省、上海市、跨省市分别投资458.05亿元、643.99亿元、39.65亿元、22.44亿元。

表 3－2　太湖流域水环境综合治理项目分省市投资（至 2017 年末）

省市	合计（亿元）	占比（%）	近期投资（亿元）	远期投资（亿元）
浙江省	458.05	39.34	295.39	162.66
江苏省	643.99	55.32	346.87	297.12
上海市	39.65	3.41	13.30	26.35
跨省市	22.44	1.93	3.03	19.41
合计	1164.13	100	658.59	505.54

资料来源：太湖流域水环境综合治理总体方案（2013 年修编）［EB/OL］. https://wenku.baidu.com/view/35ffc6cfd5d8d15abe23482fb4daa58da1111c1d.html。

按照太湖流域水环境综合整治资金项目类别划分，不同项目投资额及其在总投资中的占比如表 3－3 所示。直接涉及农业生产、村民生活污染治理项目的资金共计约 165.7 亿元，约占项目总投资额的 14.2%；间接涉及农业生产、村民生活污染治理项目如饮用水安全、资源化利用、监测预警等项目的资金共计约 103.6 亿元，约占项目总投资额的 9.0%。

表 3－3　太湖流域水环境综合治理项目分类投资（至 2017 年末）

序号	项目类别	投资额（亿元）	占总投资比例（%）	近期投资（亿元）	远期投资（亿元）
1	城乡污水和垃圾处理项目	334.0	28.7	172.7	161.2
2	饮用水安全项目	81.4	7.0	62.9	18.6
3	农业生产、村民生活源污染治理项目	165.7	14.2	106.0	59.7
4	工业点源污染治理项目	59.0	5.1	29.7	29.3
5	生态修复项目	196.9	16.9	76.7	120.2
6	河道及河网综合整治工程项目	62.4	5.4	23.3	39.1
7	引排工程项目	212.9	18.3	150.6	62.3
8	资源化利用项目	18.2	1.6	11.7	6.5
9	监测预警项目	4.0	0.4	3.3	0.7
10	科技攻关项目	0.4	0.1	0.4	–
11	节水减排工程项目	29.2	2.5	21.2	8.0
合计		1164.1	100.0	658.5	505.6

资料来源：太湖流域水环境综合治理总体方案（2013 年修编）［EB/OL］. https://wenku.baidu.com/view/35ffc6cfd5d8d15abe23482fb4daa58da1111c1d.html。

2. 项目管理制度

国务院有关部门和两省一市政府严格执行政府购买制度。第一，严格执行项目前期审批程序。在实施项目前，相关部门进一步论证、优化《总体方案》所确定的水环境综合治理各方案，包括进一步明确建设规模、比选工艺、核定投资资金，并进一步对项目进行综合效益评估、建立风险防范机制，严格履行项目前期的审查和批准程序。第二，严格项目过程控制。在项目实施过程中，有关部门依照政府购买法定程序对项目招标，公开项目建设进度信息，严格按程序对项目进行验收。第三，严格执行项目中、项目后评估制度与政府建设项目资金管理办法。在项目实施过程中，有关部门对项目严格进行绩效评估与财务审计，其中财政部门建立项目资金专户，对资金实施拨付前审核和使用中监管，确保各类投资及时、足额到位。

（二）实施项目科技推广与研发

两省一市政府提出“科技治太”，即依靠科技完成治污任务。两省一市政府一方面推广应用技术成熟、治理效果较好、有推广基础、能落实的重要应用技术，另一方面对治理过程中迫切需要解决的关键技术、基础技术进行研发。太湖流域水环境综合治理关键和基础技术被分成14类、52个子项，其中，与农业生产、村民生活污染治理相关的技术有8类、27个子项，如表3－4所示。

在8类太湖流域水环境综合治理科技推广与研究项目中，对农业生产、村民生活污染整治起到关键作用的是“农业水肥减量化和有机废弃物资源化利用技术提升与集成”项目、“农村生活污水处理与产业化集成技术”项目和“养殖业废弃物的无害化和资源化技术提升与集成”项目。“农业水肥减量化和有机废弃物资源化利用技术提升与集成”项目包括五项内容，即种植业节水技术，肥料合理投入与流失阻控技术提升及优化方案，农药减量化与生物、物理防治协同技术，农业有机废弃物循环利用和磷、氮固定技术集成，稻田系统消纳沼渣、沼液的技术集成。“农村生活污水处理与产业化集成技术”项目包括三项内容，即生活污水中磷、氮资源的经济利用技术集成，农村生活污水脱磷、脱氮与高生产力水生植物协同处理技术，适于太湖流域农村生活污水处理关键技术的标准化、产业化。“养殖业废弃物的无害化和资源化技术提升与集成”项目包括三项研究内容，即畜禽、水产养殖及作物生产相结合的适宜产业链尺度，农、牧、水产业互促型清洁生产模式，集约化养殖业废弃物无害化、资源化模式与产业化设备。

表3－4　太湖流域水环境综合治理科技推广与研究项目体系

序号	项目名称	主要研究内容
1	农业水肥减量化和有机废弃物资源化利用技术提升与集成	（1）种植业节水技术； （2）肥料合理投入与流失阻控技术提升及优化方案； （3）农药减量化与生物、物理防治协同技术； （4）农业有机废弃物循环利用和磷、氮固定技术集成； （5）稻田系统消纳沼渣、沼液的技术集成
2	农村生活污水处理与产业化集成技术	（1）生活污水中磷、氮资源的经济利用技术集成； （2）农村生活污水脱磷、脱氮与高生产力水生植物协同处理技术； （3）适于太湖流域农村生活污水处理关键技术的标准化、产业化
3	养殖业废弃物的无害化和资源化技术提升与集成	（1）畜禽、水产养殖及作物生产相结合的适宜产业链尺度； （2）农、牧、水产业互促型清洁生产模式； （3）集约化养殖业废弃物无害化、资源化模式与产业化设备
4	土壤污染防治与地下水修复的关键技术	（1）重污染企业旧址污染的风险分析； （2）重污染企业旧址土壤污染治理和地下水修复的关键技术； （3）垃圾堆放场的土壤污染治理与地下水修复的关键技术
5	太湖流域自然湿地生态系统的恢复和保护	（1）河湖湿地退化与功能受损的原因与趋势分析； （2）湿地生态系统的恢复与重建关键技术； （3）湿地资源及其生物多样性保护技术体系
6	太湖流域水量水质模型和污染物总量控制技术	（1）太湖及主要河道勘测，合理确定模型河道参数与糙率系数； （2）水量、水质模型的参数率定和数据库更新； （3）水（环境）功能区纳污能力与行政区允许排放量的关联； （4）污染物总量控制方案
7	入太湖河口的污染物阻控与湿地构建技术体系及方案优化	（1）入湖河口水生态修复，水量、水质优化调配关键技术与技术组合； （2）基于不同污染类型的多功能河口湿地构建的优化方案与水生植被恢复关键技术
8	太湖流域水环境综合治理的管理与运行机制	（1）水环境综合治理中期评估指标体系建立； （2）流域生态服务功能和生态补偿管理机制； （3）水环境综合治理保障体系构建和长效运行机制； （4）太湖流域水量水质模型

四　各级政府实施污染整治保障措施

（一）建立污染整治工作考核体系

两省一市各级政府将流域水环境治理任务纳入国民经济和社会发展年度计划，逐级签订了治理工作目标责任状，建立了省（市）、市、县（市、区）三级考核体系，对水污染物排放总量、国控断面水质目标浓度、饮用水水源地水质、水功能区达标率等指标进行考核，考核指标观测值由太湖流域管理局和两省一市监测站提供。

（二）建立协调治污制度

通过建立太湖流域水环境综合治理省部际联席会议制度，国务院各有关部门、两省一市政府以及社会形成上下联动、合力治污，将流域综合治理纳入各有关部门常态化工作内容，逐步建立了流域管理与行政区域管理相结合的综合管理体制，如建立了河长制。

（三）依靠科技

国务院各有关部门、两省一市政府积极推广包括农业生产、村民生活污染治理技术在内的各类水环境治理技术，并组织制定了相应技术规范。如江苏省制定《太湖流域主要入湖河流水环境综合整治规划编制技术规范》，建立水资源监测预警机制和技术体系，确保实现“科技治太”。

（四）“依法治太”

在国家有关环境法律法规如《太湖流域管理条例》的基础上，两省一市政府进一步制定了污染源监管、水域纳污总量控制等法规、标准体系和配套政策，如江苏省制定了《江苏省太湖水污染防治条例》《江苏省“十三五”太湖流域水环境综合治理行动方案》等。由此，在太湖流域治理中，以国家和地方法律法规和政策为准绳，国务院、省（市）、市、县（市、区）、乡镇五级政府共同“依法治太”。

（五）实施环境监管

首先，太湖流域管理局和两省一市政府以国家和省市两级监测站网为基础，构建了跨部门、跨省市、高效率的国家级流域水环境监测信息共享平台和两省一市分平台。例如，太湖流域管理局网站按月、按年公布太湖流域水功能区达标率、水污染物排放总量、国控断面水质目标浓度、饮用水水源地水质等数据，实现了太湖流域水环境监测信息共享。其次，在对重点污染源实施监督性检测、对饮用水水源地及取水口水质实施实时监控的基础上，两省一市政府严厉打击违法排污行为。例如，仅2008年，苏州、无锡、常州三市就关闭、取缔和迁移了禁养区内的畜禽养殖场1720处，治理了环太湖1~5公里限养区内的1344家畜禽养殖场，治理了环太湖5公里外适养区内1132家畜禽养殖场。至2018年，江苏省政府全面关闭搬迁了太湖流域禁养区内畜禽养殖场，全面关停搬迁了太湖上游地区无配套农田、无治污设施的小型养殖场。

（六）促使民众配合实施环境治理措施

江苏省政府在其制定的《“十三五”太湖流域水环境综合治理行动方案》中指出，省内各级政府要提高民众环境保护意识并促使其采取环保行动。具体而言，江苏省各级政府要做到，其一，加强对广大民众的环境宣传与教育，增强其环境忧患意识和责任意识。其二，建立农村环境保护宣教制度、开展农村环境教育。其三，结合垃圾分类收集、河道治理、分散污水处理等工程的实施，实行污水垃圾处理收费制度，建立社区、街道、村组等居民环保自愿服务组织，使居民直接参与流域污染治理项目建设。其四，对无公害农产品、绿色食品、有机农产品即“三品”进行认证，促进绿色农产品生产组织发展。2007~2016年，太湖流域无公害农产品生产面积平均每年新增约5.3×10^4公顷。

五　结论

从污染整治目标和任务内容来看，政府切实将农业生产、村民生活污染列为治理对象，从而使农业生产、村民生活污染治理公共服务具有实质性内容。

从污染整治措施来看，政府实施的措施中包含了公共选择理论所要求的供给环境治理公共服务时应采取的必要措施，即首先，两省一市建立了污染整治工作考核体系和协调治污制度，将流域水环境治理任务纳入国民经济和社会发展年度计划，并逐级签订治理工作目标责任状，使各级政府多维度供给公共服务议题中的供给环境治理公共服务制度化、责任化，从而避免了环境治理公共服务的公共选择机制失灵；其次，农业部门提高民众环境保护意识并促使其采取环保行动，尤其是持续鼓励无公害农产品、绿色食品、有机农产品即“三品”生产，从而扶持了影响公共决策但其结果却是提高社会环境福利的利益集团发展。

由于政府切实使农业生产、村民生活污染治理公共服务具有实质性内容，同时采取的措施中包含了公共选择理论所要求的供给环境治理公共服务所需的必要措施，所以其承担了农业生产、村民生活污染治理公共服务供给责任。

第二节　政府同时承担公共服务供给保障和生产责任

依据公共物品或服务供给方式理论，供给环境治理公共服务包括两个环节，一是提供环境治理公共服务，二是生产环境治理公共服务。在梳理政府为治理太湖水环境而承担的责任基础上，依据公共服务理论，分析政府承担农业生产、村民生活污染治理公共服务的供给保障责任和生产责任情况。结果表明，在承担太湖流域农业生产、村民生活污染治理公共服务的供给保障责任的同时，政府还承担污染治理公共服务的生产责任，即政府承担农业生产、村民生活污染整治责任机制是承担双责——既承担农业生产、村民生活污染治理公共服务的供给保障责任，也承担该服务的生产责任。

一　政府承担提高环境质量责任

太湖蓝藻危机爆发后，党中央、国务院责成国家发展和改革委员会牵头建立太湖流域水环境综合治理高层次省部际联席会议，并下设办公室。联席会议成员主要包括国家发展和改革委员会、国务院 12 个部局办（包括工业和信息化部、科学技术部、财政部、环境保护部、农业部、住房和城乡建设部、国土资源部、水利部、交通运输部、气象局、原林业局、原法制办）和江苏省、浙江省以及上海市人民政府。

太湖流域水环境综合治理省部际联席会议承担的职责是制定太湖水环境质量提高目标，制定相应章程、形成决议、统筹流域内水环境污染防治各项工作。第一，制定太湖水环境质量提高目标，监督《总体方案》及相关专项规划、行动方案的制定和实施。第二，明确各部局办、两省一市人民政府职责分工，督促后者执行《总体方案》及专项规划制定的各项任务。第三，常态化督查、评估两省一市人民政府对《总体方案》及相关专项规划、行动方案的执行情况，并通报结果。第四，协调省际、市际水污染及其治理纠纷，建立跨区域水环境综合治理长效机制。第五，将太湖流域水环境综合治理中出现的重大问题，以及联席会议难以达成一致意见的事项及时上呈国务院。

太湖流域水环境综合治理省部际联席会议下设的水污染防治专家咨询委员会承担为联席会议决策提供技术咨询的责任，具体包括，第一，跟踪评估《总体方案》及相关专项规划、行动方案执行情况，并将执行情况以年度评估报告方式向联席会议提交。第二，有针对性地对联席会议议事主题和太湖流域水污染防治中出现的难点和重点问题展开调查研究，并将调查研究结果向联席会议提交。第三，深入实际搜集、挖掘和整理社会机构与民众对太湖流域水污染防治的意见、看法和建议，并将社情民意向联席会议反映和汇报。

《太湖流域管理条例》规定了太湖流域污染整治管理主体及其承担的具体职责，其内容包括以下三个方面。第一，国务院水利主管部门设置太湖流域管理机构，该机构与太湖流域县级以上政府依法承担保护本辖区水资源的职责。第二，国务院环境主管部门、太湖流域县级以上政府承担水污染防治职责。其一，环境主管部门确定流域内重点水污染物排放总量，制定太湖流域水污染物特别排放限值。其二，流域内县级以上政府承担对流域污染实施治理责任。第三，污染整治责任主体承担不履责所造成的否定性后果。

江苏省、浙江省和上海市人民政府履行的职责是，依据《总体方案》

制定本省市水环境治理规划，切实落实联席会议安排的年度各项任务。具体而言，第一，建立环境质量目标和污染治理目标责任制，明确任务和履责负责人。对流域内允许排污总量实施省（市）、市、县（市）三级分解控制，各级地方政府逐级签订水环境治理工作目标责任状，层层明确任务和履责负责人。第二，实施浓度考核和总量考核。依据《重点流域水污染防治专项规划实施情况考核暂行办法》和《"十二五"主要污染物总量减排考核办法》，两省一市政府逐级对断面水质实施目标浓度考核，同时实施化学需氧量、氨氮、总磷、总氮排放总量考核，并将考核结果应用于干部政绩考核。第三，建立问责制。上级部门或领导按程序对下级部门或负责人问责，建立水污染整治责任追究制度。

为切实承担提高水环境质量责任，无锡市于2007年8月在全国率先实行河长制，随后，江苏省于2012年制订《关于加强全省河道管理"河长制"工作的意见》，将河长制确立为省级河流污染治理机制。在河长制中，按照省、市、县、乡行政层级设立四级河长，由省（区、市）党委或行政主要负责人担任总河长；各河湖所在市、县、乡镇均分级、分段设河长，河长由同级负责人担任；县级及以上河长设置相应河长制办公室，落实河长决策，组织实施具体污染整治工作。各级河长履行的职责是，第一，领导所辖河湖环境保护工作，牵头对突出污染问题依法整治，协调解决重要和重大污染问题。第二，明确跨行政区河湖河长的污染管理责任，实现上下游、左右岸污染联防联控。第三，对相关部门和下一级河长履责情况进行督导、考核和问责。

二　政府承担环境监督与管理责任

国务院有关13个委、部、局、办和江苏、浙江、上海两省一市各级政府有关部门承担由联席会议制定的污染防治行业监管和统一监管职责。第一，发展和改革部门职责。统筹推进太湖流域水污染治理行动，指导和监督各部、局、办和两省一市政府制定产业政策、建设重点与重大项目、实施清洁生产和发展循环经济，落实《总体方案》中中央补助资金，推进流域内水污染防治体制机制改革。第二，科学技术部门职责。会同两省一市政府及其科技部门，针对水污染治理重点和难点开展污染防治技术及其标准和规范攻关，制定技术创新政策，推广污染防控、生态治理与修复等技术。第三，财政部门职责。制定财政扶持政策，结合“以奖代补”方式支持和鼓励治污项目与工程的建设及其运行。第四，原国土资源部职责。制定有利于污染整治项目开展的土地政策，综合平衡重点项目与工程建设用地。第五，原环境保护部职责。制定严格的污染物排放标准，公布重点水污染物排放总量控制指标未达标的省市，会同原水利部等部门构筑监测网并开展环境监测。第六，住房和城乡建设部职责。指导村庄、城镇供水设施、污水垃圾处理设施建设，并监管设施运行和维护。第七，交通运输部职责。监督和管理货物装卸站点的污染物控制和处理。第八，原水利部职责。统一调配、保护流域水资源，核定水体纳污能力，开展水环境动态监测，统一管理重要的控制性水利工程。第九，原农业部职责。控制农业种植和养殖过程污染，指导农业生产者控制化肥农药施用量。第十，原林业部职责。保护与恢复湿地，建设生态修复林。

太湖流域管理机构、地方原环境保护、水利和气象等部门及机构还主要承担水环境监测职责。第一，太湖流域管理机构同两省一市环境保护部门、水利主管部门和气象主管机构等联合行动，构建统一的流域水资源和水污染监测信息共享平台。第二，两省一市政府环境保护主管部门负责对本行政区域的水环境质量和污染源实施监测，同时负责对重点水污染物排放总量削减和控制计划落实情况进行监督检查，并依据职责权限发布监测和监督检查结果。国务院原环境保护部、水利主管部门共同发布水环境年度监测报告，或授权太湖流域管理机构发布太湖流域水环境年度监测报告。

自2008年起，江苏、浙江和上海两省一市政府持续构筑统一的环境污染整治信息共享机制和平台，完善全流域环境监测网络，建立起农业生产污染监测体系、湿地监测站和水环境预警体系。第一，构筑统一的环境污染整治信息共享机制。在国务院原环境保护部、水利部与两省一市政府主导下，住房和城乡建设、农业、气象等部门参与，太湖流域管理部门建立了流域内水环境信息资源共享和统一发布机制。第二，构筑环境监测站网。其一，在国家层面建设监测站网。太湖流域共建设国家级水环境质量自动监测站47个，其中，重要省界监测站15个、环太湖河流监测站15个、太湖湖体监测站9个、主要输水河道监测站8个。其二，在省级层面建设监测站网。两省一市政府依照“分级建设，分级管理”原则，在重点治理区共建设监测站161个，其中，江苏省、浙江省和上海市分别建造119个、35个和7个。第三，构筑环境信息共享平台。其一，在国家层面建设信息共享平台。国家专设的太湖流域管理机构负责建设国家级信息共享平台。该平台为太湖流域水环境治理提供共享信息服务，便于国家13个委、部、局、办和流域内省市政府实时掌握流域内重要水体及重点控制区环境信息。其二，在省级层面建设地方信息共享平台。江苏、浙江和上海两省一市政府分别建设省级水环境信息共享平台，该平台在各自辖区内实时传输水环境信息数据，为地方各级政府进行水污染整治决策、开展水环境监测等活动提供共享信息服务。第四，构筑农业生产污染监测体系。以县（市、区）为单位，江苏、浙江和上海两省一市政府各自建设辖区内农业生产污染监测体系，该体系主要包括县级农业生产污染监测站和田间污染定位监测点。其一，浙江省、江苏省和上海市政府有关部门通过新建、改造实验室，购置相关仪器设备、流动采样车等手段，共建设了33个县级农业生产污染监测站。其二，浙江省、江苏省和上海市政府共建设了128个田间污染监测点。第五，建设湿地监测站。江苏省、浙江省和上海市政府共建设了5处湿地监测站。第六，构筑水环境预警体系。以统一标准和方法、分级建设、资源共享为原则，以监测站网建设为基础，江苏省、浙江省和上海市政府持续升级改造水环境监控与保护预警平台。该平台除了对太湖流域水质尤其是重点水功能区水质实施预警外，还对环太湖主要出入湖河道、引排通道控制断面、重要省际河湖边界等的水量、水质给予预警。

三　政府承担使农业生产者与村民配合实施污染治理措施责任

在发展农业清洁生产、实施乡村清洁工程过程中，太湖流域两省一市政府承担引导、鼓励和要求农业生产者、村民配合实施污染治理措施责任。

第一，两省一市农业部门在实施测土配方施肥补贴项目时，向农业生产者免费提供配方和配方肥，引导后者配合该类项目的实施。

第二，两省一市环境保护部门及乡镇政府在实施畜禽养殖污染整治项目时，对建造沼气池并利用秸秆、人畜粪便制沼气的村民给予财政补助，对购买有机肥的农业生产者给予财政补贴，以此鼓励农业生产者和村民配合该类项目的实施。

第三，两省一市住房和城乡建设部门、环境保护部门、农业部门以及乡镇政府在实施乡村清洁工程项目过程中，在建设村民生活污水排放管道和沟渠、污水集中处理设施、村庄垃圾收集站点的同时，要求村民委员会组织村民建立“村规民约”，并按照“村规民约”将生活污水排入管道，将垃圾投入指定垃圾收集池或桶。

四　政府承担实施农业生产、村民生活污染防治项目责任

（一）农业农村部门直接实施农业生产污染防治项目

两省一市政府农业农村部门在完成农业生产污染整治任务时，将任务分解为项目，之后在项目运行过程中“亲自干”“教农业生产者干”。自2008年起，太湖流域农业生产污染整治项目首先被划分为重点治理区项目和一般治理区项目，之后，各区的项目又被划分为种植业污染治理项目、畜禽养殖废弃物资源化利用项目、农业节水项目三类。无论是重点治理区项目还是一般治理区项目，其运行都由政府负责。

第一，在种植业污染治理项目实施过程中，农业部门有关机构及其人员“亲自干”“教农业生产者干”。具体而言，其一，在化肥减施项目运行过程中，农业部门有关机构工作人员亲自进行土壤测试和肥料田间试验，免费为农业生产者提供化肥配方，并由科技人员培训和指导农业生产者施用配方肥。其二，在农药减施项目运行过程中，2013～2018年，两省一市农业部门有关机构为农业生产者安装频振式杀虫灯71100个。其三，在农药替代项目运行过程中，两省一市农业部门有关机构为农业生

产者提供技术培训，指导他们施用生物农药。

第二，在畜禽养殖废弃物资源化利用项目实施过程中，农业部门有关机构“教农业生产者干”。具体而言，2013～2018年，两省一市农业部门先是以政府购买方式在重点治理区建设2392个沼气池、在一般治理区共建设1977个沼气池，之后，在沼气池运行过程中，农业部门科技服务站科技人员负责指导养殖场、养殖户使用和维护沼气池。

第三，在农业节水项目实施过程中，农业部门有关机构工作人员“教农业生产者干”。具体而言，2013～2018年，两省一市农业部门、水利部门等在改造1100公里骨干灌溉渠道、建设1893个骨干渠系并修建35个灌溉泵站之后，在泵站运行过程中，农技推广部门工作人员负责培训和指导包括农民在内的农业生产者应用水肥一体化技术。

（二）乡镇政府直接实施村民生活污染防治项目

在实施村民生活污染整治项目过程中，太湖流域乡镇政府“亲自干”。

第一，在乡村清洁工程项目初期实施过程中，乡镇政府“亲自干”。其一，在村民污水垃圾处理项目方面。首先，2013～2018年，通过购买工程，乡镇政府在4460个自然村建设了村庄—城镇管网连通工程、村庄污水集中处理工程和分散村户污水处理设施之后，直接运行和维护这些设施。其次，乡镇政府在9910个村庄建设了垃圾收集站点之后，县政府住房和城乡建设部门直接对平原区村庄的村民生活垃圾以“村收集—乡镇转运—县处理”方式进行处理，乡镇政府则直接对山区村庄、偏远村庄的村民生活垃圾主要以掩埋方式进行处理。其二，在村民生活废弃物资源化利用项目方面。以自然村为单位，以购买工程方式，流域内乡镇政府在建设三类生活废弃物资源化利用设施即厌氧净化池、村民生活垃圾发酵池和田间垃圾收集池之后，直接运行和维护这些设施。

第二，在乡村清洁工程项目全面实施过程中，乡镇政府“亲自干”。自2013年起，两省一市乡镇政府在对污水处理厂管网加强维护的同时，对尾水未达标的污水处理厂实施技术改造升级。自2017年起，两省一市乡镇政府进一步扩充村庄污水支管网，进一步提升运行和维护污水处理设施的能力和水平，确保污水处理厂排放的氮和磷浓度等尾水质量达标。

五 结论

由上可知，政府在治理太湖流域农业生产、村民生活污染时，共计承担了四项责任，即承担了提高环境质量责任、农村环境监管责任、使农业生产者与村民配合实施污染治理措施责任和实施农业生产、村民生活污染防治项目责任。

在这些责任中，一方面，实施农业生产、村民生活污染防治项目构成污染治理公共服务生产责任内容；另一方面，依据私人组织供给公共物品或服务形式及政府作用理论，提高环境质量责任、环境监管、使农业生产者与村民配合实施污染治理措施构成污染治理公共服务供给保障责任内容。因此，政府在承担太湖流域农业生产、村民生活污染治理公共服务供给责任中，在承担污染治理公共服务供给保障责任的同时，还承担污染治理公共服务的生产责任，即政府承担农业生产、村民生活污染整治责任机制是承担双责——既承担农业生产、村民生活污染治理公共服务的供给保障责任，也承担该服务的生产责任。

第三节 政府承担双责造成公共服务生产效率缺乏保障

依据公共选择理论，环境治理公共服务的供给效率受到有效监督、供给行为受到有效激励是环境治理公共服务供给具有效率的必要条件。在太湖流域农业生产、村民生活污染整治中，依上节所述，实施农业生产、村民生活污染防治项目的效率就是农业生产、村民生活污染治理公共服务之效率。以太湖流域政府负责实施的测土配方施肥补贴项目为例，通过分析项目实施单位实施项目之效率（以下简称“项目实施效率”）是否受到有效监督、项目激励机制是否有效发挥作用，来探究政府承担双责时，农业生产、村民生活污染治理公共服务生产效率的情况。结果表明，政府承担双责时，农业生产、村民生活污染治理公共服务生产效率缺乏保障。

一　项目实施效率受到监督情况

从江苏省耕地质量保护站下发的《江苏省关于做好2013年全省测土配方施肥补贴项目验收工作的通知》及其附件可知，对于防治种植过程污染而言，在测土配方施肥补贴项目中，项目实施效率即是单位项目实际投入资金所产出的业绩，即项目实际投入资金所对应的测土配方施肥区农业种植活动所节省的施肥量。项目实施效率高低在根本上取决于项目实施单位工作绩效的优劣。这是因为，首先，由于项目实际投入资金就是项目合同预算资金，而项目合同预算资金在实践当中通常被要求不折不扣地使用完，即项目实际投入资金是固定值，所以项目实施效率高低关键取决于农业节肥量高低。其次，由于农业节肥量高低取决于农业生产者直接或间接按照项目实施单位提供的配方施肥的绩效优劣，所以项目实施效率高低取决于农业生产者直接或间接按照项目实施单位提供的配方施肥的绩效优劣。最后，由于农业生产者直接或间接按照项目实施单位提供的配方施肥的绩效优劣，取决于项目实施单位向农业生产者提供配方和培训、指导其均衡施肥绩效的优劣，所以项目实施效率的高低在根本上取决于项目实施单位工作绩效的优劣。

项目实施单位工作过程和内容如图3－1所示。

从图3－1中可以看出，测土配方施肥补贴项目的生产性内容是，项目实施单位即县农业技术推广机构或其下属单位提供配方，并培训和指导农业生产者均衡施肥。项目实施单位是“项目施工方”，即农业生产污染治理公共服务的生产者，其工作绩效优劣从根本上决定着农业生产污染治理公共服务的生产效率高低。具体而言，第一，如果项目实施单位没有向企业提供有效配方，则肥料定点加工企业就不可能提供有效配方肥，肥料经销商销售的配方肥也就无效，这导致无论是种田大户、示范户还是普通农户，在按方施肥或直接施用配方肥时，其肥料施用量都无法降低。此时，项目实施无效率。第二，如果项目实施单位未能有效培训种田大户、示范户，则这部分种植者虽然能按方施肥或直接施用配方肥，但因施肥方法不当，其肥料施用量并不会降低或降低程度不足。此

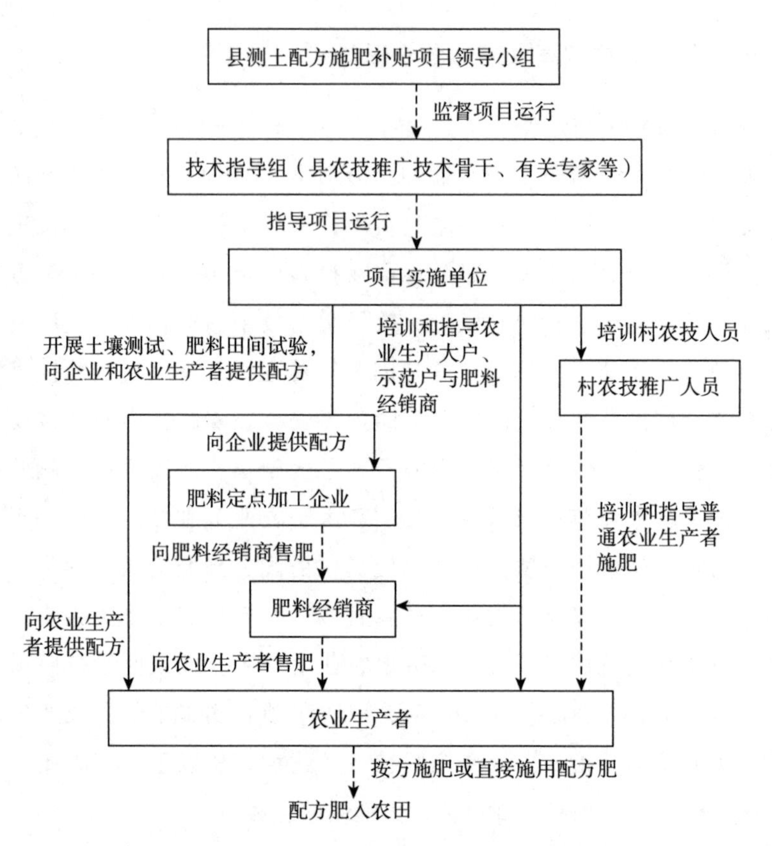

图 3-1　测土配方施肥补贴项目运行流程及项目实施单位工作内容

时，项目实施效率不足。第三，如果项目实施单位未能有效培训村农技推广人员，则村农技推广人员就不能有效培训普通农户，这将造成，虽然农户能按方施肥或直接施用配方肥，但因施肥方法不当，其肥料施用量并未降低或降低程度不足。此时，项目实施效率也不足。第四，如果项目实施单位未有效培训肥料经销商，则肥料经销商就不能有效销售配方肥，这将造成农业生产者购买单质肥或配方肥困难，其减少肥料施用量的行为受挫。此时，项目实施效率亦不足。

为确保项目实施单位提供有效配方和有效培训、指导农业生产者在种植过程中均衡施肥，政府测土配方施肥项目领导小组对项目实施单位工作过程和内容进行监督。项目领导小组在对项目实施单位工作过程和内容进行监督时，其监督内容和目的包括三方面。一是监督其开展土壤测试、肥料田间试验，以确保其提供有效配方；二是监督其培训农技推广人员、肥料经销商、种田大户和示范户，以确保其培训质量；三是监督其按照合同要求完成“项目施工方”任务，以确保项目进度和资金使用等符合合同规定。项目领导小组采取的监督方法主要是，定期听取技术指导组与县农技推广机构人员工作汇报，组织力量对后者工作进行现场检查和巡查，组织力量对后者档案管理进行检查等。

在测土配方施肥补贴项目中，项目实施单位实施项目的过程和内容受到监督的特征是，囿于县政府承担双责，项目实施单位既是受监督者，又是监督者。第一，县政府同时承担农业生产污染治理公共服务供给保障责任和生产责任。依据测土配方施肥项目合同约定，项目实施单位为隶属县农业农村局的县农业技术推广机构或其下属单位，项目主管单位为县农业农村局、财政局等部门，项目实施单位和主管单位共同构成项目乙方即项目承接方。由于县农业农村局本身即为农业生产污染治理公共服务供给保障责任的承担者，所以在承接了测土配方施肥补贴项目之后，县农业农村局同时承担了农业生产污染治理公共服务的供给保障责任和生产责任，即县农业农村局承担双责。由于农业农村局是县政府部门，所以在这里，县农业农村局承担双责的实质是县政府承担双责。第二，项目实施单位既是受监督者，又是监督行为发起者。农业部于2006年发布《测土配方施肥补贴项目验收暂行办法》，要求测土配方施肥补贴项目所在县县委主管农业农村的领导或县农业农村部门必须牵头成立项目领导小组，负责项目实施、协调指导和监督检查责任。在成立测土配方施肥补贴项目领导小组时，各测土配方施肥补贴项目所在县政府或者将项目实施单位即县农业技术推广机构或其下属单位负责人设立为小组成员，或者将其设立为领导小组副组长，以此既强化对项目的监督检查，也强化项目实施，以此确保县政府自身承担好双责。但是，随着县农业技术推广机构或其下属单位负责人成为项目领导组成员或负责人，测土配方施肥补贴项目实施单位也就具有了项目主管单位的职能。这样，项目实施单位既承担了执行项目任务责任，也承担了对任务执行过程和结果实施监督责任，既是运动员又是裁判员。

二　项目激励机制发挥作用情况

通过对测土配方施肥补贴项目实施单位进行绩效评价，江苏省及各市农业农村行政主管部门激励项目实施单位提高工作效率，以确保项目实施单位实施项目时具有效率。

1. 绩效评价

江苏省及各市农业农村行政主管部门对测土施肥补贴项目实施单位进行绩效评价过程如下。

第一，江苏省原农业委员会制定项目实施单位绩效评价指标体系。该指标体系具体包含在“江苏省县（市、区）测土配方施肥补贴项目执行情况综合评价表”（以下简称“综合评价表”）中，如表 3－5 所示。

在综合评价表中，与项目实施单位工作绩效有关的评价指标为“合同指标完成情况”和“项目组织管理”，其中“合同指标完成情况”中的 12 个观测项表征项目实施单位工作绩效。从表中可以看出，项目实施单位绩效考核分值占总的项目承接方绩效考核分值的 60%。

表 3－5　江苏省县（市、区）测土配方施肥补贴项目执行情况综合评价表

评价指标	观测项（分值）	评价指标	观测项（分值）
合同指标完成情况（60 分）	采样完成率（4） 调查表完成率（4） 样品检验完成率（6） 3414 试验完成率（5） 校正试验率（5） 施肥建议卡入户率（6） 按方施肥面积完成率（6）	项目组织管理（25 分）	领导机构（5） 技术小组（4） 宣传培训（5） 配肥企业（3） 项目进度控制（4） 档案管理（4）
	配方肥面积完成率（6） 化验室建设与质量控制（5）	资金管理使用（10 分）	资金管理规范（5） 仪器购置（5）
	主要作物施肥指标体系（5） 数据库建设（5） 耕地地力评价（3）	农户满意程度（5 分）	30 户以上农民调查结果中，对项目反馈的满意率（5）

由于每一观测项又被细分为评分指标，如采样完成率观测项被细分为“完成 100%”“完成 80%～99%”“完成 60%～79%”“完成 <60%”四个评分指标，所以项目实施单位工作绩效评价指标是绩效细分的指标，如

表 3 –6 所示。

表 3 –6　项目实施单位工作绩效细分指标

评价指标（分值）	观测项（分值）	评分指标	分值	评分指标	分值	评分指标	分值	评分指标	分值	评分结果
合同指标完成情况（60 分）	采样完成率（4）	完成 100%	4	完成 80% ~ 99%	3	完成 60% ~ 79%	2	完成 <60%	1	

第二，省、市农业农村行政主管部门对合同指标完成情况，项目组织管理、资金使用与管理情况以及农户满意度进行评价。在测土配方施肥补贴项目合同中，县农技推广机构负责人即技术指导组组长作为项目实施单位法人承担合同指标完成责任，其组织开展的土样采集、项目施肥建议卡制定、分析化验、施肥情况调查、肥料田间试验、技术宣传培训等工作绩效要被评价。

省、市农业农村行政主管部门以如下方式对技术指导组与县农技推广机构人员工作绩效进行评价。其一，农业农村行政主管部门牵头组织成立评价组，评价组成员由项目管理、财务和科研、教学、推广等部门专家组成，成员数不得少于 5 人且为奇数，项目承担单位人员不得作为评价组成员。其二，评价组成员在听取情况介绍（多媒体）、查看现场、查阅资料的基础上，在“测土配方施肥补贴项目执行情况综合评价表”上打分，以此对技术指导组与县农技推广机构人员工作绩效进行评价。

第三，省、市农业农村行政主管部门对项目绩效评价结果加以应用。根据评价组打分结果，省、市农业农村行政主管部门判定县农技推广机构负责具体实施的项目是否通过验收。依照规定，评价分为 90 ~100 分的项目为优秀项目，评价分为 80 ~89 分的项目为良好项目，评价分为 70 ~ 79 分的项目为合格项目，评价分低于 70 分的项目为不合格项目。若项目不合格，则项目实施单位与项目主管单位需整改项目，补充完善项目建设内容，并在三个月内申请复评复验。若项目被复评复验后仍不合格，则项目实施单位和项目主管单位不得继续实施项目。对于合格项目，以其在如表 3 －5 所示的评价指标、观测项上得分为基础，结合其在如表 3 －6 所示的绩效细分的评分指标上的得分情况，省、市农业农村行政主管部门对相应项目实施单位安排下一年度项目资金，即项目评价结果只同下一年度项目资金挂钩。

2. 绩效评价结果无法与项目实施单位工作人员主体收入实质性挂钩

项目实施单位绩效评价结果只同下一年度项目资金挂钩的实质是，项目资金不能成为项目实施单位工作人员的主体收入来源。项目资金之所以不能成为项目实施单位工作人员的主体收入来源，是因为县农业农村局承担双责。具体而言，如上所述，因为县农业农村局承担双责，而农业技术推广机构或其下属单位实施测土配方施肥项目只是这种承担双责的实现形式，所以农业技术推广机构或其下属单位实施项目行为本质上是政府实施公共项目行为，它不能以营利为目的。事实上，原农业部、财政部在其发布的《测土配方施肥试点补贴资金管理暂行办法》中规定，项目补贴内容只包含对测土、配方及配肥等环节给予的补贴以及项目管理费。其中，测土补贴划分为取样单元补贴、采集土壤样品补贴、分析化验和调查农户施肥情况补贴等，配方补贴为田间肥效试验补贴、建立测土配方施肥指标体系补贴、制定肥料配方和农民施肥指导方案补贴等，设备补贴为补充土壤采样和分析化验仪器设备补贴、试剂药品补贴，以及配肥设备的更新改造补贴，项目管理费用于项目规划编制、评估、论证、检查验收等环节。

在项目资金不能成为项目实施单位工作人员主体收入来源的情况下，绩效评价结果就主要成为是否发放奖励工资及奖励多少的依据。这意味着，第一，绩效评价结果只能同项目实施单位工作人员收入弱挂钩。这是因为，奖励工资并不构成项目实施单位工作人员的主体收入。第二，即使绩效评价结果不合格，项目实施单位工作人员也依然可以获得主体收入。这是因为，如上文所述，“若项目被复评复验后仍不合格，则项目实施单位和项目主管单位不得继续实施项目”，也就是说，绩效评价结果不合格不会使项目实施单位工作人员主体收入减少。

绩效评价结果只能同项目实施单位工作人员主体收入弱挂钩，同时，即使绩效评价结果为不合格，项目实施单位工作人员依然可以得到主体收入，造成绩效评价结果无法与项目实施单位工作人员主体收入实质性挂钩。

三　结论

在同时承担农业生产、村民生活污染治理公共服务供给保障和生产责任的情况下，农业生产、村民生活污染治理公共服务生产效率缺乏保障。一方面，尽管污染防治项目实施单位实施项目的效率受到监督，但因为政府承担双责，所以生产活动开展者与生产活动监督者职能重叠，即项目实施单位既是运动员又是裁判员，其生产过程、内容所受监督的有效性不足，这导致项目实施效率受到监督的有效性不足。另一方面，尽管建立了项目绩效评价激励机制，但因为政府承担双责，所以绩效评价结果无法与项目实施单位工作人员主体收入实质性挂钩，绩效评价并不能充分调动项目实施单位工作人员的工作积极性，这导致项目激励机制发挥作用的有效性不足。因此，依据官僚机构缺陷所致公共选择机制失灵理论，政府承担双责造成农业生产、村民生活污染治理公共服务生产效率缺乏保障。

本章小结

由于太湖流域治理工程是“国家生态环境建设的标志性工程”，政府在农业生产、村民生活污染整治中的担责机制具有典型性，所以以太湖流域水环境综合治理为案例，依据公共物品或服务和公共选择理论，分析政府承担农业生产、村民生活污染整治责任机制及其失灵环节。

从污染整治目标和任务内容来看，政府切实将农业生产、村民生活污染列为治理对象，从而使农业生产、村民生活污染治理公共服务具有实质性内容。从污染整治措施来看，政府实施的措施中包含了公共选择理论所要求的供给环境治理公共服务时应采取的必要措施。因此，政府承担了农业生产、村民生活污染治理公共服务供给责任。

政府在治理太湖流域农业生产、村民生活污染时，共计承担了四项责任，包括提高环境质量责任，农村环境监管责任，使农业生产者与村民配合实施污染治理措施责任和实施农业生产、村民生活污染防治项目责任。在这些责任中，一方面，实施农业生产、村民生活污染防治项目构成污染治理公共服务生产责任内容；另一方面，依据私人组织供给公共物品或服务形式及政府作用理论，提高环境质量责任、环境监管责任、使农业生产者与村民配合实施污染治理措施构成污染治理公共服务供给保障责任内容。因此政府在承担太湖流域农业生产、村民生活污染治理公共服务供给责任中，在承担污染治理公共服务供给保障责任的同时，还承担污染治理公共服务的生产责任，即政府承担农业生产、村民生活污染整治责任机制是承担双责——既承担农业生产、村民生活污染治理公共服务的供给保障责任，也承担该服务的生产责任。

在同时承担农业生产、村民生活污染治理公共服务供给保障和生产责任的情况下，农业生产、村民生活污染治理公共服务生产效率缺乏保障。一方面，尽管污染防治项目实施单位实施项目的效率受到监督，但因为政府承担双责，所以生产活动开展者与生产活动监督者职能重叠，即项目实施单位既是运动员又是裁判员，其生产过程、内容所受监督的有效性不足，这导致项目实施效率受到监督的有效性不足。另一方面，尽管建立了项目绩效评价激励机制，但因为政府承担双责，所以绩效评价结果无法与项目实施单位工作人员主体收入实质性挂钩，绩效评价并不能充分调动项目实施单位工作人员工作积极性，这导致项目激励机制发挥作用的有效性不足。因此，依据官僚机构缺陷所致公共选择机制失灵理论，政府承担双责造成农业生产、村民生活污染治理公共服务生产效率缺乏保障。

第四章　政府让市场分担责任

为破解承担双责造成农业生产、村民生活污染治理公共服务生产效率缺乏保障这一问题，依据公共物品或服务供给方式理论和公共选择理论要求，政府应当把自己原来承担的污染治理公共服务生产责任交给市场主体。实践当中，政府也正是如此而为，正在构筑市场主体分担农业生产、村民生活污染治理公共服务供给责任机制。在剖析市场主体分担责任机制的基础上，采用实地调研法分析市场主体分担责任机制运行现状和存在的问题，并针对问题提出将农业生产、村民生活污染整治由政府担责向市场分责推进之对策。

第一节　政府让市场主体分担责任机制

市场主体分担农业生产、村民生活污染治理公共服务供给责任机制是，以主导方式或提供服务方式，政府让市场主体承担污染治理公共服务的生产责任；与此同时，政府自身承担污染治理公共服务的供给保障责任；政府承担供给保障责任是市场主体承担生产责任之前提、支撑和保障。

一　政府让市场主体承担污染治理公共服务生产责任

以主导方式或提供服务方式，政府让市场主体承担污染治理公共服务的生产责任。由此，农业生产、村民生活污染治理市场主体成为市场中生产环境治理公共服务的私主体。

（一）政府让市场主体承担各类污染治理公共服务生产责任

1. 政府让市场主体承担化肥与农药污染治理公共服务生产责任

市场主体依照同政府之约定承担化肥与农药污染治理公共服务生产责任具有可行性。

例如，市场主体依照同政府之约定使用测土配方施肥技术以承担化肥污染治理公共服务生产责任具有可行性。我国测土配方施肥工程始于2005年。依照农业部门所具体承担的职能，测土配方施肥运行模式可划分为农业部门提供全程服务、农业部门联合肥料企业提供全程服务、农业部门提供技术指导服务三种类型。第一，农业部门提供全程服务。这是指面向农业生产者，农业部门为其施肥提供“测土+配方+生产+供肥+施肥指导”五步骤或五环节服务。第二，农业部门联合肥料企业提供全程服务。在该类型中，地方农业部门土肥技术推广机构完成“测土+配方”工作，之后，土肥技术推广机构同肥料生产企业联合生产配方肥，或委托肥料生产企业定点生产配方肥，最后土肥技术推广机构或向相应农户发放施肥告知单，或在具体生产过程中对农户施肥进行直接培训和提供技术指导。第三，农业部门提供技术指导服务。在该类型中，农业部门土肥技术推广机构先行测土并提供配方，之后，根据辖区内农地土壤种类和农作物布局等，农业部门以农作物目标产量为依据和标准，向有关农业生产者发放施肥告知单、明白纸或者技术挂图等，并对农业生产者开展技术培训，为其科学施肥提供技术指导服务。[①] 2015年，农业部在其发布的《到2020年化肥施用量零增长行动方案》（以下简称《方案》）中指出，尽管相比于测土配方施肥项目实施前的2005年，我国三大粮食作物对氮肥的利用率提高了5个百分点、对磷肥的利用率提高了12个百分点、对钾肥的利用率提高了10个百分点，但我国每公顷农作物的化肥施用量平均仍高达328.5千克，是世界平均水平的2.7倍、美国平均水平的2.6倍、欧盟平均水平的2.5倍。为此，《方案》要求各地政府

---

① 李兴佐，朱启臻，鲁可荣，等．企业主导型测土配方施肥服务体系的创新与启示［J］．农业经济问题，2008（4）：27－30.

在更大规模和更高层次上推进测土配方施肥工作。在我国个别地区，通过政府购买方式，市场主体按照约定使用化肥与农药污染治理技术以承担农业生产污染治理公共服务生产责任已成为现实。例如，通过政府购买方式，山西省运城市农业委员会同阳煤丰喜闻喜复肥分公司等17家企业、合作社约定，作为2018~2020年运城市科学施肥社会化服务组织示范单位，签约的17家企业与合作社负责为天润盛家庭农场无公害苹果种植提供统测、统配、统供、统施的“四统一”施肥技术服务。①

再如，“三品”生产组织依照同政府之约定使用“三品”生产技术以承担化肥与农药污染治理公共服务生产责任具有可行性。我国于2001年开始推行无公害农产品、绿色食品和有机农产品（“三品”）生产，推行工作主要包括两方面内容。第一，自2003年起，农业部等部门陆续制定并执行《无公害农产品管理办法》《有机产品认证管理办法》《绿色食品标志管理办法》等，建立健全“三品”管理办法和产地认定、产品认证等制度，规范“三品”生产。第二，在规范“三品”生产和管理的同时，各地农业部门有关机构大力宣传“三品”生产知识，对农业生产组织申请“三品”生产给予技术指导，包括培训内检人员、协助申请等，以鼓励“三品”生产。在生产过程中，“三品”生产组织依照认证标准要求，采用均衡施肥、生物与物理法防治病虫害等环境友好型技术减少化肥与农药使用量。至2018年，我国仅无公害农产品生产企业已达43171家。②“三品”生产组织与一般农业生产污染治理市场主体的区别在于，前者在生产农产品的同时提供环境治理公共服务，而后者相对专一性地提供环境治理公共服务。

2. *政府让市场主体承担农业废弃物污染治理公共服务生产责任*

市场主体依照同政府之约定承担农业废弃物污染治理公共服务生产

---

① 市农委召开2018—2020年科学施肥社会化服务组织培训会［EB/OL］.［2018-08-17］. https://www.sohu.com/a/248334753_100009373. 范娜. 服务土壤，“社会化”能做些啥？［N］. 运城日报，2018-12-10（007）.

② 中国优质农产品开发服务协会主编. 中国品牌农业年鉴（2018年）［M］. 北京：中国农业出版社，2018：16.

责任具有可行性。

例如，市场主体依照同政府之约定使用畜禽粪便资源化利用技术以承担农业废弃物污染治理公共服务生产责任具有可行性。为加速转变农业发展方式，我国各地政府从2014年开始创新养殖户养殖过程污染治理模式，其中的模式之一是，政府通过招投标方式与市场主体签订合同，委托后者使用循环经济技术资源化利用畜禽粪便。例如，福建省南平市炉下镇政府于2014年与正大欧瑞信生物科技开发有限公司签订养殖过程污染治理项目合同，由后者利用猪粪在其有机肥加工车间制有机肥，利用生猪尿液制液肥，并将养殖污水进行净化处理后排放。[①]

又如，市场主体依照同政府之约定使用秸秆资源化利用技术以承担农业废弃物污染治理公共服务生产责任具有可行性。自国家环保总局于1999年颁布《秸秆禁烧和综合利用管理办法》（该规章因2015年《大气污染防治法》修订而废止）后，我国各地政府高度关注秸秆污染问题，并坚持以“农用为主，多元利用”为原则对秸秆进行资源化利用。至2017年，在我国每年所产的约8.4亿吨可收集秸秆中，已有7亿吨即83.6%被资源化利用，其中47.3%被肥料化利用，19.4%被饲料化利用，12.7%被燃料化利用，1.9%被基料化利用，2.3%被原料化利用。[②] 当前，主要通过与秸秆发电企业签订协议，各地政府委托有关企业使用秸秆发电技术以承担农业废弃物污染治理公共服务生产责任；同时，政府也制定优惠经济政策扶持秸秆发电企业生产。例如，在税收政策方面，秸秆发电企业所产气、电、热等被列入资源综合利用“企业所得税优惠目录”和“劳务增值税优惠目录”，企业计税收入额减按90%计，增值税即征即退（退税比例最高达100%）；在电价方面，对新建秸秆发电企业所发之电，有关部门以优惠电价即每千瓦时0.75元的标杆上网电价购买。

---

① 郑黄山，陈淑凤，孙小霞，等．为什么“污染者付费原则”在农村难以执行？——南平养猪污染第三方治理中养猪户付费行为研究［J］．中国生态农业学报，2017，25（7）：1081－1089．

② 石祖梁．中国秸秆资源化利用现状及对策建议［J］．世界环境．2018（5）：16－18．

再如，市场主体依照同政府之约定使用废旧农膜资源化利用技术以承担农业废弃物污染治理公共服务生产责任具有可行性。我国全面开展农膜回收利用工作始于2014年中央一号文件中有关“推广高标准农残膜回收试点”的表述。其后，国务院于2016年发布《土壤污染防治行动计划》，对农膜污染整治提出具体要求，最突出的是要求新疆、甘肃、山东等农膜使用大省到2020年力争做到全面回收利用废弃农膜。2017年农业部发布《农膜回收行动方案》，要求到2020年，全国农膜回收利用率由当前约60%提高到80%以上。在这一背景下，在国家层面，至2018年，国家发展和改革委员会、财政部、农业农村部等三部委共投资约9亿元，通过与企业签订协议等方式，在全国各地共建设了约419个废旧农膜回收加工利用企业、2673个废旧农膜回收站点，这些企业和站点所覆盖的省、区、市等达到11个，年回收和加工农膜18万吨。在地方层面，各省也积极行动，如农膜使用大省甘肃在2011～2016年共投入资金3.44亿元，也通过与企业签订协议等方式，在全省范围内建立了285家回收加工企业、2100个乡村回收站点。①

3. *政府让市场主体承担村民生活污水垃圾处理公共服务生产责任*

市场主体依照同政府之约定承担村民生活污水垃圾处理公共服务生产责任具有可行性。

依照建设和运行主体不同来划分，我国当前村民生活污水垃圾处理设施建设与运行主要有两种模式，一是传统的政府建设并运行模式，二是当前正在推广的社会资本与政府合作经营模式PPP模式。2017年，国务院办公厅发布《关于创新农村基础设施投融资体制机制的指导意见》，要求并支持各地通过政府与社会资本合作即PPP模式引导社会资本流向农村基础设施建设和运行。同年，财政部发布《关于政府参与的污水、垃圾处理项目全面实施PPP模式的通知》，要求政府参与的新建污水、垃圾处理项目必须全面采用PPP模式，并有序推进存量项目转型为PPP

---

① 王莉，张斌，田国强．农膜使用回收中的政府干预研究［J］．农业经济问题，2018（8）：137－144．

模式。

2018年，中共中央办公厅、国务院办公厅发布《农村人居环境整治三年行动方案》，进一步指出，各地政府要积极规范和推广PPP模式，通过特许经营等方式，让市场主体参与乡村生活污水和垃圾处理项目建设和运行。在这一政策背景下，各地政府已迅速让市场主体承担村民生活污水和垃圾处理责任。如福建全省仅在2017年就有75个县（市、区）推出总计247个村民生活污水和垃圾市场化处理项目（其中污水处理项目51个、垃圾处理项目196个），委托一批市场主体建设并运营乡村生活污水和垃圾处理设施。依照合同要求，市场主体处理村民生活污水一般采用生物氧化处理技术，处理垃圾一般采用填埋、有机物制肥、焚烧等技术。①

（二）政府采用两种方式让市场主体承担污染治理公共服务生产责任

依据市场主体承担责任的动力来源不同，政府让市场主体承担农业生产、村民生活污染治理公共服务的生产责任的方式有两种，一是政府主导方式，二是政府提供服务方式。

政府采用主导方式让市场主体承担责任是指，政府采用政府购买方式或签订协议方式，让市场主体承担农业生产、村民生活污染治理公共服务生产责任。此时，市场主体主要在政府购买、财政补贴、优惠经济政策等因素作用下承担责任。具体而言，如前述实践所显示，第一，在让市场主体承担种植过程污染治理责任时，政府采用购买方式，通过签订合同来委托市场主体承担提供“四统一”技术服务责任。第二，在让市场主体承担农业废弃物资源化利用责任时，政府在以购买、签订协议方式来委托市场主体承担责任的同时，也制定优惠经济政策激励市场主体承担责任。第三，在让市场主体承担村民生活污水垃圾处理责任时，政府采用购买方式来委托市场主体承担建设、运行和维护污水垃圾处理设施责任。

① 我省主动曝光“负面”推进污水垃圾治理［EB/OL］.［2017－11－08］http://www.hxfzzx.com/yc/2017/1108/88190_3.html.

政府采用提供服务方式让市场主体承担责任是指，政府为农产品生产组织、餐饮企业等提供认证服务，避免和消除绿色健康信息在农产品供需双方间不对称，构筑起绿色健康农产品生产—消费链，使绿色健康农产品生产组织主要在消费需求拉动下承担农业生产污染治理公共服务的生产责任。在当前，绿色健康农产品主要是指农产品生产组织按照无公害农产品、绿色食品和有机农产品生产操作规程进行生产而得的农产品，即“三品”。“三品”生产组织之所以是农业生产污染治理市场主体，是因为“三品”生产操作规程同时也是种植和养殖过程污染防治规程，生产组织依照此规程生产，即是采用均衡施肥、生物与物理法防治病虫害、畜禽粪便无害化和资源化利用等技术治理化肥、农药、畜禽粪便等污染，也是承担农业生产污染治理公共服务的生产责任。需要指出的是，绿色健康信息指绿色健康农产品所具有的生产上的污染防治性和食用上的健康性。具体而言，第一，绿色健康农产品生产环境不受外源性污染物污染，这使得绿色健康农产品具有食用上的健康性；第二，在绿色健康农产品生产过程中，生产组织均衡施用化肥和有机肥、在安全范围内施用农药和激素、减少和避免畜禽养殖过程污染，这使得绿色健康农产品具有生产上的污染防治性。

二　政府自身承担污染治理公共服务供给保障责任

依据公共物品或服务供给方式理论，政府在私人组织供给公共物品或服务中所起的作用主要包括三个方面，即顶层设计、监管、支持或协助消费等。结合前述太湖流域农业生产、村民生活污染治理中政府所承担的供给保障责任来看，在市场主体承担农业生产、村民生活污染治理公共服务的生产责任时，政府应承担的责任是提高环境质量、环境监管、使污染产生者配合实施环境治理措施责任。

1. 政府承担提高环境质量责任

在治理农业生产、村民生活污染以提高环境质量时，政府所制定的污染整治实施方案应包括以下几方面内容。第一，制定环境质量提高目标。这是指环境要素质量目标，又分为环境质量分级目标、污染物排放总量控制目标等。第二，安排污染整治任务。污染整治任务内容包括推广病虫害统防统治、有机肥和复合肥混合施用等绿色农业技术，制订并执行种植和养殖污染总量控制计划，建立区域农业污染总量控制制度，处理村民污水垃圾等。第三，采取污染整治措施。采取污染整治措施主要是指将污染整治任务分解为项目，然后针对项目制定资金投入保障与项目管理制度。

政府承担提高环境质量责任由法律和制度来保障。我国《环境保护法》明确规定，“地方各级人民政府应当对本行政区域的环境质量负责”，“各级人民政府应当加大保护和改善环境、防治污染和其他公害的财政投入，提高财政资金的使用效益”。在具体落实时，国务院、有关部委以及地方政府应出台相关法律法规等规定污染整治管理主体及其承担的具体职责，包括建立环境质量目标和污染治理目标责任制，明确任务和履责负责人，实施污染物指标考核，上级部门或领导按程序对下级部门或负责人问责，建立污染整治责任追究制度等。

政府承担提高环境质量责任的必要条件是，责任单位或个人承担不履责或履责不力所造成的否定性后果。《太湖流域管理条例》规定，污染整治责任主体承担不履责所造成的否定性后果。第一，县级以上党政主管人和其他直接责任人不履行水环境治理职责时，包括不履行水污染物排放总量削减、控制职责，或不依照法律法规责令行政客体拆除、关闭违法设施等，上级政府要依规对其处分；对不履行职责构成犯罪的，依法追究当事人刑事责任。第二，县级以上水利、住房和城乡建设、环境保护等部门及其工作人员不履行水环境治理职责时，本级政府责令其改正，并通报批评，且依法处分水环境治理直接主管人和其他直接责任人；对不履行职责构成犯罪的，依法追究当事人刑事责任。第三，太湖流域管理机构及其工作人员不履行水环境监测、流域水功能区及排污口监管等职责时，国务院水利主管部门要责令其改正，并通报批评，且依法处分水环境监测监管主管人和其他直接责任人；对不履行职责构成犯罪的，依法追究当事人刑事责任。

在政府所承担的农业生产、村民生活污染治理公共服务的供给保障责任中，承担提高环境质量责任居于核心地位。这是因为，首先，政府只有切实承担了提高环境质量责任，才能够切实承担起环境监管、使污染产生者配合实施环境治理措施等责任。例如，在太湖流域农业生产、村民生活污染治理中，如果两省一市政府没有切实承担提高环境质量的责任，如未承担水质未提高所带来的否定性后果，那么太湖流域环境监管就缺乏实质意义，相应地，监管者也难以切实承担监管责任。其次，政府如果没有承担环境质量责任，那么政府也就不可能承担环境监管、使污染产生者配合实施环境治理措施等责任。例如，如果两省一市政府未承担水环境质量保护责任，则政府自然不承担使污染产生者配合实施环境治理措施责任。

2. 政府承担环境监管责任

《环境保护法》规定，环境保护部门应承担环境监管责任，体现为"国务院环境保护主管部门，对全国环境保护工作实施统一监督管理；县级以上地方人民政府环境保护主管部门，对本行政区域环境保护工作实施统一监督管理。县级以上人民政府有关部门和军队环境保护部门，依照有关法律的规定对资源保护和污染防治等环境保护工作实施监督管理。"

在具体落实时，其他部门应承担与环境监管有关或相关的职责。例如，在太湖流域农业生产、村民生活污染治理中，太湖流域水环境综合治理高层次省部际联席会议规定，国务院发展和改革委负责监督各部、局、办和两省一市政府制定产业政策、建设重点与重大项目、实施清洁生产和发展循环经济，科学技术部负责制定技术创新政策与推广污染防控、生态治理与修复等技术，财政部负责制定财政扶持政策，原国土资源部负责制定有利于污染整治项目开展的土地政策，住房和城乡建设部负责监管污水垃圾处理设施运行和维护，原水利部负责开展水环境动态监测，原农业部负责控制农业种植和养殖过程污染，经济和信息化等部门负责与环境保护部门联合制定流域限制和禁止产业、产品目录等。

生态环境部承担的环境监管责任内容应主要包括8个方面：一是制定环境质量标准；二是制定污染物排放标准；三是建立健全环境监测制

度；四是审查政府所做规划中的“环境影响篇章或说明”；五是审查建设项目环境影响评价报告书（表）；六是责令违反国家《环境影响评价法》的项目停工，并对项目实施者进行经济处罚且责令其改正；七是会同其他部门建立环境质量监测预警和应急系统，编制污染事故应急预案；八是向环境质量未达标区域所对应的政府提出污染物总量削减目标要求，常态化公布未按要求达到重点污染物总量控制指标的市、县（市、区）。

政府承担环境监管责任的重要途径包括实施农村环境监测和监察。自2008年起，环境保护部开始在全国开展规模化畜禽养殖专项执法检查，制定相应环境监察工作制度，规范畜禽养殖场（小区）环境监察工作。自2009年起，环境保护部开始对农村环境质量进行试点监测，包括对村庄环境质量进行监测、对农田氮磷流失进行监测、对地膜残膜进行监测、对畜禽粪污进行监测。自2013年起，环境保护部开始对农村饮用水水源地保护、生活垃圾污水治理等加大环境监察力度。

政府承担环境监管责任是政府承担提高环境质量责任的必要保障。政府承担提高环境质量责任包括事前、事中和事后三个阶段。在具体每个阶段承担责任时，政府都有可能出现偏差，这些偏差既有偶然的，更有系统的。对于系统偏差，执行污染整治任务者很难发现，而环境监管部门和人员则比较容易监测和监察到。尤其是在事中，环境监管部门如果不承担环境监管责任，则农业生产、村民生活污染整治活动中的偏差和不足就不能被及时发现和纠正。

3. 政府承担使污染产生者配合实施环境治理措施责任

政府承担使污染产生者配合实施环境治理措施责任。《环境保护法》规定，“各级人民政府应当加强环境保护宣传和普及工作，鼓励基层群众性自治组织、社会组织、环境保护志愿者开展环境保护法律法规和环境保护知识的宣传，营造保护环境的良好风气”，“公民应当遵守环境保护法律法规，配合实施环境保护措施”。

政府承担使污染产生者配合实施环境治理措施责任时，需要综合使用强制性和非强制性手段。第一，使用强制性手段。使用强制性手段主要是指政府用法律、法规、部门规章等手段直接介入污染产生者决策。

例如，我国《环境保护法》规定："禁止将不符合农用标准和环境保护标准的固体废物、废水施入农田。施用农药、化肥等农业投入品及进行灌溉，应当采取措施，防止重金属和其他有毒有害物质污染环境。从事畜禽养殖和屠宰的单位和个人应当采取措施，对畜禽粪便、尸体和污水等废弃物进行科学处置，防止污染环境。"再如《大气污染防治法》规定，"农业生产经营者应当改进施肥方式，科学合理施用化肥并按照国家有关规定使用农药，减少氨、挥发性有机物等大气污染物的排放。禁止在人口集中地区对树木、花草喷洒剧毒、高毒农药"，"禁止露天焚烧秸秆、落叶等产生烟尘污染的物质"。第二，使用非强制性手段。使用非强制性手段主要是指在整治农业生产、村民生活污染时，政府采用政策工具来激励污染产生者减排污染物。例如，在太湖流域农业生产、村民生活污染治理中，两省一市农业部门通过采取多种手段激励农业生产者、村民在生产和生活过程中减排污染物，这些手段包括向农业生产者免费提供配方和配方肥，对建造沼气池并利用秸秆、人畜粪便制沼气的村民给予财政补助，对购买有机肥的农业生产者给予财政补贴，支持村民建立村规民约并按照村规民约将生活污水排入管道、将垃圾投入指定收集池或垃圾桶等。

政府承担使污染产生者配合实施环境治理措施责任是政府承担提高环境质量责任的重要保障。作为污染产生者，农业生产者、村民的环境行为直接决定着污染物的种类与多少、污染产生的方式以及污染程度。只有承担使污染产生者配合实施环境治理措施责任，政府才能够从源头上减少和减轻污染，才能够确保自己所安排的污染整治任务被执行后，污染物确实被控制和减少。

三　政府承担责任是市场主体承担责任之前提、支撑和保障

政府承担污染治理公共服务供给保障责任是市场主体承担污染治理公共服务生产责任之前提。如果政府不承担提高环境质量责任，那么政府就不可能动用财政并以购买、签订协议、制定优惠经济政策以及提供服务等方式，让市场主体采用特定环境友好型技术去实施农业生产、村

民生活污染治理项目，市场主体也就无法或很难作为项目实施方或“三品”生产者承担起污染治理责任。

政府承担污染治理公共服务供给保障责任是市场主体承担污染治理公共服务生产责任之支撑和保障。第一，如果政府不承担环境监管责任，不对市场主体在实施农业生产、村民生活污染治理公共服务项目时给予必要监督和指导，则后者的生产过程就难以有质量保障，即后者很难切实承担起污染治理公共服务生产责任。第二，我国无公害农产品、绿色食品和有机农产品即“三品”生产组织在生产时，如果政府不提供认证服务，则绿色健康信息在生产组织与消费者之间将难以对称。此时，在“柠檬市场”规律作用下，绿色健康农产品—生产消费链将趋于衰弱以至于被摧毁，“三品”生产组织就难以真正和持续承担农业生产污染治理责任。第三，如果政府不承担使污染产生者配合实施环境治理措施责任，如不承担使村民配合实施污水处理措施责任，致使出现村民随意向污水管道口丢弃杂物、不支付污水处理费等行为，那么村民污水处理市场主体生产和经营所需的稳定工艺条件和基本经营条件就很难有保障，市场主体也就难以稳定和持续承担起村民污水处理责任。

四 结语

市场主体分担农业生产、村民生活污染治理公共服务供给责任机制如图 4－1 所示。

市场主体分担农业生产、村民生活污染治理公共服务供给责任机制的内涵是，政府承担农业生产、村民生活污染治理公共服务供给保障责任，以此为前提、支撑和保障，政府将污染治理公共服务生产责任交由市场主体承担。政府承担农业生产、村民生活污染治理公共服务供给保障责任的内涵是，政府承担提高环境质量与农村环境监管责任，以及使污染产生者配合实施环境治理措施责任。市场主体承担农业生产、村民生活污染治理公共服务生产责任的内涵是，在政府主导方式下，市场主体主要在政府购买、财政补贴、优惠经济政策等因素作用下承担污染治理公共服务生产责任；在政府提供服务方式下，市场主体主要在绿色健康农产品消费需求拉动下承担污染治理公共服务生产责任。政府和市场主体分别承担农业生产、村民生活污染治理公共服务供给保障和生产责任，共同供给环境质量保障。

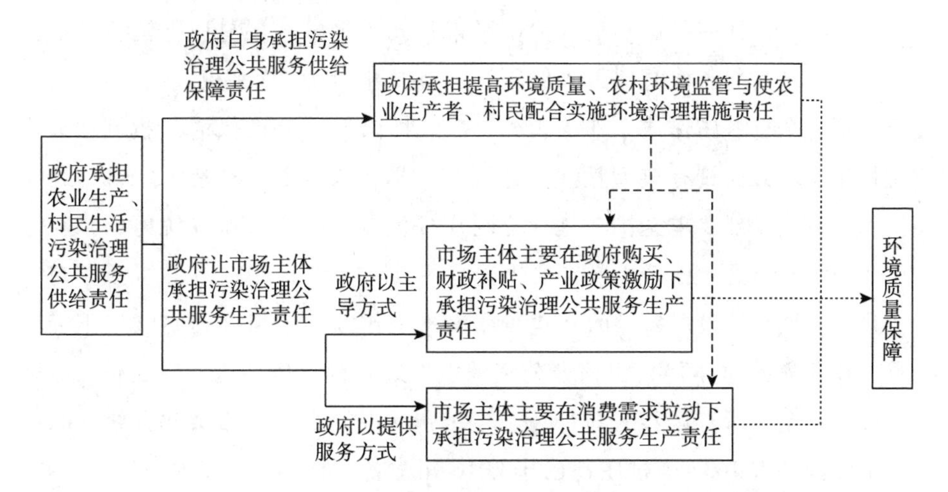

图4－1　市场主体分担农业生产、村民生活污染治理公共服务供给责任机制

注：“⟶”表示，责任由箭尾出发方承担转变为由箭头指向方承担；“-->”表示，箭尾出发方承担责任是箭头指向方承担责任的前提、支撑和保障；“⋯⋯>”表示，政府和市场主体分别承担农业生产、村民生活污染治理公共服务供给保障和生产责任而供给环境质量保障。

第二节　政府让市场主体分担责任机制运行现状、问题与对策提出

采用实地调研法，考察福建省南平市霞霞丽乡政府整治农业生产、村民生活垃圾污染情况，分析市场主体分担污染整治责任机制运行现状与存在的问题，提出建立健全市场主体分担农业生产、村民生活污染供给责任机制，将农业生产、村民生活污染整治由政府担责向市场分责推进之对策。

一　案例引入

为深入了解在农业生产、村民生活污染整治中，政府让市场主体分

担责任机制运行存在的问题，2018 年 7 月至 2019 年 8 月，课题组成员深入福建省南平市新茂兴县（化名）霞霞丽乡源溪前、杏李柿等村庄进行实地调研。

之所以选择南平市，是因为南平市是我国最早开展村庄保洁行动的地区之一，其所创建的“万人保洁”机制被树立为“南平模式”，该模式已在福建全省村庄保洁工作中得到推广，即南平“万人保洁”机制在处理村庄垃圾方面具有典型性。具体而言，早在农业部、环境保护部、住房和城乡建设部要求全国各地建立村庄保洁制度、完善城乡统筹的乡村生活垃圾收运处置体系之前，福建省南平市政府就于 2014 年成立了归口于住房和城乡建设局领导的共建美丽南平工作领导小组办公室（以下简称“南平市共建办”），由该办公室承担推进农村宜居环境建设责任，并督查考评全市所有区县农村环境卫生工作状况。在南平市共建办统一领导下，南平市 1637 个村庄都已于 2016 年配备了保洁员。其中 17.2% 的村庄的生活垃圾清扫、分类收集、中转运输、终端处置等工作都已由市场化运作的保洁公司和村保洁员来承担。在保洁费用支付方面，南平市政府制定了“政府投入为主，农民付费为辅”的保洁费用支付制度，即乡镇政府购买保洁公司处理村民生活垃圾服务，村民每户每年向村委会缴纳 60 元保洁费，并由后者支付给保洁公司和保洁员。

之所以选择新茂兴县霞霞丽乡作为调研对象，一是因为新茂兴县是福建省省级农产品质量安全示范创建县，并于 2016 年入选国家级出口食品农产品质量安全示范区，其整治农业生产、村民生活污染的实践活动具有先进性和典型性。二是因为课题组成员所归属高校在霞霞丽乡设有校外实践教学基地，该基地能为课题调研提供便利条件。三是因为霞霞丽乡政府不仅在所辖村依托万人保洁机制处理村民生活垃圾，而且也积极发展无公害农产品、绿色食品、有机农产品等“三品”生产，即霞霞丽乡政府不仅以主导方式在村民生活污染治理中让市场主体分担责任，而且还以提供服务方式让市场主体分担责任。也就是说，霞霞丽乡政府让市场主体分担责任的方式齐全。

二　市场主体分担责任机制运行状况

（一）政府以主导方式让市场主体分担责任

霞霞丽乡源溪前村（化名）有村民约600多户，居民约3000人，其中在家务农人员约1000人。在“万人保洁”方面，源溪前村走在新茂兴县所有村庄前列。

源溪前村“万人保洁”行动如下。第一，霞霞丽乡政府和村民共同承担保洁费用。为形成保护村庄环境人人有责的责任共担格局，源溪前村村委会每年向村民按照每户60元收取垃圾处理费，总计3.7万元。但是，支付给保洁员和保洁公司的保洁费总计为5万元，这其中有1.3万元的缺口，该费用缺口由霞霞丽乡政府划拨至源溪前村的保洁配套资金补齐。第二，村委会用乡政府划拨的保洁资金修建垃圾收集池、购买垃圾收集桶。其中，购买的75个大桶被按照每隔50米一个的方式摆放于行政村道路旁，购买的400个小桶被按照每隔70米一个的方式摆放于自然村道路旁。第三，源溪前村自配保洁员，由保洁员负责日常道路垃圾清扫和收集。第四，霞霞丽乡采取政府购买方式，将垃圾桶内垃圾的运输、中转、终端处置工作委托给保洁公司。当前霞霞丽乡10个村庄的垃圾处理工作由三家保洁公司承担，垃圾处理方式包括填埋、焚烧和转运等。第五，霞霞丽乡政府每月、每季、每年对源溪前村进行一次宜居环境建设督查，督查组成员由乡政府确定，督查结果作为乡政府对村委会实施经济和行政奖惩的依据。

霞霞丽乡政府以主导方式让市场主体分担责任机制运行状况如下。

第一，政府承担提高环境质量责任。在南平“万人保洁”行动中，霞霞丽乡政府承担乡村保洁主体责任，履行的提高环境质量职责包括召开部署动员会，制定村庄垃圾处理实施方案；将年度村民生活垃圾处理设施建设任务、垃圾处理任务分解到村庄，明确各村庄的垃圾处理责任人；将福建省、南平市、新茂兴县垃圾处理补助金及时落实到各村庄；持续推进并完成垃圾处理设施建设任务、垃圾处理任务。霞霞丽乡政府履行提高环境质量职责不利时承担否定性后果：《2018年（南平市）新茂兴县“万人保洁”工作专项考评办法的通知》规定，分管县领导约谈每月考评位列后三位的乡镇（街道）主管，县委书记约谈连续两个月位列倒数后三位的乡镇（街道）主管。

第二，政府承担使村民配合实施环境治理措施责任。按照霞霞丽乡政府规定，并在政府所拨付资金支持下，起初，源溪前村村委会组织建造了若干垃圾收集水泥池，要求村民向其中投放生活垃圾。但在实际使用过程中，由于水泥池中的垃圾基本露天堆放，极易导致苍蝇聚集、污水溢流、恶臭散发等二次污染现象发生，所以，2018 年之后，在原有垃圾收集池基础上，村委会组织购买了翻盖垃圾桶，并要求村民将生活垃圾投入垃圾桶。

第三，政府让保洁公司承担村民生活垃圾处理责任。霞霞丽乡政府制定了严格的环境卫生标准：保洁公司必须确保河岸包括沟渠、水塘两旁以及公共场所不能有垃圾，主干道及公共场所不能有垃圾，垃圾收集池、垃圾桶周围不能有垃圾和污水。尤其重要的是，按照合同要求，保洁公司不能将垃圾一概简单填埋，即保洁公司要在将有机垃圾肥料化利用的基础上，对剩余垃圾实施焚烧、转运或填埋。依照合同约定，保洁公司每年应得垃圾处理酬金总额约为 12 万元，其中，源溪前村村民支付额约占总经费的 30.8%，另外约 70% 的经费由霞霞丽乡政府财政支出。支付保洁公司所获报酬时，实行“以效定费”的基本酬金加浮动奖（罚）金制度。浮动奖（罚）金制度是指，霞霞丽乡政府成立宜居环境建设考评组，严格按照《霞霞丽乡“万人保洁”工作考评细则》对村庄环境、自然村卫生状况、沿途各类道路即两侧环境卫生、卫生保洁机制建立情况等实施考评，以考评分数确定保洁公司应获（应扣）的浮动奖金（罚金）。

第四，政府承担村庄环境监管责任。在村庄环境监管方面，霞霞丽乡政府“共建美丽岚下工作领导小组办公室”抽调有关部门或机构工作人员、专业技术人员等组成督查考评组，由该考评组以“每月一小评，每季一中评，年终一大评”的方式，对村庄垃圾处理状况进行考评。《2018 年（新茂兴县）霞霞丽乡“万人保洁”工作专项考评方案》规定，乡政府对在“万人保洁”考评中排名前三名且得分在90分以上的村给予奖励；对排名倒数后三位且得分低于84分的村进行罚款，以此监管各村和保洁公司有效处理生活垃圾。霞霞丽乡政府通过成立督查考评组实施环境监管的主要目的是，杜绝村庄内出现垃圾死角，保持垃圾桶周边整洁，监督保洁公司及时有效转运和处理垃圾，同时避免处理垃圾时产生二次污染。

（二）政府以提供服务方式让市场主体分担责任

霞霞丽乡杏李柿村（化名）是一个高山村，平均海拔接近700米。杏李柿村户籍人口虽然有约1500人，但实际常驻居民只有约800人。由于长住居民主要以毛竹种植和笋加工为业，所以，在全村总共不足133.3公顷的耕地中，有许多耕地被闲置。为此，村委会在大力发展竹产业，如成片开发万亩以上毛竹基地、在基地中以滴水灌溉方式种植毛竹的同时，又牵头将村民闲置的约12公顷耕地集中流转至源顺农业科技发展有限公司（化名，真实公司名称隐去，以下简称“源顺公司”），由源顺公司在这些耕地上种植和养殖无公害农产品，其主要产品之一是小锄无公害农产品。小锄无公害农产品种植和养殖得到霞霞丽乡政府大力支持，其种植和养殖基地在杏李柿村、东坑村等村庄形成规模。小锄无公害农产品的生产采用产品质量保障程度相对较高的集约化统一生产模式，生产—消费链运行稳定，产品行销至广东省深圳市，口碑较好。

杏李柿村“小锄”无公害农产品生产—消费链运行模式是公司内部直供、消费者直购。源顺公司的法人是深圳市小锄公司（化名，真实公司名称隐去，以下简称“小锄公司”）。小锄公司和源顺公司是控股与被控股关系，这种关系将生产和销售之间的流通环节几乎减少到最低，能有效防范非无公害农产品在商品流通环节混入无公害农产品生产—消费链。此外，为了进一步提高自身无公害农产品生产—消费链的封闭程度，小锄公司只在深圳市自己经营的社区超市内销售小锄无公害农产品，从而形成了公司内部直供、消费者直购的小锄无公害农产品生产—消费链。小锄无公害农产品生产—消费链之所以封闭运行，其目的是确保无公害农产品需求者能购买到真正的无公害农产品。但是，由于封闭运行实际上只能提高使消费者购买到小锄农产品的概率，所以要从根本上确保消费者购买到的小锄农产品是“无公害”的，源顺公司就必须建立起产品质量标准、选择适宜的产品生产过程并实施产品质量控制。为此，2017年，源顺公司申请无公害农产品认证。

源顺公司提出申请无公害农产品认证后，霞霞丽乡、新茂兴县以及南平市、福建省政府有关部门为源顺公司提供认证服务，包括认证前、认证和认证后服务。

第一，提供认证前服务。接收到源顺公司递交的无公害农产品认证申请书后，新茂兴县绿色食品发展中心（又称“绿办”，隶属于新茂兴县农业科学研究所）工作人员到杏李柿村源顺公司农产品生产基地（也是霞霞丽乡生态种植和养殖基地）进行现场勘察，查看基地面积是否达到规模经营条件即基地面积是否超过10公顷，以及基地3千米内、主导风向上风向5千米内是否无工业企业以及村民生活污染。

第二，提供认证服务。其一，提供认证前服务。绿办工作人员会同县农产品质量安全监管股工作人员和县农产品质量安全检验检测中心工作人员，到基地为小锄无公害农产品生产人员讲解有关无公害栽培、施肥、用药规程，以及农产品质量安全法律法规及政策。绿办工作人员一方面指导基地生产人员详细做好近几个月的投入品购买、生产和使用记录，另一方面指导基地生产人员建立速测室，要求基地对销售前的“小锄”无公害农产品实施自检，同时不定期对基地农产品进行抽样检测、对投入品进行详细检查。其二，提供培训、辅导编写申报材料等服务。绿办工作人员指导源顺公司选派人员参加南平市绿色食品发展中心组织的企业内检员培训，指导源顺公司有关人员完成“小锄”无公害农产品认证申报材料编写，并由专人对材料进行审核、修改。其三，提供现场检查和样品检测服务。绿办工作人员协助源顺公司邀请南平市市级认证工作机构对公司规模、资质、内部管理制度、周围生产环境、农产品生产记录档案、投入品管理记录等进行现场检查，并出具《现场检查报告》。《现场检查报告》被审核合格后，绿办工作人员协助基地生产人员按照市级工作机构要求采取农产品样品、基地土样和水样，密封并贴标签，将其送往有资质的国家认可和认定的专业检测机构进行检测。送去的样品在通过检测后，源顺公司收到检测机构核发的《产品检验报告》《无公害农产品产地环境检测报告》《无公害农产品产地环境现状评价报告》。其四，提供申报资料册审核和颁发证书服务。按照首次认证规程，源顺公司将《申请和审查报告》、内检员培训合格证书复印件、资质证明文件复印件、最近生产周期农业投入品使用记录复印件、质量控制措施、《产地环境现状评价报告》、《产地环境检验报告》、《现场检查报告》、《产品检验报告》、信息登录表等，以及其他相关材料及土地使用权证明、源顺公司生产基地图等资料装订成资料册，并将该资料册上报市级工作机构，由后者进行审核。市级工作机构对资料册完成审核后，将结果上报福建省省级工作机构，后者最终完成审核，并向源顺公司颁发无公害农产品证书，该证书每三年重新认证一次。

第三，提供认证后服务。其一，培训企业生产人员。新茂兴县绿色食品发展中心会同县乡农产品质量安全监管和检验检测机构，组织源顺公司负责人和内检员参加无公害农产品知识培训，宣传《农产品质量安全法》《食品安全法》，讲解无公害农产品及其标志管理办法。其二，对无公害生产过程实施监管。县绿色食品发展中心首先检查源顺公司产地环境变化情况，其次检查小锄农产品生产过程记录、农业投入品使用规范、农药仓库管理等生产过程控制情况，再次检查源顺公司规范使用无公害农产品标志情况，最后对小锄无公害农产品质量实施每月一次的例行抽样检测和每年一次的年检。

三　市场主体分担责任机制运行存在的问题

（一）政府主导方式存在的问题

在霞霞丽乡“万人保洁”行动中，以主导方式让市场主体分担责任时，政府让市场主体分担责任存在的不足主要集中在两个方面，一是政府担责不实，二是市场主体担责积极性不高和担责不实。

1. 政府担责不实

第一，政府未切实承担提高环境质量责任。在考察过程中，课题组成员注意到，在霞霞丽乡政府每个月都按要求对所辖10个村全面进行的“万人保洁”工作考评中，尽管每次源溪前村考评成绩都名列前茅，但是，在长达1年多的考察期内，在行政村主要道路路基下侧不易观察到的村民房前屋后树林中、旱厕旁，课题组成员始终可以看到废弃碎玻璃、废旧电池、破旧编织袋、塑料袋、饮料罐、卫生纸等生活垃圾，即源溪前村存在村民生活垃圾死角。可见，源溪前村村民生活垃圾被处理得并不彻底，村庄环境质量提高并不充分。因此，霞霞丽乡政府承担提高村庄环境质量责任不实。

第二，政府未切实承担使村民配合实施环境治理措施的责任。按照霞霞丽乡政府规定和村规民约，村民要将生活垃圾投入垃圾池尤其是池中的垃圾桶中。然而，源溪前村部分村民，尤其是居住在自然村、远离主干道路而距离定点设置的垃圾桶较远的居民，仍常常将垃圾丢进小巷死角、河道或树丛，并用虚土或树叶掩埋。

第三，政府未切实承担村庄环境监管责任。其一，如上所述，村民房前屋后树林中、旱厕旁生活垃圾长期得不到处理，即源溪前村存在村民生活垃圾死角。其二，在霞霞丽乡政府于源溪前村设置的村民生活垃圾填埋场内，垃圾裸露和滤液渗出现象长期发生，即保洁公司处理垃圾时产生二次污染。可见，尽管霞霞丽乡对源溪前村垃圾处理过程进行了监管，但是监管工作未能杜绝村民生活垃圾产生污染的现象发生，也未能避免保洁公司处理垃圾时不产生二次污染。因此，霞霞丽乡政府承担农村环境监管责任不实。

2. 市场主体担责积极性不高和担责不实

目前霞霞丽乡10个村的村民生活垃圾由三家保洁公司负责转运和处置，保洁公司承担村民生活垃圾处理责任积极性不高和担责不实。

第一，保洁公司承担村民生活垃圾处理责任积极性不高。其一，保洁公司承担的保洁责任只是转运行政村村民生活垃圾并将垃圾填埋，而没有包括将自然村村民生活垃圾收集、入桶。其二，在霞霞丽乡7家保洁公司中，当前只有3家保洁公司愿意同乡政府签订保洁合同。3家保洁公司在处理10个村的村民生活垃圾时很吃力，平均四天才能对所有村庄的村民生活垃圾处理一遍，致使村庄内垃圾收集桶内垃圾时常外溢，个别情况下外溢的垃圾造成二次污染。为此，霞霞丽乡政府虽动员更多的保洁公司来承接政府购买的村民生活垃圾处理服务，但更多的承接者始终没有出现。

第二，保洁公司承担村民生活垃圾处理责任不实。其一，依照约定，保洁公司处理村民生活垃圾的完整流程是“收集—集中—转运—处置—利用”，但是在霞霞丽乡源溪前村及其他村庄的垃圾处置和利用过程中，保洁公司只对垃圾进行“转运—处置”而无利用环节（这得到乡政府认可）。其二，在对垃圾进行处置时，保洁公司将垃圾运送至乡政府指定的地点进行填埋。课题组成员观察到，当前因为霞霞丽乡垃圾填埋场所非常吃紧，已经到了几乎无处可埋的地步，所以填埋场出现垃圾裸露问题；同时，由于垃圾中的有机质等未被利用，所以填埋场存在垃圾液渗出而污染村民农田问题。这些问题揭示出保洁公司未切实承担村民生活垃圾处理责任。

（二）政府提供服务方式存在的问题

政府以提供服务的方式让市场主体分担责任存在的不足是，政府提供的服务未充分消除受认证农产品生产—消费链中的绿色健康信息不对称问题，致使绿色健康农产品生产组织未能充分承担农业生产污染治理公共服务生产责任。

1. 绿色健康信息在无公害农产品生产组织与购买者之间未能充分对称

在考察源顺公司生产情况期间，在公司内检员陪同下，课题组成员观察到，一对来自江西省的夫妇在种植上海青小白菜时，在小白菜某生产周期内 3 次喷药；还有一对本地夫妻，他们在收获完空心菜的农地上接着种植水稻，种植过程并没有施用农家肥而是只使用化肥。然而，在公司生产档案记录表上，“（农药）一个生产周期使用次数”一栏却记录着，江西夫妇在小白菜生产周期用药次数为 1 次；而“肥料使用记录使用量”一栏却记录着，本地夫妇种植 2 亩水稻使用腐熟农家肥 3000 千克。这意味着，这两对夫妇生产小白菜和水稻所耗用的化肥和农药量并不比普通质量安全农产品种植户所耗用的少，即他们所生产的小白菜和水稻并非是绿色健康的，但因为生产档案记录着其生产过程施用了肥料和减施了农药，并且通过了农残检验（无公害农产品操作过程指标与质量安全理化指标之间的关联度较弱），所以这两对夫妇生产的小白菜和水稻都被确认为无公害农产品。最终，这两对夫妇种植的小白菜和水稻同源顺公司其他无公害小白菜和水稻同时被混装入印有无公害标志的包装袋后，在深圳社区超市被出售。此时，源顺公司知道自己售卖的小锄无公害农产品并非全是绿色健康的，但购买者却通过识别无公害认证标志而认为小锄无公害农产品全都是绿色健康的，即绿色健康信息在源顺公司与小锄无公害农产品购买者之间对称不充分。

2. 绿色健康信息在餐饮场所的无公害农产品供需者之间不对称

深圳市一个或几个社区居民消费小锄无公害农产品的能力是有限的，那么，为什么源顺（小锄）公司不将更广大的机关、单位、学校等的食堂以及饭馆、酒店纳入小锄无公害农产品私人生产—消费链？对此，源顺（小锄）公司市场部负责人的解释是，要将食堂、饭馆、酒店等餐饮市场纳入小锄无公害农产品生产—消费链，就需要这些企业对以无公害农产品为原料进行烹饪有需求，但这首先要求消费者在这些餐饮场所对“绿色饭菜”有需求。但是，让在餐饮场所对“绿色饭菜”有需求的消费者不能确定的是，普通食堂、饭馆、酒店等选用的“绿色饭菜”食材是否就是绿色健康的。鉴于此，消费者一般不在餐饮市场消费“绿色饭菜”，餐饮市场一般也就对加工“绿色饭菜”没有需求。因此，“源顺（小锄）公司不将食堂、饭馆、酒店等餐饮市场纳入小锄无公害农产品生产—消费链”。这实际上揭示出，在餐饮场所，以小锄无公害农产品为原料的“绿色饭菜”在餐饮服务消费者与提供者之间买卖时，绿色健康信息在餐饮提供者和餐饮消费者之间不对称，致使小锄无公害农产品生产—消费链无法在餐饮场所运行。

无论是绿色健康信息在生产组织与农产品直接购买者之间对称不充分，还是在餐饮提供者与消费者之间不对称，都阻碍着绿色健康农产品生产—消费链规模的扩大，阻碍着绿色健康农产品生产组织在更强消费需求拉动下、在更大生产规模上充分承担农业生产污染治理公共服务的生产责任。

四　农业生产、村民生活污染整治由政府担责向市场分责推进对策提出

上述市场主体分担责任机制运行过程中存在的问题决定了，当前建立健全市场主体分担责任机制，将农业生产、村民生活污染整治由政府担责向市场分责推进之对策有三方面内容，一是政府切实承担农业生产、村民生活污染治理公共服务供给保障责任，二是政府充分激发市场主体担责积极性并确保市场主体落实约定责任，三是政府充分消除受认证农产品生产—消费链中的绿色健康信息不对称。这三方面内容分别对应第五、第六和第七章内容。

本章小结

以主导方式和提供服务方式，政府让市场主体承担农业生产、村民生活污染治理公共服务的生产责任。由此，农业生产、村民生活污染治理市场主体成为市场中环境治理公共服务生产私主体。

市场主体分担农业生产、村民生活污染治理公共服务供给责任机制的内涵是，政府承担农业生产、村民生活污染治理公共服务供给保障责任，以此为前提、支撑和保障，政府让市场主体承担污染治理公共服务生产责任。具体而言，政府承担农业生产、村民生活污染治理公共服务供给保障责任的内涵是，政府承担提高环境质量与农村环境监管的责任，以及使污染产生者配合实施环境治理措施责任。市场主体承担农业生产、村民生活污染治理公共服务生产责任的内涵是，在政府主导方式下，市场主体主要在政府购买、财政补贴、优惠经济政策等因素作用下承担污染治理公共服务生产责任；在政府提供服务方式下，市场主体主要在绿色健康农产品消费需求拉动下承担污染治理公共服务生产责任。政府和市场主体分别承担农业生产、村民生活污染治理公共服务供给保障和生产责任，共同供给环境质量保障。

市场主体分担农业生产、村民生活污染治理公共服务供给责任机制运行中存在的问题集中在三个方面。第一，政府未切实承担污染治理公共服务供给保障责任，包括未切实承担提高环境质量责任，未切实承担农村环境监管责任，未切实承担使污染产生者充分配合实施环境治理措施责任。第二，政府以主导方式让市场主体承担污染治理公共服务生产责任时，市场主体担责积极性不高和担责不实。第三，政府以提供服务方式让市场主体承担污染治理公共服务生产责任时，政府提供的服务未充分消除受认证农产品生产—消费链中的绿色健康信息不对称，致使绿色健康农产品生产组织未能充分承担农业生产污染治理公共服务生产责任。

市场主体分担责任机制运行中存在的问题决定了，当前建立健全市场主体分担责任机制，将农业生产、村民生活污染整治由政府担责向市场分责推进之对策有三方面内容，一是政府切实承担农业生产、村民生活污染治理公共服务供给保障责任，二是政府充分激发市场主体担责积极性并确保市场主体落实约定责任，三是政府充分消除受认证农产品生产—消费链中的绿色健康信息不对称。这三方面内容分别对应第五、第六和第七章内容。

第五章　市场分责的保障条件

要建立健全市场主体分担责任机制，将农业生产、村民生活污染整治由政府担责向市场主体分担责任推进，政府自身首先要承担好农业生产、村民生活污染治理公共服务供给保障责任，即政府要切实承担提高环境质量责任，切实承担使农业生产者、村民配合实施环境治理措施责任，切实承担农村环境监管责任。主要采用环境法律法规、政策及制度分析法并结合实证，剖析政府担责不实的原因，提出政府切实承担农业生产、村民生活污染治理公共服务供给保障责任之具体措施。

第一节　健全环境问责制度

依据公共经济民主监督理论，要切实承担提高环境质量责任，在当前，政府就必须健全提高环境质量责任追究即环境问责制度。梳理国外和我国现行环境问责制度，分析当前体现为河长制的我国环境问责制度存在的问题。结果表明，在当前，河长职责虽法定但缺少细化、河长问责不充分，导致政府未切实承担提高环境质量责任。在此基础上，提出健全环境问责制度之具体措施。

一　国外环境问责制度

政府承担的环境责任可分为第一性和第二性环境责任。第一性环境责任指政府承担的环境职责，第二性环境责任指政府对第一性环境责任履行不力甚至违法履行时应当承担的否定性后果。环境问责指对未能履行第一性环境责任的政府行政机构实施责任追究。环境问责制度指问责主体依照特定权限和程序，在公众参与下，对承担环境保护、污染防治职责的行政机构及其公务员的环境违法或不当行为实施责任追究。一般而言，问责主体包括权力机关、行政机关和司法机关。环境问责制度一般包括四个要素，分别是问责主体、问责对象、问责范围和问责程序。问责主体是指向政府及其公务人员实施环境责任问责的权力机关，分为行政机关和行政系统外权力机关。问责对象是指被问责主体问责的行政机关及行政首长，以及行政机关内部被问责的机关内部公务人员。问责范围指政府行政机关在哪些方面需要被问责。问责程序指问责时应当遵循的方法、流程和时限，不同问责制度所采取的问责程序不同。

（一）美国

依据美国宪法授权，环境保护法律由国会制定。按照在环境法中政府承担的责任及其环境保护效果，美国环境法的建设发展可被划分为三个阶段。第一阶段为初创阶段，时间段为自 1776 年建国至 20 世纪 20 年代；第二阶段为奠基阶段，时间段为自 20 世纪 30 年代到 20 世纪 60 年代；第三阶段为成熟阶段，时间段为自 20 世纪 70 年代至今。在初创阶段，环境法内容的实质是保护自然资源，主要包括野生动物、森林、公园等。该阶段环境立法的一个显著特征是，依据宪政原则，联邦无权保护州属森林、自然地貌和野生动物，即联邦与州在立法时各行其是，从而形成两套环境保护法律体系——联邦环境法和州环境法。表面看来，州政府的环境保护立法走在联邦立法之前，但这并不意味着地方政府有更强的环境保护意识和行为。事实上，一直到 20 世纪初，环境保护并不是联邦和各州政府所关心的主要政务，联邦和州政府的主要政务是通过保护自然资源获取经济利益。例如，美国国会于 1899 年发布了《河流和港口法》，该法虽然禁止任何个人或组织将固体垃圾倾倒进航行水域，但其本意是保障州际和国际货运贸易。由于经济利益高于环境利益，所以联邦和州政府在制定环境保护法时，事实上也制定了环境破坏法，如促进西部大开发的《宅地法》就使美国大草原和西部环境遭到严重破坏。总体来看，美国环境法发展建设的第一阶段反证了，不实施环境问责，政府不可能对环境给予实质性保护，环境质量极有可能恶化。①

美国环境法奠基阶段。1929 年，纽约证券交易所股票市场崩盘，美国经济大萧条出现，美国由自由放任资本主义转向凯恩斯主义，联邦开始介入原来属于州的政务，其中也包括州环境保护政务。联邦介入州环境保护政务看起来有利于建立联邦对州实施环境问责制度，但因为彼时联邦介入州环境保护政务更多的是间接性的，其内容主要是为州环境污染整治行动提供技术和财政支持，所以，实际上在这一阶段，联邦依然没有实质性对州实施环境问责。如在环境污染整治方面，联邦虽然制定了《水污染控制法》等法律，但联邦的环境法地位仍然不高于州，这是因为，第一，在环境立法中，联邦并没有高于州。第二，在环境执法中，治理污染的权力仍属于各州。例如，其一，在水污染控制方面，《水污染控制法》规定，该法不得损害州和地方政府对其水域的任何权利。其二，在空气污染控制方面，有关法律规定，州和地方政府在控制空气污染方面处于主导地位。总体来看，美国在环境法发展建设的第二阶段因为没有制定明确的污染整治目标，所以州和地方政府实际上为追求经济利益而展开“逐（环境质量之）底竞赛”。在这过程中，联邦虽然制定了有关法律，但是在旧有环境法框架下，州和地方政府不作为。这使联邦认识到，出台全国环境质量标准并要求州和地方强制执行，尤其是由联邦对州实施环境问责是防治环境污染的唯一途径。

美国环境法建设与发展成熟阶段。该阶段的显著特征是，第一，环境决策权归属联邦。联邦成立环境保护局对污染实施统一防治，州和地方政府在环境管理问题上必须服从联邦，所有决策行为必须服从《国家环境政策法》的规定。第二，联邦行政机构必须遵守《国家环境政策法》。在制定或实施可能对环境造成重大影响的政策或行动时，行政机构必须依据“国家环境政策法程序”实施环境分析，确定自身政策或行为是否对环境造成影响——如果对环境造成很大影响，政策或行为将被禁止实施。第三，环境质量委员会负责执行《国家环境政策法》。由于环境

① 尹志军．美国环境法史论［D］．中国政法大学博士学位论文，2005：69－105．

质量委员会的效力范围涵盖所有行政机构，所以通过颁布《国家环境政策法》，美国政府承担起了第一性环境责任。第四，依据环境质量委员会颁布的有关条例，联邦行政机构在做出有重大环境影响的决策时，必须履行环境质量影响评价和说明程序。如若不然，行政机构既会被公众诉讼，也会受到联邦法院司法审查。这种在环境保护体制中保障公众参与和引入司法审查的做法使美国环境问责制度最终被建立起来。总体来看，由于构建了环境问责制度，所以美国环境质量在该阶段迅速提高：从1970年至20世纪末，美国空气中的铅含量降低了99.9%，一氧化碳排放总量下降了65.7%，排放到密歇根湖的磷化物减少了47.7%。

（二）日本

日本建立了以地方公共团体为主导的环境管理体制。[①] 在日本，宪法、环境基本法等法律中没有地方政府的概念，地方权力组织被称为地方公共团体，它是一种包含居民自治权和团体自治权两大自治权的公共权力组织。其中，团体自治的主要内容是行政管理，与通常的政府行为类似；居民自治的主要内容是当地居民参与和监督本地行政和公共事务管理。[②] 日本《公害对策基本法》明确规定，地方公共团体承担本辖区环境质量改善和提高责任，公共团体所属环境管理机构、企业环境管理组织等是公害防治主导力量。事实上，依据宪法和地方自治法，防公害行政和地域环境保护行政居于地方事务的核心地位，即环境质量改善和提高是日本地方公共团体的主要事务之一。

日本环境问责制度特征是，公共团体首长接受团体内部行政监督和外部法律监督。公共团体首长承担改善和提高环境质量的责任，这种责任承担同时受到内部行政监督和外部法律监督。在内部行政监督方面，一是辖区议会作为地方公共团体的平行权力组织，对公共团体首长行为能够实施监督；二是行政委员会能够牵制首长的环境决策。在外部法律

① 王丰，张纯厚．日本地方政府在环境保护中的作用及其启示［J］．日本研究，2013（2）：28－34.

② 张恒．中日环境保护监督管理体制比较研究［J］．中南林业科技大学学报（社会科学版），2017，11（3）：14－20，97.

监督方面，地区选民直接选举首长，也就是对首长环境质量改善和提高效果进行直接监督。内部监督起到过程监督作用，外部监督起到效果监督作用，内外结合的监督既降低了公共团体首长环境行政失责的概率，也能够将失责所造成的环境质量损害降到最低。

为了进一步杜绝公共团体环境保护渎职行为的发生，日本《地方自治法》专门设有“居民直接请求”一章，规定居民享有三大请求权以加大外部监督力度。第一，居民享有请求制定、修改和废止条例的权利。第二，居民享有请求监督地方公共团体事务的权利。第三，居民享有请求解散地方公共团体议会的权利以及罢免议员、首长和其他主要公务员等的权利。总体来看，在日本，因为有地方自治制度与直接选举制度做保障，所以公众参与环境质量改善和提高成为一种权利，日本地方公共团体既承担第一性环境责任也承担第二性环境责任，而且在第二性环境责任中更多承担的是法律责任。

（三）德国

德国保护环境和防治污染的依据是《德意志联邦共和国基本法》，该法规定，国家不仅承担环境立法责任，而且承担以行政与司法手段保障公众生活环境质量的责任。在具体实践当中，联邦主要行使环境立法权，各州主要行使环境执法权并可自主决定本州环境保护体制和财政预算。在这种环境法律体制下，德国各州所享有的环境独立性虽然因“合作联邦主义”而有所削弱，但各州环境执法行为受到联邦的影响程度实际上很小。[①] 也就是说，德国实行的是环境保护和污染防治领导分离体制。

环境保护和污染防治领导分离体制决定了德国环境问责制度的特点是，各州的环境执法更多地接受法律法规问责。德国司法机构对环境行政审查的功能十分强大。第一，司法机构设置联邦宪法法院，该法院在接到州或议会党派代表所提出的要求审查环境法律、法令的合宪性请求时，有权对相应的环境法律、法令的合宪性做出立法性质判决。第二，

---

① 谢伟．司法在环境治理中的作用：德国之考量［J］．河北法学，2013，31（2）：84－92.

司法机构设置普通行政法院，该法院管辖公共行政机关的行政侵犯行为，解决公民或其他组织权益受到行政机构侵害问题。第三，司法机构设置专门的行政法院，该行政法院审理公民向行政机构索赔案件。当行政相对人遭受到环境行政机构的违法或不当行为侵犯时，该行政相对人可以将环境行政机构诉讼至初等法院。初等法院对诉讼做出判决后，行政相对人或受到诉讼的环境行政机构若对判决结果有异议，可向州高等法院进一步上诉。州高等法院主要审理上诉案件，但也行使初审法院职能。州高等法院对诉讼做出判决后，行政相对人或受到诉讼的环境行政机构如果对判决结果仍有异议，还能继续向联邦法院上诉，要求联邦法院做出最终裁决。第四，普通法院主管民事和刑事案件，但也能审理公民向行政机构索赔案件。

在德国，公众个人能够通过司法救济途径向行政机构问责。德国公众通过司法救济参与环境治理，能够对环境违法行政行为提出诉讼。德国具有十分简便的司法救济程序，行政机构在其中没有任何特权，其违法行政行为能够被私人以司法救济的形式诉讼。但作为诉讼条件，私人在要求公共机构做出环境行政决定时，他（她）必须说明自己具有相应的权利即其行为受法律保护。

在德国，环境团体能够向行政机构问责。德国建立了限于自然保护的环境团体诉讼制度，规定环境团体能够起诉行政机构。在行政决定违反了环境保护法有关规定、对个人权利构成侵犯，并且行政决定自身违反了法律规则的情况下；或者在行政决定阻碍了社团实现自身所制定的环境保护目标的情况下；或者在行政决定没有给予环境团体及公众参与环境影响评价的机会的情况下，联邦政府或州认可的环境团体就能够对行政机构环境行政行为提起诉讼。

在德国，在司法审查内容方面，对环境行政决定实施司法审查的内容是只审查行政决定的合法性，即审查实体合法性和程序合法性。这是因为，从实际内容来看，团体诉讼的大部分都是行政程序违法问题。在司法审查范围方面，《行政法院法》规定，个人诉求司法审查时，必须满足申请撤销的行政决定客观违法和原告权利遭受侵害两个条件；而《环境法律救济法》规定，团体诉讼时，原告本身权利并不需要一定受到侵害。

德国法院实施环境问责权力较大，这体现为法院不仅有权撤销违法行政决定，而且能够制定新的行政决定以取代违法行政决定。正是这种以改善和提高环境质量为本的行政行为环境司法审查问责制度，切切实实保护着德国环境公益，迫使德国行政机构在做出战略规划和实施相应项目时，必须实施合法性与合程序性环境影响评价，确保行政行为能防治环境污染。

二　我国环境问责制度及存在的问题

（一）我国环境问责制度

我国环境问责制度包括宪法或政治责任追究，法律责任追究和行政责任追究。

宪法或政治责任追究。宪法责任追究又称政治渎职责任追究，[①] 指政治组织和拥有政治权利的个人在不履行宪法规定职责时，必须承担否定性政治后果。[②]《宪法》（2018 年修正）第 26 条第 1 款规定，“国家保护和改善生活环境和生态环境，防治污染和其他公害”；第 51 条规定，“中华人民共和国公民在行使自由和权利的时候，不得损害国家的、社会的、集体的利益和其他公民的合法的自由和权利”。这可被视为政府及其机构、部门工作人员在环境渎职时应当承担宪法责任。

法律责任追究。法律责任追究指行政部门或机构和拥有行政权利的个人在不履行法律规定职责时，必须承担否定性法律后果。2015 年实施的《环境保护法》第 4 条规定，“保护环境是国家的基本国策”。该法第 6 条的第 2 款规定，“地方各级人民政府应当对本行政区域的环境质量负责”，该法第 67 条规定，“上级人民政府及其环境保护主管部门应当加强

① 李晶晶．论环境公共产品供给的政府法律责任［D］．宁波大学硕士学位论文，2015：12．

② 卓泽渊．法政治学［M］．北京：法律出版社，2005：101．

对下级人民政府及其有关部门环境保护工作的监督”，该法第68条列举了9种环境渎职行为，并规定，各级政府、县以上环境保护主管和相关部门有所列9种环境渎职行为之一的，“对直接负责的主管人员和其他直接责任人员给予记过、记大过或者降级处分；造成严重后果的，给予撤职或者开除处分，其主要负责人应当引咎辞职”。

行政责任追究。行政责任追究指行政部门或机构和拥有行政权利的个人在不履行行政法所规定的职责时，必须承担否定性行政法的后果。如2018年实施的《水污染防治法》规定，“县级以上人民政府应当将水环境保护工作纳入国民经济和社会发展规划”。该法第4条规定，“地方政府负责本行政区水环境质量，应及时采取措施防治水污染”。该法第5条规定，“省、市、县、乡建立河长制，分级分段组织领导本行政区域内江河、湖泊的水资源保护、水域岸线管理、水污染防治、水环境治理等工作”。[①] 该法第6条规定，“国家实行水环境保护目标责任制和考核评价制度，将水环境保护目标完成情况作为对地方人民政府及其负责人考核评价的内容”。该法第9条规定，“县级以上人民政府环境保护主管部门对水污染防治实施统一监督管理”。该法第11条规定，“任何单位和个人都有义务保护水环境，并有权对污染损害水环境的行为进行检举”。该法第18条规定：“市、县级人民政府每年在向本级人民代表大会或者其常务委员会报告环境状况和环境保护目标完成情况时，应当报告水环境质量限期达标规划执行情况，并向社会公开。”该法第80条规定：“环境保护主管部门或者其他依照本法规定行使监督管理权的部门，不依法作出行政许可或者办理批准文件的，发现违法行为或者接到对违法行为的举报后不予查处的，或者有其他未依照本法规定履行职责的行为的，对直接负责的主管人员和其他直接责任人员依法给予处分。”

（二）我国环境问责制度存在的问题

中共中央办公厅、国务院办公厅于2016年印发《关于全面推行河长

① 闫胜利．我国政府环境保护责任的发展与完善［J］．社会科学家，2018（6）：105－111．

制的意见》（以下简称《推行河长制意见》），要求在我国全面推行河长制，促进水资源保护和水污染防治。由于河长制是当前我国环境问责制度的最新和典型实践，所以河长制运行过程中存在的问题就集中体现着当前我国环境问责制度存在的问题。

1. 河长制

依据《推行河长制意见》，河长制是指各级地方政府党政负责人以本辖区内河流湖泊“河长”身份负责保护水资源、防治水污染，以及改善水环境、修复水生态。推行河长制的本质是通过完善环境问责制度，建立责任明确、协调有序、监管严格、保护有力的流域资源保护、污染防治机制。

依据是否被纳入顶层设计，河长制的发展经历了地方探索和国家推行两个阶段。地方探索阶段起始于 2007 年，标志性事件是太湖流域无锡市爆发“蓝藻危机”。作为危机应对之策，无锡市委、市政府于 2008 年联合下发《关于全面建立“河（湖、库、荡、氿）长制”全面加强河（湖、库、荡、氿）综合整治和管理的决定》，设立了河长制，并增设中级人民法院环保审判庭。至 2016 年，我国全境和部分辖区实行“河长制”的省、区、市达到 24 个。[①] 国家推行阶段起始于 2016 年，标志性事件是中共中央办公厅、国务院办公厅印发并实施《推行河长制意见》。在该阶段，河长制由国家建章立制，即在组织形式上，河长被统一划分为省、市、县和乡四级，各级河长均由同级党委和政府主要负责人担任。在责任划分上，河长的责任是，第一，组织领导辖区内河湖资源保护和污染防治，明晰跨行政区划的河湖管理责任，协调上游和下游、左岸和右岸联防联控；第二，督导同级相关部门和下一级河长履职情况，对后者环境污染整治目标达到情况和任务完成情况进行考核。

河长制之所以是当前我国环境问责制度的最新和典型实践，原因有四。第一，制定河长制的法理依据包括 2006 年施行的《环境保护违法违纪行为处分暂行规定》，该规定较为详细地规定了环境问责制度。第二，

① 刘超．环境法视角下河长制的法律机制建构思考［J］．环境保护，2017（9）：24－29.

实施河长制的法规依据是中共中央办公厅、国务院办公厅于2015年印发的《开展领导干部自然资源资产离任审计试点方案》《党政领导干部生态环境损害责任追究办法（试行)》。依据《开展领导干部自然资源资产离任审计试点方案》，河长制规定：针对不同河湖实施差异化资源保护和污染防治绩效评价考核，考核的重要内容之一是对领导干部自然资源资产实施离任审计。依据《党政领导干部生态环境损害责任追究办法（试行)》的第3条"地方党委和政府负总责，党委和政府主要领导成员承担主要责任，其他有关领导成员在职责范围内承担相应责任"，以及第12条"实行生态环境损害责任终身追究制"，河长制规定：对领导干部生态环境损害责任实行终身追究制。第三，在河长制中，环境问责范围被明确。在河长制中，环境问责范围被界定为追究领导干部控制水资源开发利用责任、追究领导干部控制用水效率责任和追究领导干部限制水功能区纳污责任。第四，河长制创新了我国环境行政问责制度。当前，分散和分业体制是对我国行政执法机构权限进行分配的原则。在该原则下，水利部门、环保部门分别作为水资源保护和水污染防治的主要部门，与住建、农业农村、林业等部门共同承担水管理职能，形成"九龙治水"格局。[①] 河长制虽然没有突破现行"九龙治水"的权力配置体制，但是，通过由党政负责人担任河长来向辖区或流域同级职能部门、下级政府问责，河长制在环境污染整治上实现了环境问责。

2. 河长制存在的问题

（1）河长职责虽法定但缺少细化

从无锡市发布《关于全面建立"河（湖、库、荡、氿）长制"全面加强河（湖、库、荡、氿）综合整治和管理的决定》，到各地开始实施河长制，如昆明市制定《河道管理条例》、浙江省发布《河长制规定》等，再到全国人民代表大会常务委员会发布《水污染防治法》并规定在全国建立河长制，我国最终在法律层面赋予河长以组织领导本行政区域内水资源保护、水污染防治等工作职责。但是，《水污染防治法》只是提出了

① 朱玫．论河长制的发展实践与推进［J］．环境保护，2017（Z1）：58－61．

建立河长制，而对河长如何承担责任尤其是如何承担第二性环境责任没有做细化规定，即《水污染防治法》对河长职责未能给予体系化安排。

（2）河长问责不充分

我国现行水污染防治工作的开展以《水法》为依据。如果各级政府水污染防治工作开展不力，法律制定部门就应当审视《水法》法律体系是否完备、法律条款是否充分、法律条款的执行是否到位。从这一意义上说，出台河长制的目的应当是对现行水污染防治机制进行补充与完善，也就是补齐我国现行水污染防治机制中的有效问责制度短板。然而，从前述河长制内容来看，在最需要明确的最高级别河长如省级河长如何接受问责方面，相关制度安排却缺失。

3. 小结

河长职责虽法定但缺少细化、河长问责不充分，是导致前述南平市霞霞丽乡政府未能切实承担提高环境质量责任的重要原因。南平市实施“万人保洁”行动的实质是落实河长制。然而，由于河长职责虽法定但缺少细化、河长问责不充分，所以，南平市各级政府目前实际上是在通过“万人保洁”来建立健全河长制、丰富河长制内涵，表现为自行设置宜居环境建设考核指标、自行安排环境问责内容甚至自行决定环境问责程度。在这种情况下，南平市各级政府自然很难切实承担提高环境质量的责任。

三　健全环境问责制度之具体措施

（一）完善政府承担提高环境质量责任法律体系

要解决河长职责虽法定但缺少细化问题，就要完善政府承担提高环境质量责任法律体系，做到政府担责形成体系、政府归责科学。一是将“环保督察”“一岗双责”“党政同责”等政府责任上升到法律层面，将地方政府承担组织、领导和协调水资源保护、水污染防治责任法制化。二是划定流域水资源保护、水污染防治失职的具体种类、内容，即划定政府环境责任失职清单。三是设定每一种环境责任失职分别对应的具体否定性后果，并将这种后果分解、落实到失职河长、失职部门和失职部门成员。

（二）成立独立的生态环境保护督察机构

在解决河长问责不充分问题时，需要在以下两方面采取措施。第一，在国家层面，强化环境执法督察制度建设，成立独立的政府环境责任问责机构。突破中央生态环境保护督察办公室受生态环境部委托或授权而组织实施督察的局限，让生态环境保护督察机构拥有独立的环境监督检查权力，包括独立的调查权、独立的检查权、独立的处置权、独立的协调权、独立的整改建议权、独立的问责建议权等。第二，在地方层面，建立地方环境督查常态化制度，成立独立的省、市、县及乡镇水资源保护、水污染防治责任问责机构。相对于中央生态环境保护督察工作抓重点领域的重点问题，地方生态环境保护督察工作应当突出抓常态化水资源保护、水污染防治问题。

（三）逐步加大政府环境责任公益诉讼力度

参照国际经验，在深入解决河长问责不充分问题时，我国需要逐步加大政府环境责任公益诉讼力度。尽管美国、日本和德国的政府环境责任问责实践显示，司法介入是建立水污染防治问责制度、确保河长制落实的关键途径，但限于我国现行司法体制背景，在健全以河长制为代表的环境问责制度方面，我国更有条件采取的措施是逐步加大政府环境责任公益诉讼力度。其原因是，虽然我国于2017年修订的《行政诉讼法》使我国有了较为完备的环境行政公益诉讼制度，但环境行政公益诉讼制度在我国还处于初步建立阶段，需要加以完善，完善的主要方面是使环境行政公益诉讼制度与《环境保护法》及其单行法制度充分衔接。

第二节　完善环境政策工具

在市场主体分担治污责任时，作为环境污染的产生者，农业生产者、村民此时应当配合实施污染治理措施，包括农业生产者配合应用水肥一体化技术、按方施肥或直接施用配方肥，配合使用符合规定的农膜、不乱排畜禽养殖粪污等；村民配合环境治理，使生活污水入管入池、将垃圾投入指定地点等。依据公共规制和环境规制理论，要切实承担使污染产生者充分配合实施环境治理措施责任，在当前，政府必须完善环境政策工具。梳理国外有关环境政策工具，分析我国政府为使农业生产者、村民配合实施环境治理措施所采用的政策工具存在的问题。结果表明，当前，以福建省南平地区乡镇政府为代表，在让市场主体分担治污责任的同时，政府对污染产生者配合实施环境治理措施进行绩效考评，是政府为使污染产生者配合实施环境治理措施而采用的主要环境政策工具。对污染产生者配合实施环境治理措施进行绩效考评时，考核评比指标体系不健全、未能使各村切实开展互评、考评结果较少直接应用于污染产生者，导致政府未切实承担使污染产生者充分配合实施环境治理措施责任。在此基础上，提出完善环境政策工具之具体措施。

一　美国和欧盟所采用的政策工具现状

美国和欧盟对农业生产过程产生的污染实施规制主要体现在水环境治理中，这是因为，农业生产过程排放养分物质和农药等主要对美国与欧盟的河流、湖泊等水体产生污染。[①]

（一）法律背景

1. 美国制定《清洁水法案》

美国《清洁水法案》（*Clean Water Act*，CWA）及其后续修改版很大程度上塑造了现今美国的水质量政策。[②] 在起草 CWA 时，农业生产污染问题不仅没有受到与点源污染问题同等程度的重视，而且还被认为不严重，[③]

---

① Lankoski, J., Ollikainen, M. Innovations in Nonpoint Source Pollution Policy—European Perspectives [J]. Choices, 2013, 28 (3): 1-5.

② Shortle, J. S., Ribaudo, M., Horan, R. D. and Blandford, D. Reforming Agricultural Nonpoint Pollution Policy in an Increasingly Budget-constrained Environment [J]. Environmental Science and Technology, 2012, 46 (3): 1316-1325.

③ Saltman, T. Making TMDLs Work [J]. Environmental Science and Technology, 2001, 35 (11): 248-254. Houck, O. The Clean Water Act TMDL Program [M]. Washington, D.C.: Environmental Law Institute, 1999: 7-13.

事实上，防治农业生产污染只是后来才被纳入法案议题中。[①] 依照CWA法案，在对污染物排放进行管控时，环境保护部门选择性实施两个污染物管控标准，即实施基于技术的污染物管控标准和实施基于水质的污染物管控标准。实施基于技术的污染物管控标准是指，基于“经济允许的最可行技术”（Best Available Technology，BAT）对工业排污者设置统一的限制标准，即每一个点源只有获得许可才能够排放污染物。该标准在被实施时，环境执法者要做的事就是将执法相对人实际排放的污染物与允许的数值进行比较。[②] 实施基于水质的污染物管控标准是指，首先，各州列出其辖区内每一个受到伤害的水体；其次，各州鉴别出每个水体有效益的用途，如钓鱼、游泳、饮水等；再次，在有效益的用途上，计算最大日负荷总量（Total Maximum Daily Load，TMDL）；最后，每个工业点源或农业生产者污染物排放配额被计算出来。

2. 欧盟制定《水框架指令》

与美国类似，欧洲第一波水立法浪潮也开始于20世纪70年代，体现为有7个独立指令被不同欧共体国家颁布。至20世纪90年代，鉴于对碎片化的水政策的批评逐渐增多，欧盟委员会起草了一个单一框架来管理水问题，这就是《水框架指令》即WFD（*Water Frameworks Directive*）（Directive 2000/60/EC）——迄今为止影响最为深远的欧盟环境保护立法，它于2000年正式取代先前的第一波7个独立指令。[③] WFD的管制特征体现在三个方面。第一，WFD要求欧盟各成员国必须建立自己的流域管理计划（River Basin Management Plans，RBMPs），并且，该计划要每6年更新一次。第二，在流域管理计划中，欧盟各成员国要具体规定环境标准和水质标准如何达到。WFD允许欧盟各成员国政府以灵活的、自认为

① Andreen，W. L. Water Quality Today：Has the Clean Water Act Been a Success?［J］. Alabama Law Review，2004，5（3）：537－93.

② Andreen，W. L. The Evolution of Water Pollution Control in the United States：State，Local and Federal Efforts，1789－1792：Part I［J］. Stanford Environmental Law Journal，2003，22：215－294.

③ European Commission. The EU Water Framework Directive-integrated River Basin Management for Europe［EB/OL］. https://ec.europa.eu/environment/water/water-framework/index_en.html.

最合适的方式运用污染整治标准。第三，所有流域必须取得良好的总体水质，其中，饮用水、沐浴用水和被保护地区应当采用更严格的治污标准。例如，欧盟《硝酸盐指令》规定，自2002年起欧盟成员国每年每公顷土地上所施用的粪便中氮素含量不能超过170千克。其中，鉴于其早期通过实施《硝酸盐指令》（91/676/EC及其修订条款）只减少了本国农业生产中约20%的氮投入和渗滤，威尔士政府于2014年颁布了严格的《硝酸盐脆弱带农业生产者操作指南》，强制要求农业生产者在其硝酸盐脆弱地带（Nitrate Vulnerable Zones）使用肥料时，所选用的肥料必须符合特定种类、数量标准，不同季节施用肥料的方式必须符合当季施肥方式标准。[①]

WFD也采用两个标准即基于技术的标准和基于水质量的标准治污。在采用基于技术的标准方面，WFD最先采用的是早期欧盟制定的排放限定值标准，即欧盟IPPC指令，该指令类似于美国的国家污染物排放清除系统许可证制度。在采用基于水质量的标准方面，WFD规定，如果采用基于技术的标准治污时水质量不能达标，则相应成员国要采用基于水质量的标准治污。[②]

（二）采用政策工具现状

1. 正向和反向财政激励

（1）正向财政激励

正向财政激励（Positive Financial Incentives）是指，政府将某些有助于污染减轻的生产方式认定为最佳管理实践（Best Management Practices, BMPs），之后，对实施最佳管理实践的农业生产者给予财政补贴或技术援助，以正向激励农业生产者在生产过程中防治环境污染。由于采用这种政策工具的逻辑是农业生产者愿意采用改善环境的生产活动来获得经济

① Welsh Government. Nitrate, Vulnerable Zones (NVZ): Guidance for Farmers [EB/OL]. https://gov.wales/nitrate-vulnerable-zones-nvz-guidance-farmers.

② Moss, T. The Governance of Land Use in River Basins: Prospects for Overcoming Problems of Institutional Interplay with the EU Water Framework Directive [J]. Land Use Policy, 2004, 21 (1): 85-94.

利益，所以正向财政激励也被称为向污染者支付（Pay to Poluter，PTP）。

选用正向财政激励政府工具改变农业生产者环境行为的内涵有三个方面。第一，该政策工具的目标是激励农业生产者在生产过程中保护环境。第二，最佳管理实践即BMPs种类较多，具有核心地位的是保护性耕作、作物养分管理、害虫管理和污染缓冲性农业生产活动。第三，该工具的使用以契约为载体。如美国农业部环境质量激励计划（Environmental Quality Incentives Program，EQIP）和保护储备计划（Conservation Reserve Program，CRP）都采用合同形式，来奖励在生产过程中采用环境友好型技术或不在环境敏感土地上进行耕作和养殖的农业生产者。

正向财政激励政策工具虽然在灵活性上可能优于其他类型政策工具——因为在使用过程中该工具不需要配备环境质量标准，但是如果政府财政预算得不到保证，边际激励力度递减，那么采用正向财政激励政策工具就可能劣于采用其他类型工具。

（2）反向财政激励

过去40年美国和欧盟的实践表明，正向财政激励政策工具并不能独立采用。事实上，长期以来，学术界和监管部门都对采用反向财政激励（Negative Financial Incentives）政策工具来激励农业生产者配合政府实施环境治理措施有着广泛的兴趣。

反向财政激励政策工具的主要内容是政府对污染者收费或征税，[①] 以反向激励农业生产者在生产过程中防治环境污染。在理论上，基于模型的向农业生产者征收环境税的反向激励效果被认为是次优的。这是因为，对污染者收费或征税时，一般要用模型来估计污染物负荷，但是，现有模型并不能完全解决农业生产污染结果与农业生产污染源之间不对称的问题。[②] 在实践当中，对农业污染征收环境税并不成功。荷兰根据欧盟《硝酸盐

① Horan, R. D., Shortle, J. S. and Abler, D. G. Ambeint Taxes When Polluters have Multiple Choices [J]. Journal of Environmental Economics and Management, 1998, 36 (2): 186 - 199.

② Winsten, J. R., Baffaut, C., Britt, J., Borisova, T., Ingels, C. and Brown, S. Performance Based Incentives for Agricultural Pollution Control: Identifying and Assessing Performance Measure in the U. S. [J]. Water Policy, 2011, 13 (5): 677 - 692.

指令》，曾于1998年制定了一项名为MINAS（Minerals Accounting System）的养分投入产出管理政策，即如果农业生产者每年生产活动产生的氮或磷有净盈余（养分投入大于作物生长所需），则对相关农业生产者征收总额为净盈余所对应肥料成本的7倍的税收。实施政策后，尽管荷兰有关农业地区氮肥盈余大幅下降，[①] 但高昂的交易成本和过高的税收额迫使荷兰政府取消了硝酸盐税。[②]

2. 水质交易

采用水质交易（Water Quality Trading，WQT）政策工具是指，使具有有限污染权的排放者能够与其他人交换排污权。具体到整治农业生产污染，采用这种政策工具是指，使点源排污者能够向农业面源排污者购买排污权，以此激励农业生产者在生产过程中防治环境污染。尽管水质可交易政策工具被认为是最具成本效益的，但是，采用这一工具要面对相当严峻的管理和技术挑战。第一，由于农业生产进入排污权交易市场从事交易通常是自愿的，所以农业生产者通常是交易项目中的卖方而不是买方，[③] 这就为农业生产者利用污染来投机创造了机会。[④] 第二，水质交易系统无上限但必须封闭，即流域内所有污染排放者都必须参加水质交易，这实际上极大地提高了组织和管理交易的难度。第三，水质交易要有符合市场供求规律的交易比率，即一单位农业生产污染负荷应该与一单位点源污染负荷进行一定单位的交易。但是，农业生产污染负荷具有不确定性，交易比

① Harter, T., Lund, J. Addressing Nitrate in California's Drinking Water: Technical Report 1-Overview [EB/OL]. https://www.mysciencework.com/publication/show/addressing-nitrate-californias-drinking-water-technical-report-1-overview-5ac2f3bc.

② Goodlass, G., Haldberg, N. and Verschuur, G. Study on Input/Output Accounting System on EU Agricultural Holdings [EB/OL]. http://ec.europa.eu/environment/agriculture/pdf/inputoutput.pdf. Organizations for Economic Cooperation and Development (OECD). Water Quality Trading in Agriculture [EB/OL]. http://www.oecd.org/tad/sustainable-agriculture/49849817.pdf.

③ Shabman, L., Stephenson, K. Achieving Nutrient Water Quality Goals: Bringing Market-like Principles to Water Quality Management [J]. Journal of the American Water Resources Association, 2007, 43 (4): 1074-1089.

④ Organizations for Economic Cooperation and Development (OECD). Water Quality Trading in Agriculture [EB/OL]. http://www.oecd.org/tad/sustainable-agriculture/49849817.pdf.

率几乎总是被人为地、本质上出于政治安全地设定为2∶1或更高，这在很大程度上歪曲着真实市场交易比率。

3. 绩效工具

绩效标准是最传统的规制。尽管通常被认为是基于市场的规制方法的备选方案，但绩效标准既可以补充税收制度和排污权交易制度，也可以伴随积极的激励计划使用。在激励型政策工具的使用中，如果被测量者的排污量超过了标准，那么他们就被施以经济处罚；而如果被测量者的排污量没有超过标准，则他们就获得正常的应得经济收益或被给予奖励。

实践表明，最为成功的污染防治政策工具是基于绩效的。[①] 当然，采用该工具治理农业生产污染时也面临着挑战，包括如何进一步降低模型构建成本和环境监测成本，以及如何进一步降低不确定性因素对测量结果的影响等。[②]

4. 污染物投入限制

采用污染物投入限制（Dirty Input Limits）政策工具是指，对杀虫剂等化学品制造商征收环境税以使农业化学品的生产减量化，继而借助农业化学品生产减量化所致的连锁效应（化学品因被少生产而被少销售，因少被销售而被少购买，因被少购买而被少使用，因被少使用而少产生环境污染）来对农业生产者环境行为实施激励。采用污染物投入限制政策工具又被称为采用“脏输入限制”（Dirty Input Limit，DIL）政策工具。由于“脏输入限制”政策工具要借助化学品生产减量化所致的连锁效应才能起作用，而这种连锁效应不确定性太强，[③] 所以美国和欧盟成员国制

① Shortle, J. S., Ribaudo, M., Horan, R. D. and Blandford, D. Reforming Agricultural Nonpoint Pollution Policy in an Increasingly Budget-constrained Environment [J]. Environmental Science and Technology, 2012, 46 (3): 1316-1325.

② Young, T. F., Karkoski, J. Green Evolution: Are Economic Incentives the Next Step in Nonpoint Source Pollution Control? [J]. Water Policy, 2000, 2 (3): 151-173.

③ Driesen, D. M., Sinden, A. The Missing Instrument: Dirty Input Limits [J]. Harvard Law Review, 2009, 33 (1): 66-116.

定"脏输入限制"政策的意愿普遍不强,[①] 即便挪威、瑞典、丹麦等国对化肥或杀虫剂征税,其所征税也为产品税而非环境税。[②]

二　我国所采用的政策工具现状

我国对农业生产者、村民保护环境的行为进行规范体现在水、大气和土壤环境治理中。

(一) 法律背景

目前,我国虽然没有专门且系统地制定规范农业生产者、村民保护环境行为的法律,但《环境保护法》《固体废物污染环境防治法》《大气污染防治法》《水污染防治法》《农业法》《水土保持法》《土壤污染防治法》《清洁生产促进法》等法律的有关条款限制或禁止农业生产者、村民向环境排放污染物。第一,某些法律在有关条款中使用"应当"等词语,限制农业生产者、村民排放污染物。如《环境保护法》第 49 条规定,"施用农药、化肥等农业投入品及进行灌溉,应当采取措施,防止重金属和其他有毒有害物质污染环境";"从事畜禽养殖和屠宰的单位和个人应当采取措施,对畜禽粪便、尸体和污水等废弃物进行科学处置,防止污染环境"。《农业法》第 58 条规定,"农民和农业生产经营组织应当保养耕地,合理使用化肥、农药、农用薄膜,增加使用有机肥料,采用先进技术,保护和提高地力,防止农用地的污染、破坏和地力衰退"。第二,某些法律在有关条款中使用"禁止""不得"等词语,禁止农业生产者、村民排放污染物。如《环境保护法》第 49 条规定,"禁止将不符合农用标准和环境保护标准的固体废物、废水施入农田"。《固体废物污染环境防治法》第 65 条规定,"禁止在人口集中地区、机场周围、交通干线附近以及当地人民政府划定的其他区域露天焚烧秸秆"。《大气污染防治法》

---

① Drevno, A. Policy Tools for Agricultural Nonpoint Source Water Pollution Control in the U. S. and E. U. [J]. Management of Environmental Quality: An Inernational Journal, 2016, 27 (2): 106 - 123.

② 马中主编. 环境与自然资源经济学概论(第二版)[M]. 北京: 高等教育出版社, 2013: 264.

第74条规定，“禁止在人口集中地区对树木、花草喷洒剧毒、高毒农药”；第77条规定，“禁止露天焚烧秸秆、落叶等产生烟尘污染的物质”。《土壤污染防治法》第30条规定，“禁止生产、销售、使用国家明令禁止的农业投入品”。《清洁生产促进法》第22条规定，“禁止将有毒、有害废物用作肥料或者用于造田”。

在《环境保护法》《农业法》等法律基础上，从1973年起，我国陆续制定并实施环境标准，已经形成了两级五类环境标准体系，前者包括国家和地方两级环境标准体系，后者包括国家环境质量标准、国家环境监测规范、国家污染物排放标准、国家环境基础类标准和国家环境管理规范类标准。可见，我国也采用两个标准即基于环境质量的标准和基于技术的标准设定环境治理目标。

（二）环境政策工具现状

1. 制定特定法规

国务院于2014年发布《畜禽规模养殖污染防治条例》，对畜禽规模养殖场的选址、防治养殖污染的配套设施建设、环境影响评价的审批、养殖废弃物的处理方式与利用途径等做出规定。国务院于2017年发布《农药管理条例》，规定农药使用者应按照农药标签标注的使用范围、方法和剂量用药，不得在蔬菜、茶叶、瓜果、中草药材、菌等生产过程中使用剧毒、高毒农药。

2. 正向财政激励

我国各地政府主要采用正向财政激励政策来规范农业生产者、村民在其生产、生活中保护环境的行为，该政策主要适用于两类项目，一类是生态农业建设、农村能源工程、农户庭院生态模式等生态农业项目，另一类是乡村清洁工程项目。具体而言，在生态农业项目中，对将蔬菜栽培设施、猪舍、沼气池等组装在日光温室中进行种植和养殖的农业生产者、村民给予财政补助。在乡村清洁工程项目中，对在节水灌溉项目中购置节水灌溉设施、改进地面灌溉方法的节水农业生产者给予财政补贴；对在秸秆、人畜粪便和地膜综合利用项目中建造沼气池并利用秸秆、人畜粪便制沼气的村民给予财政补助；对购买有机肥进行种植的农业生产者给予财政补贴；对回收和储运农膜的农业生产者给予财政补贴；对在村庄污水垃圾处理项目中修建家庭三格化粪池的村民给予补助等。

3. 绩效考评

在前述南平地区“万人保洁”行动中，依照福建省政府规定，在让保洁公司承担具体开展村民生活垃圾收集、转运和处理责任的同时，霞霞丽乡政府对村民配合实施环境治理措施绩效进行考核评比，其使用政策工具情况如下。

第一，设置绩效考核评比机构。在对村民配合实施环境治理措施绩效进行考评时，岚下乡政府规定，由乡共建办（共建美丽岚下工作领导小组办公室）牵头成立考核评比办公室。在相关部门专业技术人员组成综合考评组对各村进行考评的同时，考核评比办公室还抽调各村有关人员组成互评组，要求各村互评。

第二，设置绩效考核评比指标。岚下乡共建办制定的绩效考核评比指标分为6类，即长效机制、主村庄卫生、自然村卫生、沿途道路卫生、垃圾分类试点工作、美丽家庭评比指标。在每一类指标中，岚下乡共建办设置了若干观测项，并规定了观测项得分或扣分标准。如在主村庄卫生指标中，岚下乡共建办设置了4个观测项，其中规定，垃圾桶、垃圾收集池周围要整洁，发现垃圾外溢的扣0.5分；只简单填埋而未结合焚烧或转运处理的扣1分等。

第三，实施考核评比。考核评比办公室每个季度组织开展3次考评，包括两次月考评和一次季度考评。考评方式是暗访为主，业内明查为辅。

第四，应用考核评比结果。其一，对考核评比排在前三名的村，分别给予1500元、1000元和500元的奖励；对考核评比排在倒数后三名的村，分别给予1500元、1000元和500元的处罚。奖罚金用于奖罚各村挂点领导、包村组长、村书记、主任及相关个人。其二，考核评比结果同各村评优评先挂钩。其三，考核评比结果单季度位列全乡倒数第一时，相关村村主任要做出书面说明；考核评比结果连续两个季度位列全乡倒数第一，则乡党委书记或乡长约谈相关村书记和主任。

三　对污染产生者配合实施环境治理措施进行绩效考评存在的问题

以上梳理表明，在当前环境政策工具中，只有对污染产生者配合实施环境治理措施进行绩效考评的政策工具，直接并明确服务于政府让市场主体分担治污责任工作。这表明，在让市场主体分担治污责任的同时，对污染产生者配合实施环境治理措施进行绩效考评，是当前政府为使污染产生者配合实施环境治理措施所采用的主要环境政策工具。

对污染产生者配合实施环境治理措施进行绩效考评存在的问题主要集中在三个方面。

（一）考核评比指标体系不健全

对村民配合实施环境治理措施进行绩效考评时，霞霞丽乡共建办设置的考核评比指标体系不健全。第一，考评指标的设置针对性不够。共建办设置的考评指标只包括考评人员对所发现的地面与河面垃圾实施扣分的标准，而未包括对所发现的私自掩埋或掩盖垃圾实施扣分的标准。第二，考评指标未包括对农业生产者配合实施环境治理措施进行考核和评比的指标。农村环境是一定农业生产者、村民生产和居住区域所构成整体中的自然和天然因素的总体，使垃圾入桶入池也应当包括使部分田间垃圾、养殖场废弃物等入桶入池。第三，考评指标的设置针对性不强。如在考评指标中，既有涉及村民行为的绩效标准——如“垃圾桶、垃圾收集池周围要整洁，发现垃圾外溢的扣0.5分”，也有涉及垃圾处理市场主体行为的绩效标准——如“只简单填埋而未结合焚烧或转运处理的扣1分”。垃圾处理市场主体行为的绩效被纳入村民配合实施环境治理措施的绩效，这造成了考评结果的真实性不足。

（二）未能使各村切实开展互评

霞霞丽乡政府赋予考核评比办公室的责任有两个，一是组织相关部门专业技术人员组成综合考评组对各村进行考评，二是抽调各村有关人员组成互评组，使各村互评。但是从实际执行来看，各村互评虚化。第一，在共建办设置的对村民配合实施环境治理措施进行绩效考评指标中，没有各村互评有关指标。这意味着，使各村互评这一工作缺乏实质性内容，相应地，即使各村开展了互评，考评质量也缺乏保障。第二，尽管规定考评办公室要抽调各村有关人员组成互评组，但霞霞丽乡政府对各村互评组人员构成并未有细化的规定。这意味着，各村互评组的人员组成随意性较大，并不能够确保互评的公平性。第三，相对于明确规定，考评办公室每个季度对各村开展 3 次综合考核评比，且以暗访为主、明查为辅，对各村互评就缺乏方式方法层面的规定。这意味着，使各村互评在操作层面并未形成制度，相应地，各村互评不能稳定地发挥村民自治作用。

（三）考评结果较少直接应用于污染产生者

霞霞丽乡考评办公室虽然对村民配合实施环境治理措施绩效进行考评，但实际考评时，考评结果较少直接应用于污染产生者。第一，考核评比办公室对考核评比排在前三名（倒数后三名）的村分别给予奖励（罚款）时，其受奖人（受罚人）主要是各村挂点领导、包村组长、村书记、主任，而村民个人较少受到奖罚。第二，考核评比结果直接同各村评优评先挂钩，并不直接同村民个人评优评先挂钩。第三，考核评比结果单季度或连续两个季度位列全乡倒数第一时，相关村主任、村书记做出书面说明或被约谈，村民个人并不直接受责。

（四）小结

在对污染产生者配合实施环境治理措施进行绩效考评时，绩效评价指标体系不健全致使前述霞霞丽乡政府未能全面评价村民配合实施环境治理措施的绩效，是造成霞霞丽乡政府未能使源溪前村村民充分配合实施环境治理措施的第一个原因。

在对污染产生者配合实施环境治理措施进行绩效考评时，霞霞丽乡政府未能使各村切实开展互评致使政府未能充分监督村民配合实施环境治理措施，是造成霞霞丽乡政府未能使源溪前村村民充分配合实施环境治理措施的第二个原因。

在对污染产生者配合实施环境治理措施进行绩效考评时，考评结果较少直接应用于污染产生者致使霞霞丽乡政府未能充分激励村民配合实施环境治理措施，是造成霞霞丽乡政府未能使源溪前村村民充分配合实施环境治理措施的第三个原因。

四　完善环境政策工具之具体措施

当前，在让市场主体分担农业生产、村民生活污染治理责任时，福建、浙江等省各地政府使用了对污染产生者配合实施环境治理措施进行绩效考评这一政策工具。鉴于这一环境政策工具让保洁公司承担的村庄垃圾收集、转运和处理这一工作得以顺利开展，同时如前所述，美国和欧盟的经验也表明，最为成功的农业非点源污染防治政策工具是基于绩效的，所以建议在全国各地推广使用对污染产生者配合实施环境治理措施进行绩效考评政策。在推广使用这一环境政策工具时，针对考核评比指标体系不健全、未能使各村切实开展互评、考评结果较少直接应用于污染产生者等问题，政府要采取以下措施完善这一环境政策工具。

（一）设置绩效考核评比机构

参照霞霞丽乡政府成立考核评比办公室的做法，考虑到生态环境部、农业农村部于 2018 年联合发布《农业农村污染治理攻坚战行动计划》，全国其他县、乡镇政府在让市场主体承担农业生产、村民生活污染治理责任时，可考虑在乡镇成立“农业生产、村民生活污染治理行动领导小组”，由该小组牵头成立绩效考核评比机构，对辖区内农业生产者、村民配合实施环境治理措施进行绩效考评。

（二）健全考核评比指标体系

要系统解决农业生产者、村民配合实施环境治理措施绩效考评指标设置的针对性不强和不够，以及考评指标未包括对农业生产者配合实施环境治理措施进行绩效考评指标等问题，就需要建立农业生产、村民生活污染治理市场主体治污条件指标，包括种植和养殖剩余物未被废弃指标、污水入管道指标、垃圾入桶指标等。这是因为，农业生产和村民生活污染物减排或处理不是一个孤立的活动，即市场主体治污活动的效果受到前一活动及其效果的影响。第一，从前述南平市“万人保洁”机制运行过程来看，村民生活污染治理过程是一个流程，保洁公司处理垃圾活动及其效果首先取决于村民是否能将自家生活垃圾投放到设定的垃圾桶及其投放率，其次取决于村民是否能将偏僻处垃圾桶内的垃圾转投至行车道旁垃圾桶内及其转投率。第二，有效防控种植和养殖业污染措施也表明，畜禽粪便、秸秆和废旧农膜资源化利用是一个回收—利用流程；肥料减施也是一个流程，即肥料在被施用之前农田先要被松耕等。

由于种植和养殖剩余物未被废弃、农地松耕、污水入管道、垃圾入桶等有利于市场主体治污的条件主要由污染产生者提供，所以设置市场主体治污条件指标以对农业生产者、村民配合实施污染治理绩效进行考评，不仅解决了考评指标未包括对农业生产者配合实施环境治理措施进行绩效考评的指标问题，同时也有效解决了指标设置针对性不强、不够的问题。

（三）专设各村互评指标且村规民约充分吸纳互评指标

要解决未能使各村切实开展互评问题，就要在以下几方面施治。第一，专设各村互评指标。在考评指标中，考核评比机构专门设置对各村污染产生者配合实施环境治理措施进行绩效考评的各村互评指标，以使各村互评活动具有实质性内容和有质量、有保障。第二，村规民约充分吸纳互评指标。村规民约充分吸纳互评指标的过程就是农业生产者、村民充分理解配合实施环境治理措施意义的过程。村规民约充分吸纳了互评指标意味着，农业生产者、村民已充分掌握了配合实施环境治理措施的内容。在此基础上，考核评比机构应当规定，由各村民委员会组织本村村民推选出互评组成员，以克服前述霞霞丽乡各村互评组的人员组成随意性较大的问题，确保互评公正性。第三，使各村互评制度化。互评活动应当被安排在考核评比机构对各村开展综合考评之前。

（四）考评结果直接应用于污染产生者

要解决考评结果较少直接应用于污染产生者问题，就需要采取以下三个措施。第一，依据考评最终结果，乡镇政府在对相关村挂点领导、包村组长、村书记、主任给予奖罚的同时，也要求相关村民委员会对本村涉事的具体农业生产者、村民进行奖罚。第二，相关村民委员会对具体农业生产者、村民给予奖罚时，奖罚内容和方式以村规民约为依据，且不仅仅局限于发放奖金或进行罚款。第三，若相关村没有将考评结果应用于污染产生者，则该村主任、书记做出书面说明或被约谈。

第三节　健全农村环境监管体制

按照公共规制定义，环境监管是环境规制的重要内容。要切实承担农村环境监管责任，依据公共规制过程理论，在当前，政府必须健全农村环境监管体制。梳理我国农村环境监管体制建设现状，对其中存在的问题进行分析。结果表明，当前，在我国农村环境监管体制建设中，乡镇环保机构人员不足、监管的主要对象虚化与异化，导致政府未切实承担农村环境监管责任。在此基础上，提出健全农村环境监管体制之具体措施。

一　我国农村环境监管体制建设现状

环境监管指行政部门制定和实施环境规章、标准，以及实施环境监测、监察等行为。自 2014 年起，随着《环境保护法》和大气、水、土壤污染防治法等法律法规被陆续修订和制定，加之中央实施环境保护督察，地方政府逐步加强农村环境监管。2018 年之前，我国多部门共同担责实施农村环境监管，其中，环境保护部门履行农村环境污染防治统一监管职责，住房和城乡建设部门履行农村生活污水垃圾处理监管职责，农业部门履行农业生产污染防治监管职责，水利部门履行农村饮用水水源地污染防治监管职责等。2018 年，随着环境保护部改建为生态环境部，农村环境污染防治的统一监管职责与先前由住房和城乡建设部、农业部、水利部所承担的行业监管职责一并由生态环境部承担。

总体来说，我国农村环境监管体制还处于初建阶段。中央全面深化改革领导小组于 2016 年通过《关于省以下环保机构监测监察执法垂直管理制度改革试点工作的指导意见》，该意见明确指出，乡镇政府要落实环保职责，建立以“三下”即“重心下移、力量下沉、保障下倾”为特征的农村环境监管执法工作制度，设置专门承担环保责任的机构，配备专门人员，确保责有人负、事有人干。具体而言，第一，设置乡镇环保机构，在乡镇政府内设机构中加挂“环保所”等牌子。第二，内设的环保机构有明确环保职责，开展业务受上级环保部门指导。第三，在村域划片设置环保联络员，在重点地区实施网格化管理。第四，乡镇环保机构人员公开聘用，依责定酬。第五，乡镇环保机构建设与运行所需经费列入乡镇预算，实行专项支付；同时县级政府通过转移支付等方式，确保乡镇环保机构建设与运行所需资金足额投入。当前，我国各地政府正积极落实和探索建立乡镇农村环保机构并配备专门人员。例如，至2018年8月，河北省所辖191个县（市、区）的2293个乡（镇、街道）已全部完成环保所挂牌，从而成为我国第一个实现环保所覆盖全省乡（镇、街道）的省份，其乡镇环保机构人员总计达到约1.1万名。①

生态环境部门履行的农村环境监管职责内容集中在三个方面，一是对农村环境质量进行监测，二是对农村环境污染进行监察，三是制定农村环境监管规章、标准等。第一，对农村环境质量进行监测。在国家层面，环境保护部于2009年开始对农村环境质量进行试点监测，至2016年全国被试点监测的村庄数达到2048个，约占全国建制村总数的1%；② 农业部门于2014年在全国设置了273个农田氮磷流失监测点、210个地膜残膜监测点和25个畜禽粪污监测点，对农田氮磷流失、残留农膜和畜禽粪便污染进行监测。③ 在地方层面，依照国务院办公厅发布的《关于加强环境监管执法的通知》要求，四川、江苏、重庆等省市于2014年开始构建基于市、县、乡、村四级纵向环境质量监测体系，这三省市的农村环境质量监测工作正走向深入。无论是在国家还是在地方层面，在具体方法上，较为先进的遥感定位、无人机拍照、探头远程监控等方法和手段在农村环境质量监测工作中都开始得到应用。第二，对农村环境污染进

① 周迎久，张铭贤．河北实现乡镇街道环保所全覆盖［N］．中国环境报，2018－10－31（001）．

② 陈颖，王亚男，赵源坤，等．以创新环境监管机制加强农村环境保护［J］．环境保护，2018（7）：21－24．

③ 毕海滨．治理农业面源污染要把握好关键点［N］．中国环境报，2015－05－21（B2）．

行监察。其一，环境保护部自2008年起在全国组织开展规模化畜禽养殖专项执法检查，并于2010年印发《畜禽养殖场（小区）环境监察工作指南》（试行），进一步规范畜禽养殖场（小区）环境监察工作。其二，环境保护部自2013年起以强化环境监管执法、开展农村环境综合整治为主要抓手，在农村饮用水水源地保护、生活垃圾污水治理等方面不断加大环境监察力度。当前，生态环境部正在全国范围内组织开展饮用水水源环境状况评估，并督促和指导各地加快划定饮用水水源保护区和保护范围。第三，制定农村环境监管规章、标准等。制定农村环境监管规章主要包括制定农村环境监测、监察制度等，制定农村环境标准主要包括制定农村环境质量标准、农村环境污染物排放标准等。

二　我国农村环境监管体制建设存在的突出问题

（一）乡镇环保机构人员不足

1. 2016年以前我国乡镇环保机构人员数量绝对不足

2015年，我国乡镇环保机构人员数只约占全国环保系统人员数的7.3%，约1.7万人，如表5－1所示。

表5－1　2015年全国各级环保机构人员数及其占全国环保系统人员数比重

单位：人，%

全国环保系统人员数	国家级、省级环保机构人员数	国家级、省级环保机构人员数占全国环保系统人员数比重	地市级环保机构人员数	地市级环保机构人员数占占全国环保系统人员数比重	县级环保机构数人员数	县级环保机构数人员数占全全国环保系统人员数比重	乡镇环保机构人员数	乡镇环保机构人员数占全国环保系统人员数比重
232388	18853	8.1	49973	21.5	146696	63.1	16866	7.3

资料来源：《中国环境年鉴》（2016年）：772－774。

表5－2为2015年我国各省区市乡镇环保机构人员数。北京、上海、西藏、青海和宁夏5省区市没有乡镇环保机构人员，天津、内蒙古、吉林、黑龙江等10余省区市乡镇环保机构人员不足50人。

表 5－2　2015 年各地乡镇环保机构人员数

单位：人

地区名称	乡镇环保机构人数	地区名称	乡镇环保机构人数	地区名称	乡镇环保机构人数	地区名称	乡镇环保机构人数	地区名称	乡镇环保机构人数
北京	0	黑龙江	33	山东	909	重庆	2954	青海	0
天津	13	上海	0	河南	6070	四川	922	宁夏	7
河北	1382	江苏	161	湖北	283	贵州	1	新疆	32
山西	619	浙江	575	湖南	167	云南	65		
内蒙古	33	安徽	41	广东	1487	西藏	0		
辽宁	398	福建	136	广西	20	陕西	29		
吉林	22	江西	32	海南	334	甘肃	141		

资料来源：《中国环境年鉴》（2016 年）：774。

2. 2016 年以后我国乡镇环保机构人员数量相对不足

仅就环境监管机构中的环境监测机构建设而言，按照我国环境监测机构标准化建设三级标准，环境监测机构人员至少应当在 10 人以上。但是，在前述我国乡镇环保机构建设的先行省区市如河北省，目前每个乡镇环保机构人员却平均不足 5 人。这表明，当前我国乡镇环保机构人员数量相对不足。

（二）农村环境监管的主要对象虚化与异化

1. 农村环境监管的主要对象虚化

我国当前以农民为主体的农业生产者、村民的经济收入较低，其人均可支配收入 2018 年仅为 14617 元，[①] 这造成了农业生产者、村民难以成为切实的环境执法对象。例如，环境保护部于 2009 年发布《全国农村环境监测工作指导意见》，要求启动农村环境监测试点工作，重点对农业种植过程产生的污染进行监测，但事实上这一工作目前仅在少部分地区试点，总体上处于空白状态。

---

① 国家统计局农村社会经济调查司. 中国农村统计年鉴（2019 年）［M］. 北京：中国统计出版社，2019：13.

2. 农村环境监管的主要对象异化

当政府直接提供农业生产、村民生活污染治理公共服务，如直接运行和维护村民生活污水垃圾处理设施时，对污染治理监管实质上是政府对自身进行监管，这造成污染治理监管的主要对象异化。实际上，由于农村环境监管的主要对象异化，所以在实践当中普遍存在着村民生活垃圾池沥液渗漏，垃圾收集转运体系运行不畅，村民生活污水处理设施与管网长期“晒太阳”等问题。[①]

（三）小结

乡镇环保机构人员不足是造成前述霞霞丽乡政府未能切实承担农村环境监管责任的第一个重要原因。在霞霞丽乡政府中，共建美丽岚下工作领导小组办公室，即共建办负责环境保护工作。共建办只有 3 名工作人员，他们忙于组织力量对霞霞丽乡所辖 10 个村庄的“万人保洁”工作进行考评，而无暇开展环境监测，这从根本上导致源溪前村存在村民生活垃圾死角。

农村环境监管的主要对象虚化与异化问题未得到有效解决是造成霞霞丽乡政府未能切实承担农村环境监管责任的第二个重要原因。在霞霞丽乡“万人保洁”行动中，尽管环境监管的主要对象实化和归正为保洁公司，但保洁公司处理垃圾过程所受到的监管来自共建办的行政检查而非专职环境监管部门的环境监察，这从根本上导致保洁公司在填埋垃圾时，垃圾场出现渗滤液而形成二次污染。

三　健全农村环境监管体制之具体措施

解决乡镇环保机构人员不足问题不能仅凭政府自身力量。乡镇政府在设立环境保护部门、安排环境监管工作人员时，还要借助社会力量，扩充农村环境质量监测队伍。首先，正如河北省在《关于加强全省乡

① 王喜娈，范国鑫．农村环保管理体制现状与思考——以忻州市为例［J］．中国机构改革与管理．2018（8）：53－55．鞠昌华，朱琳，朱洪标，等．我国农村环境监管问题探析［J］．生态与农村环境学报 2016，32（5）：857－862．

（镇、街道）环保机构和队伍建设的通知》中指出的，“各县（市、区）要在机构编制限额内统一调剂，充实加强乡（镇、街道）生态环境保护工作力量”。[①] 这实际上意味着，尽管现有乡镇环保机构人员数量相对不足，但囿于行政编制，其数量也难以再有显著增加。其次，环境保护部在其于2015年发布的《关于推进环境监测服务社会化的指导意见》中明确指出，“在环境保护领域日益扩大、环境监测任务快速增加和环境管理要求不断提高的情况下，推进环境监测服务社会化已迫在眉睫”。这要求政府必须借助社会化手段解决乡镇环保机构人员不足问题。

要有效解决农村环境监管的主要对象虚化与异化问题，就要在市场主体因承担农业生产、村民生活污染治理项目实施责任而成为实际的农村环境监管的主要对象的情况下，依据公共项目管理一般原则，建立农业生产、村民生活污染治理监理制度，确保市场主体履行约定责任。

（一）健全农村环境质量监测社会化制度

农村环境质量监测社会化是指，政府在承担好自身所承担的农村环境监测职能时，鼓励引导社会环境监测力量广泛参与农村环境质量监测。显然，农村环境质量监测社会化有利于解决乡镇环保机构人员不足问题，从而有利于完善农村环境监管体制，继而有利于政府切实承担农村环境监管责任。

1. 以法律法规形式界定社会化农村环境监测领域

《关于推进环境监测服务社会化的指导意见》虽然指出要开放环境监测领域，鼓励社会环境监测机构参与环境质量监测活动，但该意见只是规章，且对有序放开包括农村环境监测领域在内的公益性、监督性监测领域缺乏细化规定。[②] 为强力推进农村环境监测社会化、切实有序放开农村环境监测领域，政府应当在《关于推进环境监测服务社会化的指导意见》的基础上，进一步以法律法规形式出台类似于“农村环境监测服务

① 段丽茜.7月底前所有乡（镇、街道）环保所挂牌［N］. 河北日报，2018-05-11（002）.

② 国务院发展研究中心“引领经济新常态的战略和政策”课题组. 提高环境监管效能 促进绿色发展［J］. 发展研究，2018（2）：4-17.

社会化的指导细则”，即在法律法规层面细致厘清政府与社会化农村环境监测机构的职能边界，清晰界定向社会化环境监测机构开放的农村环境监测领域。

2. 强化政府购买制度以规范农村环境监测服务社会化方式

2015 年，环境保护部发布《关于推进环境监测服务社会化的指导意见》，指出各级环境保护行政主管部门应当在认真履行好自身所承担的环境质量监测职责的同时，将社会单位能承担却又不影响公平公正原则的环境质量监测服务，以委托、承包、采购、名录管理等方式交由社会力量承担。2020 年，财政部发布《政府购买服务管理办法》，要求各级政府严格以政府购买方式将环境质量监测服务委托于社会化环境监测机构。这意味着，当前推进农村环境监测服务社会化的重点是，政府购买农村环境监测服务时，要严格落实招投标制度以规范农村环境监测服务社会化方式。

3. 制定农村环境污染治理法律法规

总结《农业农村污染治理攻坚战行动计划》经验，在《环境保护法》的基础上，结合大气、水、土壤等污染防治法，尽快出台“农业生产、村民生活污染治理法”，明确农村环境监测目标、职责和要求，为社会化环境监测机构实施农村环境质量监测提供基本法理依据。

（二）建立农业生产、村民生活污染治理监理制度

建立农业生产、村民生活污染治理监理制度，就是政府以市场化手段对农业生产、村民生活污染治理市场主体的污染整治活动进行监督和管理，它是对引入农业生产、村民生活污染治理市场主体以破解农村环境监管的主要对象虚化与异化问题的积极响应，有利于健全农村环境监管体制，因而有利于政府切实承担农村环境监管责任。

农业生产、村民生活污染治理监理是指，在市场主体承担约定的农业生产、村民生活污染治理责任时，农业生产、村民生活污染治理监理单位接受环境治理发包方委托和授权，在遵守国家环境保护法律法规、准则及文件的基础上，依据监理合同进行旨在确保农业生产、村民生活污染治理市场主体完成约定责任的微观监督管理活动。农业生产、村民生活污染治理监理具有六方面内涵。第一，它是针对环境污染整治项目所进行的监督管理活动。农业生产、村民生活污染整治对象是环境治理项目，它包括农业生产过程污染治理项目、农业废弃物污染治理项目、村民污水垃圾污染治理项目等。也就是说，农业生产、村民生活污染治理监理单位与政府环境保护机构、环境治理市场主体、环境治理发包方一样，不仅以污染整治项目作为行为载体及行为对象，而且以污染整治项目界定监理范围。第二，它的行为主体是市场化、专业化的监理单位。只有市场化、专业化的监理单位才能按照独立、自主原则，以“公正的第三方”身份开展环境污染治理监理活动。非农业生产、村民生活污染治理监理单位所进行的监督管理，如农业生产、村民生活污染治理项目发包方对项目进行的监督管理并非污染治理监理，而是一种自行管理。第三，它的实施需要项目发包方委托和授权。农业生产、村民生活污染治理监理是农业生产、村民生活污染市场主体承担约定治污责任后的必然产物。环境治理项目发包方在整治农业生产、村民生活污染时，可以委托市场化、专业化的农业生产、村民生活污染治理监理单位进行项目可行性研究；项目确定后，发包方可以委托和授权监理单位组织招标活动。由此，农业生产、村民生活污染治理项目发包方与监理单位的委托和被委托、授权和被授权关系得以确立；并且，从污染治理项目发包方委托和授权之日起，农业生产、村民生活污染治理监理单位就对污染治理实施监督管理。这种受污染治理项目发包方委托和授权而进行的监督管理活动，同政府生态环境部门或机构对污染治理所进行的行政性监督管理完全不同。在这种委托和授权方式中，由于农业生产、村民生活污染治理监理单位及其人员的监督管理权力主要来自作为项目管理主体的污染治理项目发包方授权，所以污染治理的主要决策权和相应的风险仍由污染治理项目发包方承担。第四，它应当依据明确的法律法规、准则、文件及合同实施。农业生产、村民生活污染治理监理应严格按照有关依据实施，这些依据包括农业生产、村民生活污染治理法律法规和准则，国家批准发布的农业生产、村民生活污染治理文件，以及直接产生于污染整治项目的委托监理合同等。第五，它主要发生在项目实施或运行阶段。农业生产、村民生活污染治理监理主要发生在污染治理实施阶段，即设计、招标、运行以及验收阶段。也就是说，农业生产、村民生活污染治理监理单位在与污染治理项目发包方建立起委托与被委托、授权与被授权关系后，同等重要地与农业生产、村民生活污染治理市场主体建立起监理和被监理关系。只有这样，农业生产、村民生活污染治理监理单位才能有效开展监理活动，确保农业生产、村民生活污染治理市场主体完成约定责任。第六，它是微观监督管理活动。农业生产、村民生活污染治理监理针对具体的污染治理项目而展开，是深入对污染治理的各项投资活动和生产活动进行监督管理。这决定了，农业生产、村民生活污染治理监理单位在注重具体污染治理项目实际效益的基础上，应维护环境治理公共服务所对应的公共利益。

1. 建立项目三方管理体制

建立农业生产、村民生活污染治理监理制度的前提是，建立农业生产、村民生活污染治理项目三方管理体制。农业生产、村民生活污染治理项目三方管理体制是指，在农村环境监管有关部门或机构统一监督管理下，农业生产、村民生活污染治理项目发包方、污染治理市场主体和污染治理监理单位三方直接参与项目管理，该体制结构如图 5－1 所示。该图中，单箭头表示监管和被监管关系，如农村环境监管有关部门或机构与农业生产、村民生活污染治理市场主体之间的单箭头表示前者对后者实施监管。双箭头表示合同关系，如在农业生产、村民生活污染治理项目发包方与污染治理市场主体之间，农业生产、村民生活污染治理项目发包方与污染治理监理单位之间有双箭头，这些双箭头表示前后二者签订了合同。在农村环境监管有关部门或机构统一监督管理之下，通过确立发包与承包、委托与被委托、监管与被监管关系，农业生产、村民生活污染治理项目发包方、污染治理市场主体和污染治理监理单位之间的责、权、利相互关联。

2. 明确项目承包方、发包方与监理单位间的相互关系

第一，农业生产、村民生活污染治理监理单位与污染治理项目发包方之间是平等关系、授权与被授权关系、经济合同关系。一是平等关系。

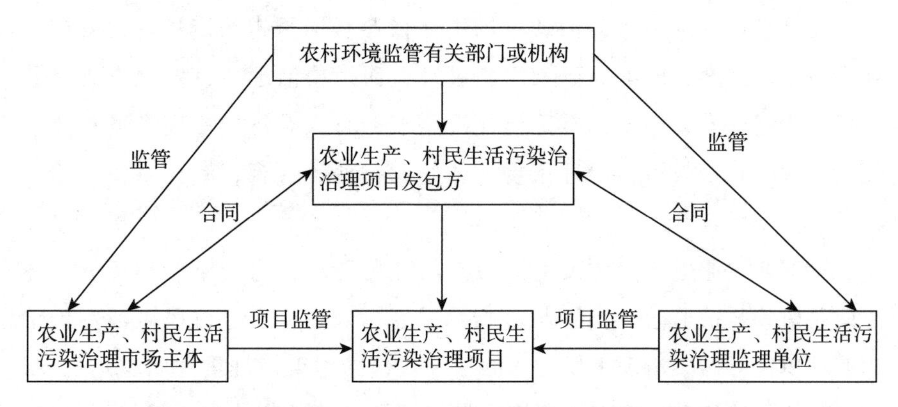

图 5－1　农业生产、村民生活污染治理项目三方管理体制

首先，农业生产、村民生活污染治理监理单位与污染治理项目发包方都是独立的法人，没有主仆之分。农业生产、村民生活污染治理项目发包方委托污染治理监理单位对污染治理过程进行监管并授予其必要的权力，是双方平等协商、共同约定的结果，双方都要对污染治理效果负责。其次，在农业生产、村民生活污染治理市场中，污染治理项目发包方是买方，污染治理监理单位是中介服务方，双方以污染治理项目为载体协同工作，按照约定条款行使各自权利，取得相应收益。污染治理监理单位虽然对环境治理项目发包方负责，但不受发包方领导，只按照约定开展工作。二是授权与被授权关系。农业生产、村民生活污染治理监理单位受污染治理项目发包方委托，对农业生产、村民生活污染治理市场主体的污染治理过程与效果进行监管。三是经济合同关系。虽然农业生产、村民生活污染治理监理单位与污染治理项目发包方的经济利益、责任和义务都体现在双方签订的合同中，但是，同其他经济合同不同，农业生产、村民生活污染治理监理单位有双重责任，即一方面要协助污染治理项目发包方购买到合格的污染治理服务，另一方面又有责任维护农业生产、村民生活污染治理市场主体的合法权益。也就是说，农业生产、村民生活污染治理监理单位在农业生产、村民生活污染治理市场交易活动中发挥着维系公平的作用。

第二，农业生产、村民生活污染治理市场主体与污染治理项目发包方之间是平等关系。污染治理市场主体依照合同承担约定责任，有权对项目质量、进度、成本等要素实施管理；而污染治理项目发包方则有权对污染治理规模、环境标准等行使决策权，有权对污染治理市场主体行使选定权，有权与污染治理市场主体签约行使签订权，有权对污染治理项目行使变更权等。

第三，农业生产、村民生活污染治理监理单位与污染治理市场主体之间是监管与被监管、指导与被指导关系。农业生产、村民生活污染治理监理单位对污染治理市场主体的指导权包括污染治理重大问题建议权，污染整治具体活动协调权，环境质量、污染治理进度的确认权与否决权，污染治理市场主体污染治理费支付与结算的确认权与否决权。农业生产、村民生活污染治理监理单位不是污染治理项目发包方的代理人，如果监理单位自身履责过程有失误，则监理单位自行承担否定性后果。

第四，农村环境监管有关部门或机构与农业生产和村民生活污染治理市场主体、污染治理项目发包方和污染治理监理单位之间是管控与被管控关系，即农村环境监管有关部门或机构对其他项目管理方实施纵向的、强制性的宏观监督管理。这种宏观监督管理安排改变了政府既要抓环境质量宏观监督，又要抓具体污染治理活动微观管理的低效率做法，提高了政府对农村环境实施监管的效率，因而有利于政府切实承担农村环境监管责任。

本章小结

要建立健全市场主体分担责任机制，将农业生产、村民生活污染整治由政府担责向市场主体分担责任推进，政府自身首先要承担好农业生产、村民生活污染治理公共服务供给保障责任。

政府要切实承担提高环境质量责任，就要健全以河长制为代表的环境问责制度。第一，完善政府承担提高环境质量责任法律体系。其一，将“环保督察”“一岗双责”“党政同责”等政府责任上升到法律层面，将地方政府承担组织、领导和协调水资源保护、水污染防治责任法治化。

其二，划定流域水资源保护、水污染防治失职的具体种类、内容，即划定政府环境责任失职清单。其三，设定每一种环境责任失职分别对应的具体否定性后果，并将这种后果分解、落实到失职河长、失职部门和失职部门成员。第二，成立独立的生态环境保护督察机构。其一，在国家层面强化环境执法督察制度建设，成立独立的政府环境责任问责机构。突破中央生态环境保护督察办公室受生态环境部委托或授权而组织实施督察的局限，让生态环境保护督察机构拥有独立的环境监督检查权力，包括独立的调查权、独立的检查权、独立的处置权、独立的协调权、独立的整改建议权、独立的问责建议权等。其二，在地方层面建立地方环境督查常态化制度，成立独立的省、市、县以及乡镇水资源保护、水污染防治责任问责机构。相对于中央生态环境保护督察工作抓重点领域的重点问题，地方生态环境保护督察工作应当突出抓常态化水资源保护、水污染防治问题。第三，逐步加大政府环境责任公益诉讼力度。参照国际经验，在深入解决河长问责不充分问题时，我国需要逐步加大政府环境责任公益诉讼力度。尽管美国、日本和德国的政府环境责任问责实践显示，司法介入是建立水污染防治问责制度、确保河长制落实的重要途径，但限于我国现行司法体制背景，在健全以河长制为代表的环境问责制度方面，我国更有条件采取的措施是逐步加大政府环境责任公益诉讼力度。

政府要切实承担使污染产生者充分配合实施环境治理措施的责任，完善污染产生者配合实施环境治理措施绩效考评政策。第一，设置绩效考核评比机构。在乡镇成立“农业生产、村民生活污染治理行动领导小组”，由该小组牵头成立绩效考核评比机构，对辖区内农业生产者、村民配合实施环境治理措施进行绩效考评。第二，健全考核评比指标体系。建立农业生产、村民生活污染治理市场主体治污条件指标，包括种植和养殖剩余物未被废弃指标、污水入管道指标、垃圾入桶指标等。第三，专设各村互评指标且村规民约充分吸纳互评指标。其一，专设各村互评指标。在考评指标中，考核评比机构专门设置对各村污染产生者配合实施环境治理措施进行绩效考评的各村互评指标，以使各村互评活动具有实质性内容并有质量、有保障。其二，村规民约充分吸纳互评指标。其三，使各村互评制度化。互评活动应当被安排在考核评比机构对各村开展综合考评之前。第四，考评结果直接应用于污染产生者。其一，依据考评最终结果，乡镇政府在对相关村挂点领导、包村组长、村书记、主任进行奖罚的同时，也要求相关村民委员会对本村涉事的具体农业生产者、村民进行奖罚。其二，相关村民委员对具体农业生产者、村民进行奖罚时，以村规民约为依据，不仅仅局限于发放奖金或进行罚款。其三，若相关村没有将考评结果应用于污染产生者，则该村主任、书记做出书面说明或被约谈。

政府要切实承担农村环境监管责任，就要健全农村环境质量监测社会化制度并建立农业生产、村民生活污染治理监理制度。第一，健全农村环境质量监测社会化制度。其一，以法律法规形式界定社会化农村环境监测领域，即在《关于推进环境监测服务社会化的指导意见》的基础上，出台类似于“农村环境监测服务社会化的指导细则”，明确界定向社会化环境监测机构开放的农村环境监测领域。其二，强化政府购买制度以规范农村环境监测服务社会化方式，即按照财政部于 2020 年发布的《政府购买服务管理办法》，在购买农村环境监测服务时，政府要严格落实招投标制度。其三，制定农村环境污染治理法律法规，为社会化环境监测机构开展农村环境质量监测提供基本法理依据。第二，建立农业生产、村民生活污染治理监理制度。其一，建立农业生产、村民生活污染治理项目三方管理体制。在农村环境监管有关部门或机构统一监督管理之下，农业生产、村民生活污染治理项目发包方、污染治理市场主体和污染治理监理单位三方直接参与项目管理。其二，明确农业生产、村民生活污染治理市场主体、项目发包方与监理单位间的相互关系。农业生产、村民生活污染治理监理单位与污染治理项目发包方之间是平等关系、授权与被授权关系、经济合同关系。农业生产、村民生活污染治理市场主体与污染治理项目发包方之间是平等关系。农业生产、村民生活污染治理监理单位与污染治理市场主体之间是监管与被监管、指导与被指导关系。农村环境监管有关部门或机构与农业生产和村民生活污染治理市场主体、污染治理项目发包方和污染治理监理单位之间是管控与被管控关系。

第六章　市场分责积极性的激励与分责落实

要建立健全市场主体分担责任机制，将农业生产、村民生活污染整治由政府担责向市场主体分担责任推进，政府就要以主导方式充分激发市场主体承担农业生产、村民生活污染治理公共服务生产的责任和积极性，并确保市场主体落实约定责任。本章采用案例分析法和政策文本分析法，剖析市场主体担责积极性不高和不实的原因，提出充分激发市场主体担责积极性并确保市场主体落实约定责任之具体措施。选用的案例源于课题组成员实地调研，案例内容要点、案例具有典型性之原因等参见附录一。

第一节　完善公共服务市场化机制

要充分激发市场主体承担农业生产、村民生活污染治理公共服务生产的责任和积极性，依据公共物品或服务供给方式理论，政府必须完善农业生产、村民生活污染治理公共服务市场化机制。以梳理我国农业公益服务、乡村清洁工程项目建设与运行市场化基本面为切入点，结合实地调研，剖析我国农业生产、村民生活污染治理公共服务市场化机制运行中存在的问题及原因。结果表明，当前，在农业生产、村民生活污染治理公共服务市场化机制创新方面，由于公共服务购买经费不足、政府购买服务不规范、项目合同管理行政化以及农业生产者和村民未充分缴费，所以市场主体承担农业生产、村民生活污染治理公共服务生产责任的积极性不高。而在这方面造成市场主体担责积极性不高的深层次原因是，政府没有配备用于开展市场化业务的专项资金和机构、补贴机制不完善、没有设计契约以让污染产生者配合缴费。在此基础上，提出完善农业生产、村民生活污染治理公共服务市场化机制之具体措施。

一　农业公益服务、乡村清洁工程项目建设与运行市场化基本面

（一）农业公益服务市场化现状

我国已形成以政府公益服务机构为主导、私人经营性组织、政府与私人合作组织广泛参与的农业公益服务市场化体系。农业部农村经济经营与管理司、农业经济经营管理总站于2016年对全国29个省、自治区、直辖市86个县（市、区）所做的调研分析表明，我国政府主导的农业公益服务体系已初步形成，同时私人经营性组织提供农业公益服务体系也已初步形成。第一，政府主导的农业公益服务体系初步形成。我国已建立起人员总数超过120万的五级政府农业公益服务机构，其中，县乡两级机构约有19.6万个。在这19.6万个机构中，78.9%即约15.5万个为乡级公益服务机构。第二，我国私人经营性组织提供农业公益服务体系也已初步形成。当前，我国提供农业公益服务的市场主体数量超过428万个、服务人员数超过2300万，市场主体类型包括病虫害防治专业合作社、村户沼气服务站、农业产业化龙头企业等。第三，政府与私人合作组织快速发展。首先，村集体公益服务组织在农业农村水利设施建设、道路交通、农田灌溉等公益事业方面发挥着重要的统一服务功能。[①] 截至2017年底，全国近60万个村级集体经济组织的账面资产总额为3.44万亿元，村均610.3万元；集体所有的土地资源66.9亿亩；全国完成集体经济组织产权制度改革的村已超过13万个。[②] 其次，截至2018年，我国依法登记的农民专业合作社超过200万个，初步构建起了合作社内部多层级公共服务体系，它在农技推广、农资供应等方面发挥着其他组织不可替代的

---

① 关锐捷，周纳．政府购买农业公益性服务的实践探索与理性思考［J］．毛泽东邓小平理论研究，2016（1）：44－51．

② 2017年农村集体经济组织资产情况［EB/OL］．［2018－11－06］．http://journal.crnews.net/ncjygl/2018n/d10q/bqch/107643_20181106111822.html．高云才．十三万个农村集体经济组织完成改革［N］．人民日报，2018－11－19（003）．

重要作用。

政府公益服务机构、政府与私人合作组织、私人经营性组织所提供的农业公益服务内容各有侧重。政府公益服务内容主要包括农技推广、农经管理、疫病防控、农业综合服务、农产品质量监管等。政府与私人合作组织即村集体公益服务内容主要包括支付农田基本建设费用、补贴粮食生产、投资小水利工程修建、提供统一灌溉服务、组织技术培训等；农民专业合作社专注于为农户提供产前、产中和产后服务，包括物资供应、技术指导和市场营销。私人经营性组织公益服务内容主要包括诊疗动物、防治病虫害、经销和维修农机等。

（二）乡村清洁工程项目建设与运行市场化现状

前已述及，乡村清洁工程始于2005年，其重要内容包括集中处理村民生活污水和垃圾。集中处理村民生活污水和垃圾在当前主要有两种模式，一种是传统的政府建设与运行设施模式，另一种是PPP模式。第一，传统的政府建设与运行设施模式。该模式的主要特征是政府建设并运行村民生活污水和垃圾处理设施。在污水处理方面，乡镇政府出资建设村庄—城镇污水管网连通工程以及污水集中处理设施，并由乡镇政府负责运行设施、对污水管网进行维护以及对活性污泥进行资源化利用。在垃圾处置方面，乡镇政府出资建设村庄垃圾收集站点、垃圾中转站，村民生活垃圾或者被填埋，或者通过“村收集—乡或镇转运—县或市处理”方式被县或市政府有关部门集中处置。当前，主要依靠政府建设与运行，我国有3.3%的村庄村民生活污水得到集中处理，10.9%的村庄村民生活垃圾被集中处置。[①] 第二，PPP模式。财政部于2017年发布《关于政府参与的污水、垃圾处理项目全面实施PPP模式的通知》，不仅规定政府在参与新建污水、垃圾处理项目时要全面采用PPP模式，而且规定各地政府要将自身存量污水和垃圾处理项目运行方式转变为PPP模式。中共中央办公厅、国务院办公厅于2018年发布《农村人居环境整治三年行动方

---

① 徐顺青，逯元堂，何军，等．农村人居环境现状分析及优化对策［J］．环境保护，2018（19）：44－48.

案》，进一步要求地方政府以 PPP 模式建设和运营污水垃圾处理项目。PPP 模式的主要特征一是社会企业建设并运行污水垃圾处理设施，二是设施运行费用主要由政府出资，政府与企业在建设和运行村民生活污水垃圾设施方面形成伙伴关系。

（三）农业公益服务、乡村清洁工程项目建设与运行市场化特征

当前，农业公益服务、乡村清洁工程项目建设与运行市场化特征主要是，农业公益服务、乡村清洁工程项目建设与运行迫切需要进一步市场化。第一，农业公益服务迫切需要进一步市场化。这是因为，我国持续推进的以增效为目标，以减人、减事、减支为内容的乡镇机构改革使农技推广、质量监管等政府农业公益服务机构或者被撤销，或者被兼并，导致政府提供的农业公益服务严重不足，直接促使广大农户、新型农业经营主体等农业生产者对市场化的农业公益服务产生迫切需求。第二，乡村清洁工程项目建设与运行迫切需要进一步市场化。如上文所述，这是国家方针政策使然。

综上所述，在农业公益服务、乡村清洁工程项目建设与运行迫切需要进一步市场化的大背景下，农业生产、村民生活污染治理公共服务也必然迫切需要进一步市场化。事实上，在这方面，如下所述，全国各地正在积极创新农业生产、村民生活污染治理公共服务市场化机制，取得了一定成绩，但更重要的是积累了宝贵经验。

二　农业生产、村民生活污染治理公共服务市场化机制创新及问题

基于实地调研，本部分选取河北省“邱县做法”、甘肃省“庄浪县做法”、南平市延平区畜禽粪便污染治理、甘肃高台县农膜回收加工利用、浙江省杭州市村民生活污水处理设施运维为典型案例，对我国农业生产、村民生活污染治理公共服务市场化机制创新进行梳理，挖掘其中存在的问题。需要说明的是，本章第二节和第三节也选取这些案例进行有关研究，对此不再另做说明。

（一）种植过程污染治理公共服务市场化机制创新及问题

河北省邱县于 2016 年成功增列为河北省省级现代农业和农业可持续

发展试验示范区创建县，并成为全国政府购买农业公共服务机制创新试点县。在政府购买农业公共服务机制创新试点中，河北省邱县政府向市场购买6万亩小麦病虫害统防统治技术服务和11万亩农机深松技术服务，形成了“邱县做法”。[①] 庄浪县于2017年被农业部认定为全国休闲农业和乡村旅游示范县，在政府购买农业公共服务机制创新试点中，该县向市场购买小麦、马铃薯重大病虫疫情防控技术服务，形成了“庄浪县做法”。由于病虫害统防统治、重大病虫疫情防控有利于减少农药施用量，而农机深松有利于减少化肥流失量，所以“邱县做法”和“庄浪县做法”可归结为种植过程污染治理公共服务市场化机制创新试点。

1. 河北省“邱县做法”

“邱县做法”流程可分为三部分。第一，遴选社会化服务主体。县农牧局采用公共项目管理办法，混合使用公开招标、邀请招标和竞争性谈判工具，利用市场竞争机制购买绿色农业种植技术服务。县农牧局要求服务主体一要有经营资质，即有厂地、有机械、有财务管理；二要有作业和信誉条件，即有作业标准、有3台以上150马力机械、业绩良好。最终，2家私人公司、1家合作社和1家农资门市（个人）共4家服务主体胜出。为保障政府购买效果，服务主体与服务对象（即农业生产者或农户）签订服务合同，约定服务范围、装备要求、质量、付费标准及违约责任等。第二，对所购买的服务实施质量控制。在试点村，至少有一名质检员与服务对象共同监督服务过程，监督方式是利用电子设施对服务过程进行摄像、拍照。第三，项目验收。在项目完成后，服务主体提出结项申请，县农牧、财政、审计等部门对项目联合验收。通过验收的项目，由县财政局拨付补贴资金；若未通过验收，如若服务主体所服务的合格面积小于85%，则县财政局不对该服务主体给予补贴。

2. 甘肃省“庄浪县做法”

“庄浪县做法”也分为三部分。第一，招投标与签订合同。县农牧局以“公开、公平、公正”原则公开招标，要求投标的服务主体首先要具

---

① 王永杰．政府购买农业公益性服务实践与思考［J］．基层农技推广，2018（10）：61－63.

备营业资质，即服务主体要有营业执照、税务登记证、银行开户许可证、组织机构代码证；其次，服务主体必须具备绿色技术使用能力，有完善的管理制度、疫情防控专业技术人员、防控设备和固定办公场所。最终，天水锦亿源实业有限公司等5家公司和庄浪县朱店镇腾龙专业合作社等2家合作社中标。中标的服务主体与县农牧局签订购买服务合同，同时与农业生产者或村组织也签订合同。第二，对所购买的服务实施质量控制。对所购买的技术服务质量，庄浪县农牧局予以严格的层级质量控制，规定村社负责人、乡镇驻点负责人、乡镇负责人都承担服务质量控制责任。在具体实施时，每个驻点负责人即驻点技术干部负责1个行政村，与村社负责人、植保技术人员共同对服务主体服务过程实施监管。第三，项目结项。按照服务主体所提供的申请结项材料，县农牧局组织成立第三方效果评估小组。评估小组首先与乡（镇）负责人、村社负责人一同统计核实服务主体实际服务面积，之后，评估小组抽取每个服务主体所喷施面积的20%进行喷药前后防效对比评价。评价结果分为四个等次，不同等次可获得不同补助。评价结果差者，即防效低于60%者，县农牧局不对该服务主体给予补助。

3. *种植过程污染治理公共服务市场化机制创新存在的问题*

其一，购买农业生产过程污染治理公共服务业务经费不足。虽然邛县和庄浪县都成立了县级领导挂帅、农牧局牵头、相关部门参与的政府购买组织体系，也都成立了购买服务机制创新试点领导小组、技术指导服务小组、服务效果评估小组以开展购买服务业务，但县财政所划拨的用于开展购买服务业务的经费却极其有限。如邛县财政每年划拨4.5万元用于开展购买种植过程污染治理服务业务，但实际上，如果单靠这笔资金，该业务并不能开展。

其二，项目合同管理行政化。为了确保政府购买公共服务机制创新试点工作开展，邛县和庄浪县都建立了县领导主抓、乡村领导负责、县乡有关部门协作的购买服务机制。在该机制中，项目发包方即县农牧局对项目承接方即服务主体提供服务的过程进行行政检查，这使得政府对项目合同的管理行政化。

（二）养殖过程污染治理公共服务市场化机制创新及问题

福建省南平市延平区政府较早以政府购买服务方式将养殖户养殖过程污染整治任务委托给市场主体，形成了养殖过程污染治理市场化的延平模式。该模式当前已在福建省全境、长株潭试验区等地得到推广，其总体特征是，乡镇政府采用招投标方式与市场主体签订畜禽污染整治合同，后者依照合同约定，对养殖过程污染进行治理，从而使养殖户养殖过程污染治理市场化。

1. 南平炉下镇养殖过程污染治理公共服务市场化机制创新

南平市延平区养殖户畜禽粪便污染治理之所以走在全省乃至全国前列是因为，南平市延平区地处闽江水源地，其河流水质受污染程度直接影响到闽江下游地区如福州等地水质的好坏。也基于此原因，相对于福建省其他地方政府，南平市延平区政府面临的畜禽粪便整治压力最大，其对畜禽粪便污染的整治力度相应也最大。

延平区生猪养殖过程污染的形成有其特殊历史原因。20 世纪 90 年代，闽江水电站在南平开工建设，大量农地被征用，延平区所辖的炉下、樟湖、太平等乡镇大量农民因而失地。为让农民有稳定收入，延平区政府大力推动生猪养殖，使延平区迅速成为福建省重要的生猪养殖基地之一（如仅在炉下镇的 10 个行政村，2016 年养殖户养殖生猪出栏就有近 30 万头）。与此同时，延平区生猪养殖过程污染开始出现并形成——在鼎盛时期，延平区生猪粪尿年产量接近 1000 万吨，这些粪尿中的绝大部分被直接排入溪流，致使延平区多数河流受到严重污染而成为劣五类污染水。

面对严重的养殖户养殖过程污染，考虑到延平区生猪养殖过程污染形成的特殊历史原因，延平区政府对养殖户养殖过程污染治理模式进行创新，于 2014 年 4 月与正大欧瑞信生物科技开发有限公司签订“关于延平畜禽养殖循环经济与南坪溪水体修复项目框架协议”，意在实现全区养殖户养殖过程污染治理市场化。在“关于延平畜禽养殖循环经济与南坪溪水体修复项目框架协议”引领下，在养殖过程污染治理市场化实施层面，炉下镇政府与正大欧瑞信生物科技开发有限公司签订了畜禽养殖污染物零排放项目合同，将镇内 7 个村生猪养殖户养殖过程污染治理责任委托给后者。具体而言，由正大欧瑞信生物科技开发有限公司利用猪粪在其有机肥加工车间制有机肥，利用生猪尿液制液肥，并将养殖污水进行净化处理后排放。

为激发正大欧瑞信生物科技开发有限公司承担生猪养殖户养殖过程污染治理责任，炉下镇政府在合同中做了如下规定，第一，为保证正大欧瑞信生物科技开发有限公司治污质量，炉下镇政府要求养殖户将养殖场内粪便先做预处理，即将粪便和尿液做干湿分离。第二，对正大欧瑞信生物科技开发有限公司建设污染防治设施，炉下镇政府补贴其50%农田租用租金并补贴其建设用地（建设用地价格最终为每公顷35万元），减免其（环境服务）税收，并给予奖励补助。第三，炉下镇政府按照每月每平方米猪栏2元的标准向养殖户收取养殖污染治理费，收费过程由镇政府负责，每季度向养殖户收取一次。在合同之外，炉下镇对正大欧瑞信生物科技开发有限公司给予用地支持，包括向后者提供工业用地42亩，以土地流转方式向后者出租官庄村1000亩土地，在各小流域向后者流转撂荒农地等。

2. 南平炉下镇养殖过程污染治理公共服务市场化机制创新存在的问题

第一，养殖户承担配合实施污染治理措施责任不足。在炉下镇养殖户养殖过程污染治理市场化实践中，治理项目合同主体是政府与项目承接企业，政府承担污染治理主体责任，项目承接企业承担约定的污染治理责任。此时，作为污染产生者的养殖户，其承担的配合实施污染治理措施的责任无论是在公法上还是在私法上都未被明确：在公法上，分散的养殖户若达不到规模养殖标准，就不受《畜禽规模养殖污染防治条例》制约；而在私法上，由于非规模养殖户并未与政府或治理企业签订契约，所以他可以不实质性承担配合实施污染治理措施责任。

第二，农业生产者未充分缴费。这突出表现为政府未能收齐养殖户应缴纳的污染治理费。在炉下镇养殖户养殖过程污染治理市场化实践中，约40%的养殖户没有缴纳污染处理费。对此，政府只能动用财政来补齐应向正大欧瑞信生物科技开发有限公司支付的污染治理资金缺口。

（三）农膜回收加工利用公共服务市场化机制创新及问题

我国各地都存在因废旧农膜处理不当而造成的环境污染问题，这其中，山东、新疆和甘肃三省区的情况最为突出，相应地，这三省区政府整治废旧农膜污染的力度也最大。为此，甘肃省人民代表大会常务委员会于2014年发布了我国首部地方性废旧地膜回收利用法规《甘肃省废旧农膜回收利用条例》，其省委、省政府亲自挂帅建立了废旧农膜回收利用工作目标责任制，其省农牧厅与各州市农牧业部门就废旧农膜回收利用签订了目标责任书。甘肃省不仅建立了农膜回收加工利用体制，还创新了农膜回收加工利用市场化机制，这集中体现在高台县政府建立的废旧农膜回收加工利用体系中。高台县是国家农业可持续发展试验示范区创建县，被农业农村部等8部委于2018年确定为我国第一批国家农业可持续发展试验示范区创建县区。

1. 高台县农膜回收加工利用公共服务市场化机制创新

高台县政府于2018年制定了《高台县农业绿色发展先行先试工作方案（2018—2020年）》。依据该方案，高台县建立了被喻为废旧农膜“消化道”的“农民捡拾交—回收网点收售—企业加工利用”废旧农膜回收加工利用体系。具体而言，第一，全县共建立105个县级和乡镇级废旧农膜回收站，其中12个为专业化回收站。回收站在以每千克1元的价格收购农民捡拾的废旧农膜，同时，按照不小于5.685千克旧膜（折纯）兑换1千克新膜的比例开展旧膜换新膜行动（甘肃省其他县也开展了旧膜换新膜行动，如在榆中县，农业生产者每交2千克废旧农膜就可获得相当于1千克新膜的财政补贴，或每交6千克旧膜就可换取1千克新膜；在武山县，农业生产者每交7千克旧膜换1千克新膜）。第二，高台县农业局与5家企业签订废旧农膜包片回收加工利用责任书和协议书。按照约定，签约的5家企业以每吨300元的价格购买12个专业化农膜回收站内的废旧农膜，并对废旧农膜实施资源化利用，包括利用废旧农膜生产再生塑料颗粒、利用废旧农膜生产下水井圈等。第三，高台县对废旧农膜回收加工利用企业给予财政奖励和补贴。企业每回收加工利用1吨旧膜便可获得100元财政奖补；若初创企业再生颗粒实际产能在200吨以上，则该企业一次性获得设备补助款 5 万～10 万元；若企业每年回收加工利用废旧农膜在 2000 吨以上，则该企业享受 50% 的贴息；若企业包片区内废旧农膜回收率在 80% 以上，则该企业每回收利用 1 千克旧膜获得财政奖补 1 元。

2. 高台县农膜回收加工利用公共服务市场化机制创新存在的问题

高台县废旧农膜市场化回收加工利用项目合同管理行政化。废旧农膜回收加工利用市场是不稳定市场，主要表现为，当石油价格下降时，再生塑料颗粒及塑料产品市场价格会迅速走低，废旧农膜回收加工利用行业利润相应地迅速变薄，这客观上要求废旧农膜加工利用按照市场规律企业减少开工。但是，高台县农业局为了完成废旧农膜回收加工利用方面的行政指标，单方面要求企业签订废旧农膜包片回收加工利用责任书。签订行政责任书，首先意味着企业同政府之间不是平等的私法主体，违背了签约双方自愿原则；其次意味着企业经营行为受到行政管控，即企业经营行为被纳入了行政管理体系中。显然，高台县农业局对废旧农膜市场化回收加工利用项目合同的管理行政化了。

（四）村民生活污水处理公共服务市场化机制创新及问题

浙江省环境污染整治市场化起步较早且发展较快，尤其是杭州市，凭借其较为发达的民营经济，杭州市率先在全省甚至全国范围内将社会资本引入建设和运行乡村污水处理设施，创新了乡村污水处理市场化机制。

1. 杭州市村民生活污水处理公共服务市场化机制创新

2016 年以来，在推进生活污水处理市场化方面，浙江省已经出台七项制度，包括《浙江省县（市、区）农村生活污水治理设施运行维护管理导则》（以下简称《导则》）、《浙江省县（市、区）农村生活污水治理设施运行维护管理办法》（以下简称《管理办法》）、《浙江省农村生活污水治理设施运维管理工作考核方案》（以下简称《考核方案》）等。

《导则》规定，运行和维护村民生活污水处理设施的主体宜为第三方运维服务机构，该机构由县或乡镇运维管理牵头部门通过招投标确定。县政府负责对乡镇政府处理村民生活污水工作进行目标考核，而乡镇政府负责监督第三方运维服务机构工作。村组织签订运维管理目标责任书，负责配合乡镇政府监督第三方运维服务机构工作，落实监督负责人和监督员，并接受乡镇政府就该项工作对其进行的考核。《导则》规定，村民是受益主体，应当遵守“村规民约”，确保生活污水进入管网，做好户内管网（含化粪池）日常维护工作。

《管理办法》对第三方运维服务购买主体、经费保障做了规定。第一，在运维服务购买方面。《管理办法》规定，第三方运维服务购买主体为运维管理牵头部门。在具体实施时，杭州市有些区县安排住房和城乡建设局负责实施购买（如西湖区），有些区县则安排为环保局负责实施购买（如淳安县）。第二，在经费保障方面。《管理办法》要求各区县将运行和维护村民生活污水处理设施费用列入财政预算。在具体制定预算时，各区县测算运维费用的方法有所不同。在西湖区，运行和维护村民生活污水处理设施费用由日常运维和运维专项经费两部分构成。日常运维费按在册受益村民数乘以运维经费招标价计算（实为每户村民支付 150 元），运维专项经费按实际市场运维电价、设施设备检修和重购价、运维监管价等计算。

《考核方案》规定，实施运维服务购买的县或乡镇政府对第三方运维服务机构实施绩效考核，并依据考核结果，依照考核等级对第三方运维服务机构提供的服务付费。具体实施时，运维管理牵头部门会同农办、环保、财政等部门以及村委会有关人员，按照合同约定条款对第三方运维服务机构进行考核，考核指标包括运维服务机构的组织建设指标、档案资料指标、管网系统指标、处理终端指标、水质达标指标等。

2. 杭州市村民生活污水处理公共服务市场化机制创新存在的问题

第一，政府购买服务不规范。杭州市第三方运维服务购买主体为县或乡镇运维管理牵头部门，具体而言是住房和城乡建设部门、环境保护部门等。无论是哪一个部门承担购买第三方运维服务，它都是“兼职”从事购买村民污水治理工程或服务，因其本职工作并不是专职实施政府购买。在这种情况下，各部门购买第三方运维服务不规范，反映为多数乡村污水处理设施尾水水质不达标。2017 年，杭州市余杭区环保部门对本辖区474座农村生活污水处理设施尾水水质达标率进行抽查，结果显示，达标率仅为38.3%。进一步调查表明，余杭区农村生活污水处理设施尾水水质达标率之所以如此低，是因为这474座由农业部门“兼职”购买的村民生活污水处理设施建设工程质量太差，绝大部分不能对污水进行有效处理。

第二，村民未充分缴费。村民是污水处理受益主体，应当承担一定的污染治理费用；同时，村民又是污水的产生者，有责任配合实施污染治理措施，包括支付一定的污水处理费。然而实际情况是，杭州市村民对污水治理费用的支付还有待落实，正如《导则》所言“乡镇政府要筹措治理设施运行维护管理资金，探索农户支付污水治理费用的方式”。

（五）小结

综上所述，农业生产、村民生活污染治理公共服务市场化机制创新存在的问题可概括为四个方面，即农业生产和村民生活污染治理公共服务购买经费不足、政府购买服务不规范、项目合同管理行政化、农业生产者和村民未充分缴费。这些问题同样出现在前述南平市霞霞丽乡政府购买保洁服务过程当中：源溪前村村民未缴纳每年每户60元的保洁费，乡政府要求保洁公司签订保洁服务责任状从而使保洁公司运行行政化，保洁公司所得报酬不能确保按约定时间支付等。

由于农业生产和村民生活污染治理公共服务购买经费不足、政府购买服务不规范、项目合同管理行政化以及农业生产者和村民未充分缴费，所以市场主体承担农业生产、村民生活污染治理公共服务生产责任积极性不高。事实上，课题组成员在调研中了解到，鉴于提供污染治理服务应按时、足额得到报酬保障性不足（如霞霞丽乡保洁公司应得的垃圾处理费常常被延期支付）、履约过程受到较强行政干预，霞霞丽乡保洁公司、高台县废旧农膜回收加工利用企业、正大欧瑞信生物科技开发有限公司等公司和企业普遍缺少将污染治理公共服务项目进一步做大做强的意愿。

三　导致问题产生的原因

（一）没有配备专项资金

在购买农业生产、村民生活污染治理公共服务时，政府没有配备用于开展农业生产、村民生活污染治理公共服务市场化业务的专项资金。当前，尽管各地政府陆续开展环境治理公共服务市场化业务，但所开展的业务尤其是农业生产污染治理市场化业务大多是先前农业生产公益服务项目的延伸，开展业务所需资金也是源于先前公益服务项目专项资金。同时，当前开展农村环境治理公共服务市场化业务大多是对先前有关工作的整合，各地财政并未设置用于开展农业生产污染治理公共服务市场化业务的专项资金，这就造成在开展购买农业生产污染治理公共服务时业务经费不足。

（二）没有设置专门机构

在购买农业生产、村民生活污染治理公共服务时，政府没有设置专门购买农业生产、村民生活污染治理公共服务的机构。虽然我国正式实行政府购买服务制度已经有一段时间，但我国至今并未设置专门负责购买公共服务的机构，这导致我国公益服务市场化的决策者和市场化的执行者合二为一。具体到农业生产、村民生活污染治理公共服务市场化，无论是住建部门、生态环境部门还是农业农村部门，其污染治理公共服务市场化的决策机构人员和执行机构人员都合一使用，即这些人员既承担市场化决策职能，又直接从事市场化活动。在这种决策者和执行者合一的情况下，政府购买服务很难规范化。

（三）补贴机制不完善

在对农业生产、村民生活污染治理市场主体实施财政补贴时，补贴机制不完善。农业生产、村民生活污染治理公共服务市场化所对应的项目运行之所以行政化，是因为政府财政补贴并不能确保市场主体抵御市场风险，而政府对此又十分清楚，所以就要求市场主体签订责任书，即将市场主体经营行为纳入政府行政管理体制，以此确保市场主体在任何情况下都承担农业生产、村民生活污染治理责任。也就是说，要求市场主体签订责任书，是要消除市场主体在遭受风险损失时承担履约责任的不确定性，其实质是弥补补贴机制不能很好地抵御市场风险的不足。

（四）没有设计契约以让农业生产者、村民配合缴费

无论是购买农业生产、村民生活污染治理公共服务，还是对农业生产、村民生活污染治理市场主体实施补贴，大多数政府有关部门都没有设计契约以让农业生产者、村民配合缴费。尽管在其农业生产、村民生活污染治理公共服务市场化机制创新实践中，各地政府都要求农业生产者、村民配合向市场主体支付污染治理费，但是，因为这些要求并未实质性进入项目契约，所以农业生产者、村民往往不配合缴纳污染治理费。

四　完善农业生产、村民生活污染治理公共服务市场化机制的具体措施

（一）设置市场化的污染治理公共服务目录

只有将需要购买的农业生产、村民生活污染治理公共服务列入购买服务目录，有关部门或机构才能够对相应的项目进行立项，并配备开展业务所需的专项资金。按照2017年环境保护部发布的《环境保护部政府购买服务指导性目录》，包括农业生产、村民生活污染治理的环境治理虽然已经被列为二级目录，但其对应的三级目录却只包括环境保护舆情监控、环境保护成果交流与管理、环境保护信息公开管理及信息发布。也就是说，该目录并未涉及环境治理公共服务购买。对此，当前重点应进一步完善政府购买农村环境治理公共服务目录。首先，深化农村环境治理公共服务目录，将农业生产、村民生活污染治理公共服务增列为三级目录。其次，细化农业生产、村民生活污染治理公共服务目录，在该三级目录下增列节水灌溉治污、化肥减施、农药减施、畜禽粪便资源化利用、农膜回收再加工、秸秆资源化利用、村民污水治理设施运维、村民垃圾处理等四级目录。

（二）设置污染治理公共服务市场化业务专门执行机构

地方政府设置专门的、配备专门人员的农业生产、村民生活污染治

理公共服务市场化业务执行机构，该机构工作职责重点包含以下两方面内容，其一，该机构负责农业生产、村民生活污染治理公共服务市场化所对应的项目招投标工作的开展。其二，在确定项目承接方之后，该机构负责制定项目监管制度，采取相应措施对项目承接方所提供的污染治理服务质量进行监管。在设置专门的农业生产、村民生活污染治理公共服务市场化业务执行机构之后，相应地，住建、生态环境、农业农村等部门承担的农业生产、村民生活污染治理公共服务市场化职责主要有两方面内容，一是制定农业生产、村民生活污染治理公共服务市场化方案，二是对本部门内农业生产、村民生活污染治理公共服务市场化业务执行机构的工作情况进行绩效考核。

（三）对污染治理市场主体实施风险补贴

当前，各地政府有关部门在对农业生产、村民生活污染治理市场主体实施补贴时，主要是以市场主体工作量如处理污染物量多少、工作面积大小等为依据进行补贴。以工作量为依据进行补贴具有显著优点，即它能激励市场主体积极生产，如多处理污染物、扩大工作面积等。但是，对于市场主体尤其是资源化利用农业废物来加工产品的市场主体而言，这种方式的补贴在激励其多产出的同时也为其带来风险，即市场主体多产出可能导致产品数量、产品价格和单位产品变动成本突破亏损点，致使自身亏损。为此，应当在以工作量为依据对市场主体进行补贴的基础上引入风险补贴。具体而言，当市场主体因履约而出现亏损时，政府有关部门对市场主体经营过程进行盈亏平衡分析，若认定这种亏损是因产品价格低于平衡价格而引起，或是因可变成本高于平衡成本而引起，则政府有关部门就对市场主体给予亏损补贴。实施这种补贴的最大好处是，政府不必再要求市场主体签订责任书，从而避免在农业生产、村民生活污染治理公共服务市场化过程中产生政府对项目合同的管理行政化问题。

（四）设计契约以使农业生产者、村民承担向市场主体付费责任

要推进农业生产、村民生活污染治理公共服务市场化，就必须让农业生产者、村民切实承担向市场主体付费的责任。在这方面，政府需完善契约设计。具体而言，政府同市场主体签订公共服务买卖契约时，要求市场主体与农业生产者、村民也签订同样内容的契约，并在付费条款中规定：政府是否向市场主体付费以及付费多少，取决于市场主体是否履行它同农业生产者、村民所签订的契约以及农业生产者、村民向市场主体支付的多少。此时，按照与政府所签契约，市场主体在同农业生产者、村民签订公共服务买卖合同时，唯有农业生产者、村民完成对市场主体所提供服务之首次支付，政府才能以该首次支付为基准对市场主体实施财政支付。通过对契约进行这种设计，政府间接调动农业生产者、村民承担向污染治理市场主体付费的积极性。如前所述，甘肃省庄浪县农牧局就在其种植过程污染治理公共服务市场化机制创新中实践了这种契约设计，取得了较好的农业生产者按约定向市场主体付费的效果。

第二节　完善污染治理产业扶持政策

要充分激发市场主体承担农业生产、村民生活污染治理公共服务生产责任的积极性，依据公共物品或服务供给市场化的方式方法理论，政府还要对私人组织供给公共服务活动给予经济资助。其实践指导意义是，要充分激发市场主体承担农业生产、村民生活污染治理公共服务生产责任的积极性，政府还必须以产业化为导向，完善农业生产、村民生活污染治理产业扶持政策。梳理我国当前环境治理产业扶持政策现状，结合实践，分析这些政策在扶持农业生产、村民生活污染治理产业发展方面存在的问题及原因。结果表明，在农业生产、村民生活污染治理产业扶持政策实施方面，由于部分类型市场主体难以享受税收优惠和绿色信贷政策、市场主体享受土地划拨和优惠用电价格政策存在不确定性与依附性以及环保部门向种植污染防治者提供技术指导和向后者示范先进适用性技术不足，所以市场主体承担农业生产、村民生活污染治理公共服务生产责任的积极性不高。而在这方面造成市场主体担责积极性不高的深层次原因是，税收优惠和绿色信贷政策没有完全覆盖农村环境污染治理服务业，用电价格优惠和土地划拨政策缺少使市场主体治污所产生的环境正外部效应内部化目标，落实农业种植过程污染防治技术服务政策能力不足。在此基础上，提出完善农业生产、村民生活污染治理产业扶持政策之具体措施。

一　农业生产、村民生活污染治理产业扶持政策现状

当前，在扶持农业生产、村民生活污染治理产业发展方面发挥较大作用的政策主要包括，电价、土地优惠政策，税收优惠与绿色信贷政策，环境污染治理技术服务政策等。

（一）电价、土地优惠政策

1. 电价优惠政策

当前我国电价优惠政策主要在三个领域实施，第一，污水处理领域。其一，当污水处理厂受电变压器容量在315千伏安及以上时，污水处理用电执行大工业平段用电价格，并按容量计收基本电费；当受电变压器容量在315千伏安以下时，污水处理用电执行一般工商业用电价格，并按供电电压等级及结合用电时段执行相应的用电价格标准。其二，到2025年底以前，对实行两部制电价（把基本电价和用电量电价结合起来计算电价，其中基本电价对应于用电设备容量，电量电价对应于用电量）的污水处理企业免收容量电费。第二，可再生能源发电领域。依据2006年国家发展和改革委员会发布的《可再生能源发电价格和费用分摊管理试行办法》，我国对生物质发电企业（包括焚烧垃圾发电企业、利用垃圾填埋场所产气体发电企业、燃烧秸秆发电企业、利用畜禽粪便和秸秆所产沼气发电企业等）实施补贴，补贴标准为每千瓦时0.25元（自2010年起，每年新批准和核准建设的生物质发电企业所获电价补贴比上一年新批准和核准建设的生物质发电企业所获电价补贴递减2%），补贴时限为15年。第三，农田灌溉、牲畜饲料加工领域。根据国家发展和改革委员会2013年发布的《关于调整销售电价分类结构有关问题的通知》，农田灌溉用电执行农业生产用电价格，牲畜饲料加工用电执行农副食品加工业用电价格。

2. 土地划拨政策

我国土地划拨政策内容经历了动态演变过程。1986 年，全国人民代表大会常务委员会通过《土地管理法》，我国首次以法律形式明确了实施土地划拨制度。1990 年，国务院发布《城镇国有土地使用权出让和转让暂行条例》，我国首次以法规形式规定了土地出让制度，确立了土地可有偿使用或无偿划拨使用的制度框架。1992 年，国家土地管理局发布《划拨土地使用权管理暂行办法》（该办法已于 2019 年 7 月废止），该法明确了划拨土地使用权转让、出租、抵押程序。1994 年，全国人民代表大会常务委员会通过《城市房地产管理法》，该法在规定了我国土地使用权制度是以有偿使用为主、以划拨为例外的同时，也限定了土地使用权划拨的范围。1998 年，全国人民代表大会常务委员会根据《城市房地产管理法》对《土地管理法》进行修订，对土地使用权划拨的范围进行了限制。2001 年，国土资源部印发《划拨用地目录》，该目录对划拨用地的范围再次进行细化，其中，公益事业用地被确定为划拨。

当前，我国土地划拨政策主要有三方面内容，一是对非营利性社会福利设施用地予以划拨，二是划拨方式为有偿划拨或无偿划拨，三是划拨期限可根据具体情况设定。在划拨土地方式方面，1995 年之前，我国实行划拨土地无偿使用制度，但 1995 年之后，《城市房地产管理法》（2009 年）修订规定，划拨土地使用权时，划拨对象人应缴纳补偿、安置等费用。在划拨土地使用期限方面，根据《城市房地产管理法（2009 年修订）》规定，以划拨方式取得土地使用权，除非法律、行政法规另有规定，一般没有使用期限制。[①]

（二）税收优惠与绿色信贷政策

1. 税收优惠政策

与农业生产、村民生活污染治理产业有关的税收优惠政策主要包括农业种植税收优惠政策、农业废弃物资源化加工利用税收优惠政策，以及污水垃圾处理税收优惠政策。

---

① 马火生．对土地划拨制度的梳理及思考［J］．探求，2017（2）：95－102.

首先，农业种植税收优惠政策。财政部、国家税务总局于2016年发布《营业税改征增值税试点过渡政策的规定》。根据该规定，税务部门对提供农业机耕、病虫害防治、排灌服务的组织免收增值税。

其次，农业废弃物资源化加工利用税收优惠政策。农业废弃物资源化加工利用税收优惠政策主要包括畜禽粪便综合利用实行税收优惠政策、秸秆综合利用税收优惠政策、农膜回收加工税收优惠政策。第一，畜禽粪便综合利用税收优惠政策。其一，财政部、国家税务总局于2015年在其发布的《资源综合利用产品和劳务增值税优惠目录》（以下简称《增值税优惠目录》）中规定，财政或税务部门对综合利用畜禽粪便、秸秆等制造生物质压块、沼气等燃料、电力、热力的组织，给予100%增值税退税。其二，按照《增值税优惠目录》和财政、税务部门关于有机肥生产税收优惠的规定，财政或税务部门对有机肥生产组织给予如下税收优惠：对生产经营有机肥、有机—无机复混肥料和生物有机肥的企业免征增值税，并对涉及综合利用作物秸秆、林业三剩物（采伐剩余物、造材剩余物和加工剩余物）的企业给予一定比例的增值税退税；允许有机肥生产企业在当年一次性于税前扣除新购入的500万元以下的设备、器具支出费用；提高享受减半征收企业所得税的小微有机肥生产企业的年应纳税所得额上限，即从50万元提高至100万元；取消关于有机肥生产企业对委托境外研发费用不得加计扣除的限制；将一般有机肥生产企业的职工教育经费税前扣除限额从2.5%提高至8%，以与高新技术企业的职工教育经费税前扣除限额相统一。第二，秸秆综合利用税收优惠政策。依据《增值税优惠目录》规定，财政或税务部门对秸秆加工企业给予一定比例的增值税退税。第三，农膜回收加工税收优惠政策。依照《资源综合利用产品和劳务增值税优惠目录》规定，财政或税务部门对将废旧农膜回收加工成再生塑料制品的企业（企业需通过ISO9000、ISO14000认证）给予50%的增值税退税。

最后，污水垃圾处理税收优惠政策。第一，污水处理税收优惠政策。其一，《增值税优惠目录》规定，财政或税务部门对污水处理企业先行全额征收其增值税，之后即征即退70%；同时该目录规定，若污水处理企业加工处理的污水水质符合国家标准（GB 18918—2002）有关规定（需环保部门出具相关检测报告），则财政或税务部门对该污水处理企业免征增值税。[①] 其二，《企业所得税法》规定，财政或税务部门在向公共污水处理企业征收所得税时，头三年免征，其后三年减半征收。其三，财政部、国家税务总局2008年发布的《关于执行环境保护专用设备企业所得税优惠目录、节能节水专用设备企业所得税优惠目录和安全生产专用设备企业所得税优惠目录有关问题的通知》规定，污水处理企业在利用自有资金或者向金融机构贷款购置并使用符合《环境保护专用设备企业所得税优惠目录（2017年版）》规定的环保专用设备时，按照购置金额的10%抵免企业所得税应纳税额，并且可以在以后五个纳税年度内结转抵免。第二，垃圾处理税收优惠政策。其一，《增值税优惠目录》规定，财政或税务部门对垃圾处理企业先行全额征收增值税，之后即征即退70%。其二，依照财政部、国家发展和改革委员会、国家税务总局发布的《关于公布环境保护节能节水项目企业所得税优惠目录（试行）的通知》规定，财政或税务部门在向生活垃圾处理企业征收所得税时，从该企业取得第一笔生产经营收入的纳税年度起，头三年免征，其后三年减半征收。

2. 绿色信贷政策

绿色信贷政策又称可持续融资、绿色融资或环境融资政策，是金融机构依据国家环境保护与产业发展政策设置信贷标准，将借贷资金投向环境友好型产业，促进经济社会可持续发展的金融政策。[②] 我国绿色信贷政策从无到有，在经历了二十几年的发展之后，目前已经基本建立起了系统的绿色信贷政策体系。1995年，中国人民银行发布《关于贯彻信贷政策与加强环境保护工作有关问题的通知》，要求金融机构按照《环境保护法》《信贷资金管理暂行办法》的规定对贷款项目进行环境审查，对不符合环保标准的项目不予授信。2007年，中国人民银行会同国家环保总局、银监会发布《关于落实环保政策法规防范信贷风险的意见》，明确规

---

① 张学军．税收优惠政策在污水处理企业执行中的问题与对策［J］．财经界（学术版），2016（33）：309、311．

② 詹小颖．我国绿色金融发展的实践与制度创新［J］．宏观经济管理，2018（1）：41－48．

定排污企业和金融机构都需要承担污染防治责任；同年，银监会发布《节能减排授信工作指导意见》，督促银行业金融机构调整和优化信贷结构，有效防范信贷造成的环境污染风险。2009 年，中国人民银行与银监会共同发布《关于进一步加强信贷结构调整促进国民经济平稳较快发展的指导意见》，要求全面落实绿色信贷政策，进一步加大涉农信贷投放，引导更多资金投向农村。2011 年，环境保护部会同中国人民银行、银监会共同启动“绿色信贷评估研究”“中国绿色信贷数据中心建设”等项目，为银行业金融机构开展绿色信贷、管理和评估环境风险提供权威信息支撑。2012 年，银监会印发《绿色信贷指引》，要求金融机构从组织管理、政策制度及能力建设、流程管理、内控管理与信息披露、监督检查等五个方面构建绿色信贷质量控制体系。2013 年，银监会发布《关于报送绿色信贷统计表的通知》，要求银行业金融机构和地方银监局开展绿色信贷统计工作，自此，我国 21 家主要银行绿色贷款情况每年分两次得到统计，统计结果以“国内 21 家主要银行绿色信贷统计数据汇总表”的形式向社会公布。2016 年，中国人民银行、农业部、环境保护部等七部委联合印发《关于构建绿色金融体系的指导意见》，提出发展绿色信贷、绿色保险和绿色证券的具体方案。这标志着我国绿色信贷政策体系基本形成。

（三）向环境污染防治者提供技术服务政策

依据环境保护部分别于 2007 年和 2012 年发布的《国家环境技术管理体系建设规划》《关于加快完善环保科技标准体系的意见》，环境保护部门向污染防治者提供技术服务，其内容有以下三方面。①

1. 向环境污染防治者提供治污技术评估服务

国家环境保护总局于 1991 年起开始筛选和评价国家环境保护最佳实用技术，之后，环境保护部于 2009 年发布《国家环境保护技术评价与示范管理办法》，规定由环境保护部门向环境污染防治者提供治污技术评估

① 高志永，汪翠萍，王凯军，等．我国环境技术管理体系的建设进程探讨［J］．环境工程技术学报，2013，3（2）：169－173．

服务。2010年，环境保护部批准在各地建设“环境保护技术管理与评估工程技术中心”，并规定地方环保部门通过该中心向环境污染防治者有偿提供治污技术评估服务。

2. 对环境污染防治给予技术指导

环境保护部门对农业生产、村民生活污染防治给予技术指导主要包括四方面内容。第一，制定畜禽养殖污染治理工程技术规范。环境保护部于2009年发布《畜禽养殖业污染治理工程技术规范》，制定了集约化畜禽养殖场（区）污染治理工程建设和运维技术标准，为污染防治者建设畜禽养殖污染治理工程、运行与管理设施设备提供技术指导。第二，制定农业生产、村民生活污染防治技术政策。环境保护部分别于2010年、2016年发布《农村生活污染防治技术政策》《畜禽养殖业污染防治技术政策》等，以指导有关污染防治者选取治污技术路线、制定治污技术参数、建设或购置治污设施设备。第三，制定农业固体废物污染控制措施标准。环境保护部于2010年发布《农业固体废物污染控制技术导则》，制定了秸秆、废旧农膜、畜禽粪便等农业固体废物污染控制措施标准，用以指导有关污染防治者以资源化、减量化、无害化为原则控制农业固体废物污染。第四，提供农业生产、村民生活污染防治技术指南。环境保护部于2013年发布《农村环境连片整治技术指南》、《规模畜禽养殖场污染防治最佳可行技术指南（试行）》和《村镇生活污染防治最佳可行技术指南（试行）》，用以指导有关农业生产、村民生活污染防治者选择最佳可行的污染防治技术。

3. 向环境污染防治者示范和推广先进适用技术

国家环境保护总局于1993年颁布《国家环境保护最佳实用技术推广管理办法》，规定环境保护部门负责在全国推广环境污染治理技术。自2006年起，我国环境保护部门每年颁布《国家先进污染防治技术示范名录》和《国家鼓励发展的（重大）环境保护技术（装备）目录》，以此向环境污染防治者示范和推广最佳实用治污技术。其中，被示范的技术是创新性技术，该类技术指标先进、治污效果好，且已达到实际应用水平；被推广的技术是在实践中证明为成熟、稳定，经济上可行的污染治理技术。

二 污染治理市场主体享受产业扶持政策存在的问题

（一）市场主体享受优惠用电价格和土地划拨政策存在的问题

1. 市场主体享受优惠用电价格存在依附性

按照《可再生能源发电价格和费用分摊管理试行办法》《国家发展改革委关于调整销售电价分类结构有关问题的通知》等规定，畜禽养殖废水、村民生活污水处理企业能够享受优惠用电价格。但是，由于畜禽养殖废水、村民生活污水处理企业用电实际上只是执行大工业和一般工商业用电价格，所以当大工业和一般工商业用电价格发生变动时，农业生产、村民生活污染治理市场主体所享受的优惠用电价格也会随之变动。也就是说，农业生产、村民生活污染治理市场主体并不能独立地享受优惠用电价格。

2. 市场主体是否享受土地划拨政策存在不确定性

《划拨用地目录》虽然规定了对非营利性社会福利设施用地可予以划拨，但并没有给出社会福利项目非营利性的认定标准。在实践当中，各地基层政府往往被授权自行界定社会福利项目的营利或非营利属性。如《广州市人民政府办公厅关于土地节约集约利用的实施意见》。在认定社会福利项目的营利或非营利属性时，市（县级市）有关行业行政主管部门自行制定“非营利性”“公益性”标准。这种授权基层政府自行制定社会福利项目的“非营利性”“公益性”标准的做法，使一个市场化的农业生产、村民生活污染治理项目，如村民污水集中处理项目既可能被认定为非营利性的，也可能被认定为营利性的。之所以该项目可能被认定为非营利性的，是因为当住房和城乡建设部门以 PPP 方式建设该项目而向社会招标时，该项目为公共项目而具有非营利性。而之所以该项目可能被认定为营利性的，是因为该项目的承包方以营利为目的建设和运行污染治理设施。这样，由于市场化的农业生产、村民生活污染治理项目的营利性或非营利性不确定，所以项目主体是否享受土地划拨政策也就不确定。例如，前述福建省南平市炉下镇政府在与正大欧瑞信生物科技开发有限公司签订购买合同与运营协议，将镇内 7 个村的非规模生猪养殖污染治理项目委托给后者时，后者就并没有享受土地划拨政策，而是以每公顷35万元的价格租用农地以建设污染治理设施。

（二）部分类型市场主体难以享受税收优惠和绿色信贷政策

1. 部分类型市场主体难以享受税收优惠政策

第一，税收优惠政策对象不覆盖提供水肥一体化、测土配方等服务的农业种植过程污染治理市场主体。第二，税收优惠政策内容主要针对加工型企业而设计，如明确规定了对畜禽粪便、秸秆、废旧农膜加工企业给予税收优惠的方式方法，但目前并没有规定具体以何种方式方法对收集、储存、运输秸秆和废旧农膜的服务型组织给予税收优惠。

2. 部分类型市场主体难以享受绿色信贷政策

从"国内21家主要银行绿色信贷统计数据汇总表"来看，目前我国绿色信贷业务主要由两部分组成，一是面向战略性新兴产业生产制造端实施贷款，二是面向节能环保项目和服务实施贷款。具体而言，绿色信贷总体上以节能为导向。金融部门在决定是否对某项目给予绿色信贷时，必须对该项目的节能减排量进行测算，其测算公式为：项目建成后的年节能减排量=(银行对项目的贷款余额/项目总投资）×贷款所形成的年节能减排量。[①] 显然，在农业生产、村民生活污染治理项目中，由于测土配方、统防统治、村民垃圾转运与填埋等项目并不属于节能环保项目和服务，或者说其节能减排量经测算后很低，所以这部分类型项目的市场主体很难切实享受绿色信贷政策。

（三）政府向种植过程污染防治者提供技术服务不足

1. 政府向种植过程污染防治者提供技术指导不足

2009年至今，环境保护部门所发布的用以指导农业生产、村民生活污染治理的技术主要包括，畜禽养殖污染防治技术、村民生活污水垃圾处理技术、农业固体废弃物污染控制技术、农用地土壤污染风险管控技术等，并未包括种植过程污染防治技术。

---

① 2013年至2017年6月国内21家主要银行绿色信贷数据［EB/OL］.［2018-02-11］. http://www.cnfinance.cn/articles/2018-02/11-27842.html.

2. 政府向种植过程污染防治者示范先进适用性技术不足

尽管我国自2006年起连年发布《国家先进污染防治示范技术名录》，但其中有关农业生产、村民生活污染治理的技术主要是农业废弃物资源化加工、村民生活污水垃圾处理等技术，缺少种植过程污染防治技术，如表6-1所示。

表6-1　《国家先进污染防治示范技术名录》中涉及农业生产、村民生活污染治理的技术

年份	涉及农业生产过程污染治理和农村污水垃圾处理的示范技术
2006	垃圾渗滤液处理技术、畜禽养殖场粪污处理和利用技术、村镇生活污染物分散处理技术、秸秆资源化综合利用技术（本年度出现过、后续年份对其进行完善后再次出现的技术不再列举）
2007	人工湿地污水处理与回用技术、生活垃圾焚烧处理系统技术、村镇生活污染综合治理技术、先进秸秆发电及其降低污染排放技术、秸秆板生产技术、畜禽养殖场粪污处理和利用技术
2009	污泥堆肥技术、高位池封闭循环生态养殖技术、用于污染控制和资源回收的源分离负压排水技术、农村生活垃圾双回路热解焚烧处理技术
2010	木薯渣饲料资源化技术、生活垃圾焚烧飞灰药剂卫生稳定填埋技术、农田土壤中残留农药的微生物降解和修复技术
2013	沼液滴灌施肥技术、秸秆喷浆造粒制木质有机肥料技术
2016	污水污泥处理处置过程恶臭异味生物处理技术
2017	生活垃圾机械生物预处理和水泥窑协同处置技术、餐厨垃圾高效单相厌氧资源化处理技术、餐厨垃圾两相厌氧消化处理技术、高固体浓度有机废物厌氧消化技术、基于亚临界水解的餐厨垃圾厌氧消化技术、污泥除湿热泵低温干化设备、密闭式畜禽粪便高效发酵技术、畜禽粪污动态发酵生物干化技术

资料来源：国家先进污染防治示范技术名录［J］. 中国环保产业，2006（10）：4-9；2007（8）：4-16；2010（1）：4-11；2011（4）：4-13；http://www.caepi.net.cn/epasp/website/webgl/webglController/intoServiceCenter/JSML。

（四）小结

当前，由于市场主体享受优惠用电价格和土地划拨政策存在不确定性和依附性、部分类型市场主体难以享受税收优惠和绿色信贷政策以及政府向种植过程污染防治者提供技术指导和示范先进适用性技术不足，所以市场主体承担农业生产、村民生活污染治理公共服务生产责任的积

极性不高。例如，保洁公司在霞霞丽乡源溪前村收集、转运和处理垃圾时，因为缺乏用地，也因为处理垃圾时耗电量大但保洁公司并不能享受更优惠的电价，还因为享受不到税收优惠和绿色信贷政策，所以保洁公司资源化利用垃圾时既缺乏建厂条件，也缺乏收益保障，这导致保洁公司没有积极资源化利用垃圾，而只是将垃圾悉数填埋。

三　导致问题产生的原因

（一）扶持政策缺少使环境治理正外部性内部化目标

优惠用电价格和土地划拨政策之所以不能确定地、独立地被农业生产、村民生活污染治理市场主体享受，是因为政策缺少使市场主体治污所产生的环境正外部效应内部化目标。

1. 用电价格优惠政策缺少使环境正外部效应内部化目标

用电价格优惠政策缺少使市场主体治污所产生的环境正外部效应内部化目标，导致市场主体在享受优惠用电价格时存在依附性。当前，在治理环境污染方面，有关行业部门制定电价优惠政策的目标是使用电者产生的环境污染负外部效应内部化，体现为使用反向激励手段来惩罚多用电者，即惩罚污染环境者。但是，在激励一个污染治理者，如其用电是产生净环境正外部效应的农业生产、村民生活污染治理市场主体时，政策目标应当是正向激励该市场主体多用电（正常用电情况下）以多产生环境正外部效应，而非只“盯住”该市场主体用电时所产生的环境污染。正是“只盯住”该市场主体用电时所产生的环境污染，而对该市场主体用电结果是产生净环境正外部效应考虑不足，也就是有关行业部门在制定电价优惠政策时，缺少使该市场主体治污所产生的环境正外部效应内部化目标，才使该行业部门认为该市场主体用电同大工业和一般工商业用电并无不同，继而要求该市场主体用电执行大工业和一般工商业用电价格，也就导致该市场主体在享受优惠用电价格时缺乏独立性。

2. 土地划拨政策缺少使环境正外部效应内部化目标

土地划拨政策缺少使市场主体治污所产生的环境正外部效应内部化目标，导致市场主体在享受土地划拨政策时存在不确定性。因为缺少使市场主体治污所产生的环境正外部效应内部化目标，所以有关行业部门在认定一个市场化的农业生产、村民生活污染治理项目时，可以“盯住”该市场主体通过运行治污设施设备所赚取的利润，认定该项目是营利性的，从而不划拨土地给该市场主体。但同时，有关行业部门也可以“盯住”该市场主体治污产生的净环境正外部效应，认定项目是非营利性的，从而划拨土地给该市场主体。

（二）税收优惠和绿色信贷政策没有充分覆盖农业生产污染治理行业

之所以有部分农业生产污染治理市场主体难以享受税收优惠和绿色信贷政策，是因为无论是税收优惠还是绿色信贷政策，其政策优惠对象范围都没有充分囊括农业生产污染治理服务提供者。第一，在税收优惠政策中，优惠对象一是农业机耕、排灌服务提供者（对其免收增值税），二是综合利用畜禽粪便、秸秆、农膜和处理生活污水垃圾者（对其实行税收优惠）。也就是说税收优惠对象范围主要是农业生产型企业、农业废弃物资源化利用工业企业、集中式污水垃圾处理企业，并不包括诸如提供测土配方、秸秆还田、农膜储藏与运输等服务的市场主体。第二，在绿色信贷政策中，授信对象原则上应当是能源消耗型生产经营组织，如果要对服务型组织授信，则该组织应当是为能源消耗型生产经营组织提供节能服务的组织。由于提供测土配方、秸秆还田等服务的组织并不具备典型的能源消耗特征，也不为能源消耗型生产经营组织提供节能服务，所以提供测土配方等服务的市场主体很难享受绿色信贷政策。

（三）政府向环境污染防治者提供技术服务政策执行能力不足

之所以政府向种植过程污染防治者提供技术指导和示范先进适用性技术不足，是因为环保部门向农业种植过程污染防治者提供技术服务的能力不足。《国家环境保护技术评价与示范管理办法》规定，从技术水平、可靠性、环境和经济效益以及风险等方面对环保技术实施技术评价，是环境保护部门制定各类污染防治技术指南、政策、规范、导则等环境保护技术指导类文件的基础和先决条件。这决定了，在对种植过程污染防治给予治污技术指导、向种植过程污染防治者示范和推广治污技术之前，环境保护部门必须组织力量先对该治污技术的水平、可靠性、环境正外部性等进行评价。

然而，对种植过程污染防治技术进行环境绩效评价的技术工具还不完善。现有的能够对种植过程污染防治技术进行环境绩效评价的典型技术工具如水土评价工具（The Soil and Water Assessment Tool，SWAT）主要能对中、大尺度流域层面的农业种植过程污染进行模拟，还不能在微观层面上对某具体农业种植者所使用污染防治技术的环境绩效做出精准评价。[①]

之所以如此，是因为对于种植过程中的投入物成污机制还不十分清楚，这包括，第一，还不十分清楚地块和种植活动特征，包括雨水、土质、坡度、作物管理、化学管理、水管理、防护措施等如何决定养分过剩以及过剩后的养分如何从农田溢流或在土剖面间渗流。第二，还不十分清楚距离、降雨、坡度等如何影响养分进入其典型的污染对象，如水体。第三，还不十分清楚哪些因素以及这些因素如何控制着进入污染对象后的养分最终造成随机污染。这三个不清楚使得评价者目前还不能利用 SWAT 等技术评价工具来精确地知道有多少污染来自一块具体农田，也就还不能对相应的地块污染防治技术的环境绩效做出准确评价。可见，由于进行环境绩效评价的技术工具不完善，所以环保部门对种植过程污染防治技术进行环境绩效评价的技术能力不足，从而其执行向环境污染防治者提供技术服务政策的能力不足。

四　完善农业生产、村民生活污染治理产业扶持政策之具体措施

（一）电价、土地优惠政策增设环境治理正外部性内部化目标

要使电价优惠政策、土地划拨政策体现使环境治理正外部性内部化目标，就需要在以下两方面采取措施。

第一，在电价优惠政策设计方面。增设农业生产、村民生活污染治理市场主体所产生的环境正外部效应充分内部化目标，使农业生产、村

---

① Volk，M. et al. SWAT：Agricultural Water and Nonpoint Source Pollution Management at a Watershed Scale［J］. Agricultural Water Management，2016，175：1 – 3.

民生活污染治理产业用电价格与其他产业用电价格脱钩，确保前者稳定地享受电价优惠政策。具体而言，首先，在规定对污水处理设施用电执行优惠用电价格的基础上，规定对所有农业生产、村民生活污染治理设施设备用电执行优惠用电价格。其次，农业生产、村民生活污染治理产业用电价格与大工业、一般工商业以及农副食品加工业用电价格差别化，如在同等用电条件下，前者的用电价格低于后者的用电价格。

第二，在土地划拨政策设计方面。依据环境治理正外部性内部化难易程度，制定有差别的向农业生产、村民生活污染治理市场主体划拨土地政策。具体而言，从实践来看，在所有农业生产、村民生活污染治理市场主体中，由于畜禽养殖污染治理、村民污水垃圾处理市场主体所产生的环境正外部效应内部化最为困难——表现为他们很难从养殖户和村民处获得足够的治污费，所以对这两类市场主体可采取无偿划拨的方式划拨土地，而对其他农业生产、村民生活污染治理市场主体采取有偿划拨的方式划拨土地。

（二）在产业目录中增列“种植和养殖过程污染治理服务”目录

要使税收优惠和绿色信贷政策充分覆盖农业生产污染治理产业，就要在产业目录中增列“种植和养殖过程污染治理服务”目录。依照2017年《国民经济行业分类》，农业生产污染治理行业既归属于农林牧渔业——该行业包括作物病虫害防治、农机深耕以及测土配方施肥等行业，也归属于生态保护和环境治理业，还归属于电力、热力、燃气及水生产和供应业——该行业包括利用畜禽粪便、秸秆制沼气、发电等行业。也就是说，农业生产污染治理行业在行业目录中并不独立存在，这导致税收优惠和绿色信贷政策较难充分覆盖农业生产污染治理行业。为此，应当以国家发展和改革委员会会同科技部、工业和信息化部、财政部等部门发布的2016年版《战略性新兴产业重点产品和服务指导目录》为依据，在已经将种植和养殖业面源污染治理技术的研发和工程化列为战略性新兴产业三级目录的基础上，进一步在该目录下增列四级目录，即“种植和养殖过程污染治理服务”，从而使税收优惠和绿色信贷政策能充分覆盖农业生产污染治理行业。

第一，依据“种植和养殖过程污染治理服务”四级目录，在税收优惠方面，参照已有的《资源综合利用产品和劳务增值税优惠目录》制定“种植和养殖过程污染治理服务增值税优惠目录”，确保提供测土配方、秸秆还田、农膜储藏与运输等服务的市场主体享受税前扣除、提高减半征收所得税等税收优惠政策。

第二，依据“种植和养殖过程污染治理服务”四级目录，在绿色信贷方面，以污染物减排量，如化肥、农药、畜禽粪便、秸秆、农膜等减排量为依据，而不是以节能减排量为依据来决定是否授信，从而确保提供测土配方、秸秆还田、农膜储藏与运输等污染治理服务的市场主体享受绿色信贷政策。

（三）提高向环境污染防治者提供技术服务的政策执行能力

要提高向环境污染防治者提供技术服务政策执行能力，就要加强对种植过程污染防治技术进行环境绩效评价的技术工具，重点是使水土评价工具能在微观层面上对具体农业种植者所使用的污染防治技术的环境绩效做出准确评价，即使水土评价工具微观化。这就需要政府有关部门采取措施，积极推动和支持科研机构对种植业养分成污机制展开研究。

第一，完善《肥料管理条例》，推动研究工作开展。农业部于2017年发布《肥料管理条例》，要求各地县级以上政府农业部门制定施肥技术规范，但并未要求对规范化的施肥技术进行环境保护技术评价，这造成了环保实践活动对水土评价工具的需求不足，继而导致各地开展种植过程中养分成污机制研究的动力不足。为此应当完善《肥料管理条例》，适时增加“各地县级以上政府农业部门制定施肥技术规范时，应当对施肥技术实施环境保护技术评价”条款，以提高水土评价工具的现实需求，推动种植过程养分成污机制研究的开展。

第二，多部门合作搭建科研信息平台，支持研究工作开展。水土评价工具发挥模拟功能时所需参数众多，其微观化过程同样需要巨量而精确的气象水文、地形、河川、土壤、土地利用、农业管理等方面的数据。为此，农业部门、环境保护部门、气象部门、自然资源等部门需要联动，共同构筑流域、河域、湖域等水域基础数据库，支持研究单位开展区域或流域种植过程中的养分成污机制研究。

第三节　健全污染治理项目质量保障机制

依据公共规制理论，要确保市场主体落实其承担的农业生产、村民生活污染治理公共服务生产责任，在当前，政府必须实施严格的质量规制，保障市场主体所提供的污染治理公共服务质量达到标准，即必须健全农业生产、村民生活污染治理项目质量保障机制。以政府购买服务中的项目质量保障为研究重点，梳理《政府购买服务管理办法》中有关市场化的公共服务项目质量保障机制现状，结合实践，分析农业生产、村民生活污染治理项目质量保障机制运行存在的问题及其原因。结果表明，当前，由于项目质量达标与环境污染被消除脱节、项目质量监管难到位和不规范以及农业生产者和村民对项目质量的评价流于形式，所以市场主体承担农业生产、村民生活污染治理公共服务生产责任不实。而市场主体担责不实的深层次原因是项目质量达标风险控制不足、项目质量监管者缺少第三方属性以及农业生产者和村民缺失以效付费的权利。在此基础上，提出健全农业生产、村民生活污染治理项目质量保障机制之具体措施。

一　市场化公共服务项目质量保障机制现状

财政部于2018年发布《政府购买服务管理办法（征求意见稿）》[该意见稿于2020年正式定稿为《政府购买服务管理办法》（以下简称《购买办法》）]，在规定政府如何购买公共服务的同时，实际上也设计了农业生产、村民生活污染治理项目质量保障机制，即项目承包方（在本节，农业生产、村民生活污染治理市场主体即农业生产、村民生活污染治理项目承包方）确保项目质量达标、政府部门实施项目质量监管和政府与农业生产者、村民等对项目质量进行评价。

（一）项目承包方确保项目质量达标

项目质量达标是指，项目过程和结果指标符合有关标准或约定。根据《购买办法》，政府可采用竞争性或邀请招标、竞争性谈判或磋商、单一来源采购等方式与市场主体签约，将确保公共服务项目质量达标责任转交给市场主体。具体而言，第一，作为发包方的政府有关部门或机构需在《政府购买服务指导性目录》范围内以先有预算、后购买服务为原则，先对购买行为本身做出评估、论证和审批，而后充分测算并安排购买服务所需支出。第二，作为项目承包方的社会组织、企业、中介机构、二类事业单位、从事生产经营活动的事业单位、具备环境治理条件和能力的个体工商户或自然人等市场主体需具备一定承接资质，包括要有健全的组织结构，要具备提供服务所必需的设施、人员、专业技术等能力的条件。第三，政府有关部门或机构与市场主体各自的发包和承包条件具备后，按照《政府采购法》《合同法》等规定，双方就项目质量达标内容、期限、方法、价格以及项目质量未达标时责任追究等事项签订书面合同。

（二）政府部门实施项目质量监管

项目质量监管是指，监督和检查尤其是现场监查项目质量并对质量偏差及时进行纠正。按照《购买办法》规定，公共服务市场化项目合同签订后，政府各有关部门共同承担项目质量监管责任。第一，购买公共服务部门或机构对项目质量实施监管。依照《政府购买服务管理办法（征求意见稿）》，购买公共服务部门或机构对项目质量直接进行监管，包括要求项目承包方依据合同约定制订项目质量计划、实施质量控制，要求项目承包方汇报重大质量控制活动，现场监督检查项目承包方服务过程等。第二，财政部门、金融部门、服务供应机构登记管理部门等也对项目质量实施监管。具体而言，财政部门对项目承包方未按合同或其他法规要求使用资金的行为予以纠正，直至项目资金使用恢复正常；金融机构对项目承包方凭借项目合同向其融资实施合规性监管；企业、社会组织等服务供应机构登记管理部门对项目承包方信用实施监督。

（三）政府与农业生产者、村民等对项目质量进行评价

项目质量评价是指，对项目质量进行绩效评价并对评价结果加以应

用。政府依照《政府购买服务管理办法（征求意见稿）》规定，作为发包方的政府有关部门或机构负责对项目进行绩效评价。具体而言，首先，政府购买服务部门或机构设定绩效目标，该目标中既包括与项目质量直接相关的污染治理质量指标，也包括与项目质量间接相关的农业生产者与村民满意度指标。其次，政府购买服务部门或机构组织成立由发包方、农业生产者或村民、专业考评机构或专业考评人员组成的考评组，以过程评价和结果评价相结合的方式，对项目进行绩效评价，划分项目质量等级。最后，政府购买服务部门或机构、农业生产者或村民对绩效评价结果加以应用，依据项目质量等级向项目承包方付费。

二　污染治理项目质量保障机制运行存在的问题

（一）项目质量达标与环境污染被消除脱节

通过签订合同，政府购买服务有关部门或机构将项目质量达标责任转交给项目承包方。如果这种转接有效，那么农业生产、村民生活污染治理项目就应当产生整体协调的经济社会效益，尤其是污染物对农业生产、村民生活的负面影响被减轻或消除。但在实践当中，存在项目质量达标与环境污染被消除脱节的现象，即项目质量达标时，环境污染并不一定被减轻或消除。如前节所述，南平市炉下镇正大欧瑞信生物科技开发有限公司在承接消除养殖过程污染项目时，按照与镇政府签订的合同，该公司利用猪粪加工有机肥、利用生猪尿液制液肥、净化养殖污水，治污过程和结果连年达标。然而，尽管项目质量达标，但有机肥和液肥生产所产生的臭味严重影响村民正常生活，炉下镇生猪养殖所造成的环境污染实际上并未被消除。

（二）项目质量监管难到位、不规范

第一，政府部门实施的项目质量监管难到位。首先，作为项目发包方的农业农村、住房和城乡建设、环境保护部门虽然负责监管项目质量，但因缺乏时间和专业技能保障，所以这些部门对项目实施质量监管时，实际上难以做到高频次并有效地实施现场监督和检查。其次，财政部门

只是对项目承包方资金使用情况实施监管，难以对项目实施现场质量实施监管。最后，金融机构和服务机构登记管理部门对项目实施融资监管、信用监管时，难以到项目实施现场进行质量监管。

第二，村级组织对项目实施过程监管不规范。在实践中，鉴于自身不能很好地对项目实施过程实施实质性监管，政府大多将项目实施过程监管责任赋予村级组织。如前所述，浙江省印发《浙江省县（市、区）农村生活污水治理设施运行维护管理导则》，要求在村民生活污水治理项目中，项目所在村的村组织担负起对村民生活污水治理过程进行监管的责任。例如，杭州市西湖区规定，常住农户不到500户，或拥有不超过4个自然村的村组织要安排1名运维协管员对污水治理过程进行巡查，常住农户500户以上，或拥有超过4个自然村的村要组织安排2名运维协管员对污水治理过程进行巡查。在巡查过程中，按照规定，运维协管员一要敦促并协助项目承包方对污水治理设施进行检查、维护和维修，二要将项目承包方不当、不及时处置问题的行为向乡镇政府报告。显然，当项目实施过程中出现较大偏差时，村级组织并不能对偏差进行现场纠正。

（三）农业生产者、村民对项目质量进行评价流于形式

要在促进项目承包方落实约定责任、确保项目质量达标方面发挥作用，在对农业生产、村民生活污染治理项目质量进行评价时，农业生产者、村民就能够依据评价结果向项目承包方付费，即以效付费。但当前的普遍情况是，虽然农业生产者、村民参与项目质量评价，但他们对项目质量无论给出怎样的评价，支付给项目承包方的治污费数额都是一定的。如在前述农业生产、村民生活污染治理项目中，无论如何评价垃圾处理效果，南平市源溪前村每户村民每年都仅支付60元垃圾处理费；无论如何评价污水处理效果，杭州市西湖区每户村民每年都仅支付150元污水治理费；无论如何评价养殖过程污染治理效果，炉下镇每个生猪养殖户都仅按每月每平方米猪栏对应2元的标准支付养殖过程污染治理费。在不以效付费情况下，农业生产者、村民对项目质量所做的评价很难起到促进项目承包方落实约定责任、确保项目质量达标的作用。从这个意义上说，当前农业生产者、村民对项目质量的评价流于形式。

（四）小结

由于农业生产、村民生活污染治理项目质量达标与环境污染被消除脱节、项目质量监管难到位和不规范以及农业生产者和村民对项目质量的评价流于形式，所以项目承包方担责不实。如在前述霞霞丽乡政府购买保洁服务过程中，第一，项目承包方即保洁公司在处理源溪前村垃圾时，尽管完成了垃圾转运、处置和利用指标，但在填埋垃圾时却出现垃圾裸露、垃圾滤液渗出且流入农田问题，项目质量达标与环境污染被消除脱节，村民生活垃圾污染实际上未被消除，因此保洁公司担责不实。第二，霞霞丽乡政府以行政检查代替环境监管，未制止和纠正保洁公司在填埋垃圾时出现的污染环境行为，对项目质量的监管不到位，造成保洁公司担责不实。第三，源溪前村每户村民每年向保洁公司支付金额固定的垃圾处理费，而不以效付费，致使村民对项目质量进行评价流于形式，造成保洁公司担责不实——由于村民支付固定的垃圾处理费，所以保洁公司不用担心自己因未消除垃圾而造成环境污染时村民会少支付或不支付垃圾处理费，这导致保洁公司虽然在填埋垃圾时“制造”垃圾渗滤液而污染村民农田，但保洁公司依然我行我素，并不采取措施防治垃圾填埋场渗滤液所产生的污染。

三 导致问题产生的原因

（一）项目质量达标指标风险控制不足

农业生产、村民生活污染治理项目质量达标与环境污染被消除脱节的原因是，在将项目质量达标责任转交给项目承包方时，政府对项目质量达标风险控制不足。在炉下镇养殖过程污染治理项目中，项目质量达标风险是，正大欧瑞信生物科技开发有限公司按照约定加工有机肥和液肥时，其加工过程可能产生空气污染，该二次污染可能对村民生活造成严重影响。对这种污染可能发生转移的风险，政府控制不足，致使尽管项目质量达标，但炉下镇生猪养殖所造成的环境污染实际上并未被消除。

项目质量达标风险的实质是，伴随污染治理指标的完成，环境污染是否被消除不确定。当前，随着《土壤环境质量标准》的颁布，我国已建立起空气、水和土壤环境要素质量标准体系。在这种情况下，在制订项目质量计划时，似乎不必考虑如何制定污染治理指标，因为大气、水和土壤质量标准已经规定了污染物在不同环境质量中的含量。[①] 其实不然。整治农业生产、村民生活污染的路径主要是前端预防，即通过预防或减少污染物进入环境来改善或提高环境质量。当前，由于在技术层面，化肥、村民生活污水垃圾等污染物减排量与环境质量提高之间的精确关系还未被充分掌握，所以各地政府在购买农业生产、村民生活污染治理公共服务时，都是自行同项目承包方约定化肥、畜禽粪便、秸秆、废旧农膜等污染物的减排或处理指标。在这过程中，如果缺少对项目质量达标风险的控制，那么伴随项目质量达标，项目质量达标与环境污染被消除就会脱节。

（二）项目质量监管者缺少第三方属性

当前，农业生产、村民生活污染治理项目质量监管难到位、不规范的原因是项目质量监管者缺少第三方属性。项目质量监管者需要具有第三方属性是指，监管者在对项目质量实施监管时，应当专业地、独立地开展工作。项目质量监管者之所以要专业地开展工作，是因为监管过程技术性极强，表现为在现场监管活动中，监管者要使用专业的检测设施和设备，要遵循特定的现场检查、检验、测试和记录流程，要用检查、检验、测试所得信息和数据来监督、指导项目承包方开展项目质量控制活动。项目质量监管者之所以要独立地开展工作，是因为项目质量监管者唯有在不受任何一方控制的条件下，才能指导和监督项目发包方和承包方依法履行各自的项目质量管理责任，确保项目质量依法达标。

当政府部门实施农业生产、村民生活污染治理项目质量监管时，无论是农业农村、住房和城乡建设、环境保护部门，还是财政、金融、服务供应机构登记管理部门，其现场监管活动都不是专业的，相应地，其现场检查检测内容就很难到位。当村委会实施项目质量监管时，由于村委会是受

---

① 王欢欢．污染土壤修复标准制度初探［J］．法商研究，2016（3）：54－62．

乡镇政府领导并接受后者行政命令而执行监管任务，所以村委会实施项目质量监管时缺乏独立性，这必然导致村委会实施现场检查检测时不规范。

（三）农业生产者、村民缺失以效付费权利

农业生产者、村民对农业生产、村民生活污染治理项目质量进行评价流于形式的原因在于，他们没有以效付费的权利。南平市、杭州市和炉下镇的每户村民每年支付60元垃圾处理费，每户村民每年支付150元污水治理费，每个生猪养殖户按每月每平方米猪栏对应2元的标准支付养殖过程污染治理费等政策在规定农业生产者、村民要向项目承包方支付污染治理费的同时，剥夺了农业生产者、村民依据自己的评价结果向项目承包方付费的权利。

农业生产者、村民缺失以效付费权利在实践中表现为，当项目承包方治污的效果达不到农业生产者、村民的心理预期时，某些农业生产者、村民拒绝支付治污费。如在前述河北省邱县政府购买耕地深松服务项目中，当感到项目承包方松地深度不够，不能很好地起到节水、减施化肥作用时，某些农户拒绝支付耕地深松费。又如在前述炉下镇政府购买生猪养殖过程污染治理服务项目中，当感到项目承包方并没有完全治理好生猪粪便和养殖废水污染——粪便和污水处理过程产生臭气时，某些养殖户拒绝支付生猪粪便和养殖废水污染治理费。之所以某些农户拒绝支付耕地深松费、某些养殖户拒绝支付生猪粪便和养殖废水污染治理费，是因为当项目承包方治污的效果达不到这些农户和养殖户的心理预期时，在无法以效付费情况下，作为理性的经济人，这些农户和养殖户就只能选择不付费。

四　健全污染治理项目质量保障机制之具体措施

（一）完善项目质量达标风险控制制度

要控制农业生产、村民生活污染治理项目质量达标风险，作为项目发包方的政府就要避免项目承包方虽完成了污染治理指标但却未消除环境治污，致使农业生产、村民生活污染依然存在的状况。从实践来看，由于农业生产者、村民对农业生产、村民生活污染最为敏感，所以政府

应当充分发挥农业生产者、村民对项目质量达标风险的预防和控制作用，在项目绩效评价中赋予农业生产者、村民以足够的评价权。

按照《政府购买服务管理办法》规定，在对市场化公共服务项目进行绩效评价时，评价成员必须包括服务客体。在购买农业生产、村民生活污染治理公共服务，对项目进行评价时，作为发包方的政府虽能够吸纳农业生产者、村民参与评价，但因评价结果一般主要由评价成员中的政府行政人员、村级领导和专家决定，所以农业生产者、村民的评价起到的作用实际上非常有限。导致这种情况发生的原因是，人数在项目绩效评价组中处于少数的农业生产者、村民的评价分，被人数在项目绩效评价组中处于多数的政府行政人员、专家的评价分平均。

为防止农业生产者、村民的评价分在绩效评价中被政府行政人员、专家的评价分平均，最可行的做法是，完善农业生产、村民生活污染治理项目绩效评价表，将农业生产者、村民的评价分单列，并赋予足够权重，使绩效评价最终结果不仅取决于政府行政人员、村级领导和专家所做的评价，也在足够程度上取决于农业生产者、村民所做的评价。

（二）建立农业生产、村民生活污染治理监理制度

要克服农业生产、村民生活污染治理项目质量监管者缺少第三方属性的不足，就要建立农业生产、村民生活污染治理监理制度。

1. 建立污染治理监理制度具有必要性

在农业生产、村民生活污染治理项目实施过程中，建立农业生产、村民生活污染治理监理制度具有必要性。首先，这是落实《政府购买服务管理办法》的需要。《政府购买服务管理办法》在其购买内容及指导目录中明确指出，政府购买服务包括购买技术性服务，而农业生产、村民生活污染治理监理活动具有明显的提供技术服务特征。其次，这是对市场化公共服务项目实施质量控制的必然结果。在实施项目质量控制时，无论是项目发包方还是承包方，他们对于项目质量偏差尤其是系统性偏差都难以做到公正纠偏、及时纠偏。要从根本上解决这一问题，就只能引入污染治理监理单位来从事项目质量监管工作——污染治理监理单位既具备政府部门监管所缺少的专业性，也具备村级组织监管所缺少的独立性。

2. 建立污染治理监理制度在实践层面具有可行性

在农业生产、村民生活污染治理项目实施过程中，建立农业生产、村民生活污染治理监理制度在实践层面具有可行性。政府在购买农用地治理与修复服务时，依照环境保护部于2014年发布的《工业企业场地环境调查评估与修复工作指南（试行）》（以下简称《指南（试行）》），必须将环境质量监管责任委托给工程监理单位。尽管农用地治理与修复项目的质量监管本质上属于工程项目质量监管，但由于该类项目承包方对农用地进行治理与修复，如调节土壤酸碱度等具有较强的提供技术服务特征，所以农用地治理与修复监理制度为农业生产、村民生活污染治理监理制度的制定和实施奠定了实践基础。

由于《指南（试行）》所规定的监理制度本质上属于工程监理制度，所以在对市场化公共服务项目实施质量监管时，完全照搬使用该制度并不合适。为此，在参照《指南（试行）》建立农业生产、村民生活污染治理监理制度时，应对具体制度做出如下安排。第一，确立监管依据和目的。农业生产、村民生活污染治理监理单位接受项目发包方即政府委托，依据有关环境法律法规、既定契约，对项目承包方所提供的污染治理服务质量进行监督，并对服务过程给予现场检查和指导。第二，明确监管客体。监管客体应当包括污染治理技术路线、污染治理风险防范措施、受污染治理过程影响的外部环境保护等。第三，明确监管内容。农业生产、村民生活污染治理监理单位首先监督检查项目质量结果和过程是否达到法规和合同规定要求，其次监督和引导项目承包方实施项目质量管理，最后协调作为项目发包方的政府与项目承包方之间在质量管理上的共担责任关系。第四，明确监管工作要点。农业生产、村民生活污染治理监理单位对污染防治技术路线是否符合约定进行监管，对处理、利用污染物的过程、结果是否符合约定进行监管。第五，制定监管工作方法。农业生产、村民生活污染治理监理单位的工作方法主要包括核查契约，在现场监督和指导污染治理，跟踪检查治污效果，组织召开项目质量监管会议，向项目承包方和发包方反馈项目质量、进度等信息。

有关在农业生产、村民生活污染治理项目实施过程中，建立污染治理监理制度的具体内容，请参阅前述第五章第三节。

（三）赋予农业生产者、村民以效付费权利

在农业生产、村民生活污染治理项目实施过程中，要赋予农业生产者、村民以效付费权利，就要在以下两方面采取措施。

1. 完善规章使农业生产者、村民向项目承包方付费制度化

完善规章使农业生产者、村民向项目承包方付费制度化是赋予农业生产者、村民以效付费权利的基础。当前，对于农业生产者、村民向市场化公共服务项目承包方付费，准法规性质的《农业农村污染治理攻坚战行动计划》（以下简称《行动计划》）要么做出趋势性要求，要么不做明确要求，总体上缺乏刚性规定。其一，《行动计划》对村民向项目承包方付费做出趋势性要求。《行动计划》第十条（完善经济政策）规定，“鼓励有条件的地区探索建立污水垃圾处理农户缴费制度，综合考虑污染防治形势、经济社会承受能力、农村居民意愿等因素，合理确定缴费水平和标准”。其二，《行动计划》对农业生产者向项目承包方付费不做明确要求。《行动计划》第十二条（培育市场主体）没有要求农业生产者向项目承包方付费。基于上述原因，应当完善《行动计划》的有关条款，使之刚性要求农业生产者、村民向项目承包方付费。如第十条有关内容可完善为“在有条件的地区和环境污染整治市场化领域，在市场化农业面源污染治理、污水垃圾处理项目中，建立农业生产者、村民向项目承包方付费制度，综合考虑污染防治形势、经济社会承受能力、农业生产者和村民意愿等因素，合理确定缴费水平和标准”。对第十二条则应当进行补充，补充内容为“建立财政统筹与农业生产者、村民投入相结合的污染第三方治理资金长效保障机制”。

2. 推行双层契约制度

在农业生产、村民生活污染治理项目实施过程中，要确保农业生产者、村民能够以效付费，就要推行前述庄浪县农牧局在购买小麦、马铃薯疫情防控服务中所实行的双层契约制度。具体而言，在购买农业生产、村民生活污染治理服务时，项目承包方在与政府购买服务机构签订契约的同时，也与农业生产者或村委会签订契约，这两份契约在以效付费方

面相关联，即若农业生产者或村民对项目承包方提供的服务不满意而拒绝向后者支付服务费用，则政府购买服务机构也不向项目承包方支付服务费用；若农业生产者或村民按照某项目质量等级向项目承包方支付了服务费用，则政府购买服务机构也按照同样项目质量等级向项目承包方支付服务费用。

本章小结

要建立健全市场主体分担责任机制，将农业生产、村民生活污染整治由政府担责向市场主体分担责任推进，政府就要以主导方式充分激发市场主体承担农业生产、村民生活污染治理公共服务生产责任的积极性，并确保市场主体落实约定责任。

要充分激发市场主体承担农业生产、村民生活污染治理公共服务生产责任的积极性，政府首先要完善农业生产、村民生活污染治理公共服务市场化机制，其次要完善农业生产、村民生活污染治理产业扶持政策设计并提高扶持政策执行能力。要确保市场主体落实约定责任，政府就要健全农业生产、村民生活污染治理项目质量保障机制。

完善农业生产、村民生活污染治理公共服务市场化机制。第一，设置市场化的农业生产、村民生活污染治理公共服务目录。其一，深化农村环境治理公共服务目录，将农业生产、村民生活污染治理公共服务增列为三级目录。其二，细化农业生产、村民生活污染治理公共服务目录，在该三级目录下增列节水灌溉治污、化肥减施、农药减施、畜禽粪便资源化利用、农膜回收再加工、秸秆资源化利用、村民污水治理设施运维、村民垃圾处理等四级目录。第二，设置农业生产、村民生活污染治理公共服务市场化业务专门执行机构。农业生产、村民生活污染治理公共服务市场化业务专门执行机构工作职责重点包含以下两方面内容，其一，该机构负责农业生产、村民生活污染治理公共服务市场化所对应的项目招投标工作的开展。其二，在确定项目承接方之后，该机构负责制定项目监管制度，采取相应措施对项目承接方所提供的污染治理服务质量进行监管。第三，对农业生产、村民生活污染治理市场主体给予风险补贴。当市场主体因履约而出现亏损时，政府有关部门对市场主体经营过程进行盈亏平衡分析，如果认定这种亏损是因产品价格低于平衡价格而引起，或者是因可变成本高于平衡成本而引起，则政府有关部门就对市场主体给予亏损补贴。第四，设计契约以使农业生产者、村民承担向市场主体付费责任。政府同市场主体签订公共服务买卖契约时，要求市场主体与农业生产者、村民也签订同样内容的契约，并且在付费条款中规定：政府是否向市场主体付费以及付费多少，取决于市场主体是否履行它同农业生产者、村民所签订的契约，以及农业生产者、村民向市场主体支付的多少。

完善农业生产、村民生活污染治理产业扶持政策。第一，电价、土地优惠政策增设环境治理正外部性内部化目标。在电价优惠政策设计方面，首先，在规定对污水处理设施用电执行优惠用电价格的基础上，规定对所有农业生产、村民生活污染治理设施设备用电执行优惠用电价格；其次，农业生产、村民生活污染治理产业用电价格与大工业、一般工商业以及农副食品加工业用电价格差别化，如在同等用电条件下，前者的用电价格低于后者的用电价格。在土地划拨政策设计方面，依据环境治理正外部性内部化难易程度，制定有差别的向农业生产、村民生活污染治理市场主体划拨土地政策。第二，在产业目录中增列“种植和养殖过程污染治理服务”目录。其一，依据“种植和养殖过程污染治理服务”四级目录，在税收优惠方面，参照已有的《资源综合利用产品和劳务增值税优惠目录》制定“种植和养殖过程污染治理服务增值税优惠目录”，确保提供测土配方、秸秆还田、农膜储藏与运输等服务的市场主体享受税前扣除、提高减半征收所得税等税收优惠政策。其二，依据“种植和养殖过程污染治理服务”四级目录，在绿色信贷方面，以污染物减排量如化肥、农药、畜禽粪便、秸秆、农膜等减排量为依据，而不是以节能减排量为依据来决定是否授信，从而确保提供测土配方、秸秆还田、农膜储藏与运输等污染治理服务的市场主体享受绿色信贷政策。第三，提高向环境污染防治者提供技术服务政策的执行能力。其一，完善《肥料管理条例》，推动种植过程中的养分成污机制研究工作开展。其二，多部门合作搭建科研信息平台，支持种植过程中的养分成污机制研究工作开展。

健全农业生产、村民生活污染治理项目质量保障机制。第一，完善项目质量达标风险控制制度。完善农业生产、村民生活污染治理项目绩效评价表，将农业生产者、村民的评价分单列，并赋予足够权重，使绩效评价最终结果不仅取决于政府行政人员、村级领导和专家所做的评价，也在足够程度上取决于农业生产者、村民所做的评价。第二，建立农业生产、村民生活污染治理监理制度。其一，确立监管依据和目的。农业生产、村民生活污染治理监理单位接受项目发包方即政府委托，依据有关环境法律法规、既定契约，对项目承包方所提供的污染治理服务质量进行监督，并对服务过程给予现场检查和指导。其二，明确监管客体。监管客体应当包括污染治理技术路线，污染治理风险防范措施，受污染治理过程影响的外部环境保护等。其三，明确监管内容。农业生产、村民生活污染治理监理单位首先监督检查项目质量结果和过程是否达到法规和合同规定要求，其次监督和引导项目承包方实施项目质量管理，最后协调作为发包方的政府与项目承包方之间在质量管理上的共担责任关系。其四，明确监管工作要点。农业生产、村民生活污染治理监理单位对污染防治技术路线是否符合约定进行监管，对处理、利用污染物的过程、结果是否符合约定进行监管。其五，制定监管工作方法。农业生产、村民生活污染治理监理单位的工作方法主要包括核查契约，在现场监督和指导污染治理，跟踪检查治污效果，组织召开项目质量监管会议，向项目承包方和发包方反馈项目质量、进度等信息。第三，赋予农业生产者、村民以效付费权利。其一，完善规章使农业生产者、村民向项目承包方付费制度化。完善《农业农村污染治理攻坚战行动计划》有关条款，使之刚性要求农业生产者、村民向项目承包方付费。其二，推行双层契约制度。在购买农业生产、村民生活污染治理服务时，项目承包方在与政府购买服务机构签订契约的同时，也与农业生产者或村委会签订契约，这两份契约在以效付费方面相关联。

第七章　市场分责中绿色健康信息不对称的充分消除

要建立健全市场主体分担责任机制，将农业生产、村民生活污染整治由政府担责向市场主体分担责任推进，政府还要以提供服务的方式充分消除受认证农产品生产—消费链中的绿色健康信息不对称，以使绿色健康农产品生产组织在更强消费需求拉动下、在更大生产规模上充分承担农业生产污染治理公共服务生产责任。对此，依据信息不对称理论，当前政府在调控绿色健康信息供给时，需要进一步优化使用信号传递法，确保受认证农产品生产—消费链中的供需双方掌握的绿色健康信息充分对称。在梳理受认证农产品生产—消费链结构和运行特征，分析无公害农产品、绿色食品和有机农产品等绿色健康农产品认证标志信号（在采用信号传递法消除绿色健康信息不对称时，绿色健康农产品认证标志是承载绿色健康信息的信号；绿色健康农产品认证标志信号以下简称“认证标志信号”，个别之处如绿色饭店认证标志信号除外）发挥传递绿色健康信息作用应具备的条件基础上，通过问卷调查，剖析认证标志信号发挥传递绿色健康信息作用时存在的问题，提出政府充分消除受认证农产品生产—消费链中的绿色健康信息不对称之具体措施。结果表明，由于真实性未得到充分保障、不能被充分清晰地辨识和抗干扰不足，所以当前我国认证标志信号未能充分发挥在受认证农产品生产—消费链中传递绿色健康信息的作用。为此，政府需要完善对受认证农产品生产过程实施现场检查检测机制与绿色餐饮服务提供者评建机制和明厨亮灶制度，借以充分消除受认证农产品生产—消费链中的绿色健康信息不对称。

需要指出的是，依据中共中央办公厅、国务院办公厅于2017年印发的《关于创新体制机制推进农业绿色发展的意见》，农业农村部计划停止“三品”认证工作中的无公害农产品认证。对此，农业农村部农产品质量安全监管司负责人特别指出，计划停止无公害农产品认证工作是停止而非取消，今后“三品”的证明应该是纯天然农产品的证明。这意味着，我国认证标志信号需要携带更加充足的绿色健康信息，相应地，在受认证农产品生产—消费链运行中，政府更要充分承担消除绿色健康信息不对称的责任。

第一节　认证标志信号发挥作用的条件

政府有关部门或机构为农产品生产组织提供认证服务，并使相应的农产品获得认证标志的实质是，政府提供认证标志信号，让该信号传递绿色健康信息，借以消除受认证农产品生产—消费链中的绿色健康信息不对称问题。但是，认证标志信号发挥传递绿色健康信息的作用需要具备一定条件。梳理受认证农产品生产—消费链结构和运行特征，分析采用信号法消除受认证农产品生产—消费链中的绿色健康信息不对称机理，进而探究认证标志信号发挥传递绿色健康信息作用的条件。结果表明，要发挥传递绿色健康信息作用，认证标志信号就要具备真实性、可被辨识和抗干扰的特性。

一　受认证农产品生产—消费链结构和运行特征

受认证农产品与一般食用农产品的生产—消费链结构一致。

一般食用农产品生产—消费链分为生产—家庭烹饪消费链和生产—餐饮市场消费链两条。第一，农产品生产—家庭烹饪消费链。在该链条中，农业生产组织生产出的食用农产品，即食材被居民购得，并在家庭厨房被加工食用。第二，农产品生产—餐饮市场消费链。在该链条中，居民饮食不在自家厨房和餐桌，而是在饭馆、酒楼、小吃店及其工作单位的食堂等餐饮场所。此时，购买食用农产品，即食材而后烹饪者，不是终端消费者而是餐饮企业、食堂等。餐饮企业或食堂多从农产品批发市场购得食材，也可从超市进货，还可从食材配送企业如美团网、朴朴电子商务有限公司等获得烹饪所需农产品。

相对于农产品生产—家庭烹饪消费链发展具有原始性和稳定性而言，农产品生产—餐饮市场消费链的发展在我国经历了从无到有、逐渐发展壮大的过程。改革开放前，因为对食品实行统派购制及配额制，所以本来数量就极少的国营饭店只能得到数量极少的烹饪用食材，导致我国餐饮服务提供者所提供的饭菜价格极高，以至于普通百姓一般情况下无消费能力去饭店用餐。[①] 也就是说，在改革开放前，我国农产品生产—餐饮市场消费链弱至几乎没有。改革开放尤其是1985年之后，统派购制度被取消，作为政府菜篮子工程的农贸市场得到建设，食材供应被极大丰富，我国餐饮业迅速发展，相应地，农产品生产—餐饮市场消费链开始形成。当前，随着我国全面建成小康社会，城乡居民餐饮方式发生极大变化，一日三餐都在家中的局面早已被打破。尤其是对于“上班族”来说，上班期间每天至少有一顿饭不是在家烹饪而食几乎已成为常态。2015年我国餐饮服务业收入为3.23万亿元，以我国14亿人口来计算，则每人每年用于户外餐饮的费用约为2307元，平均每天6.32元。[②] 这表明，我国农产品生产—餐饮市场消费链已稳定形成。

农产品生产—家庭烹饪消费链与农产品生产—餐饮市场消费链都包括农产品中间流通和加工环节，即处于终端消费之前的超市或社区农产品零售市场和处于超市或社区农产品零售市场个体商户之前的农产品批发交易市场和轻工食品加工企业。在这两条链中，少数情况下，可以没有超市、社区农产品零售市场，即食用农产品不经超市、社区农产品零售市场，而是直接在批发市场被餐饮企业、单位食堂购买；也可以没有农产品批发市场，即食用农产品直接进入超市而被消费者购买；还可以没有所有中间流通环节，即食用农产品直接在田间、饲养场地被居民购

① 陈剑．城市农贸市场，向何处去？[J]．中国商贸，2002（6）：28-29.

② 姜俊贤．“十二五”期间餐饮业发展回顾及“十三五”前景展望[J]．食品工业科技，2016（14）：18-22.

买——如在社区支持农业（Community Supported Agriculture，CSA）模式中，被居民购买的食用农产品直接由种植和养殖者配送至居民家庭中。[①]

受认证农产品生产—消费链结构和运行特征如图 7－1 所示。

受认证农产品生产—消费链结构。受认证农产品与一般食用农产品的生产—消费链结构完全相同，都是由生产、流通和消费环节构成。其中流通环节包括超市、社区农产品零售市场、农产品批发交易市场和轻工食品加工企业，消费环节包括家庭厨房和餐饮场所消费。

受认证农产品生产—消费链运行特征。在受认证农产品与一般食用农产品生产—消费链运行过程中，两条链上农业生产者生产的农产品、消费者消费的农产品和政府对运行过程实施监管的内容不同。第一，农业生产者生产的农产品不同。受认证农产品生产组织生产绿色健康农产品，即生产符合无公害农产品、绿色食品和有机农产品操作规程的农产品；而一般食用农产品生产者生产普通质量安全农产品，即生产符合食品安全基础标准、产品标准的农产品。第二，消费者消费的农产品不同。受认证农产品消费者消费绿色健康农产品，而一般食用农产品消费者消费普通质量安全农产品。第三，政府对运行过程实施监管的内容不同。农产品质量安全管理部门中的农产品认证机构为绿色健康农产品生产组织提供认证服务，而农产品质量安全监管机构依照农产品质量安全和食品安全法规，对一般食用农产品生产过程实施质量安全监管。受认证农产品生产组织生产绿色健康农产品、受认证农产品消费者消费绿色健康农产品、农产品认证机构对绿色健康农产品生产组织提供认证服务揭示出受认证农产品生产—消费链运行特征是，相对于普通质量安全农产品供需均衡的实现不以农产品受认证为条件，绿色健康农产品供需均衡的实现从根本上依赖于信息不对称的消除。

---

① 刘勇．农村面源污染整治主体及其责任优化思路研究——基于对太湖流域水环境综合治理的分析［J］．福建论坛（人文社会科学版），2016（9）：5－13.

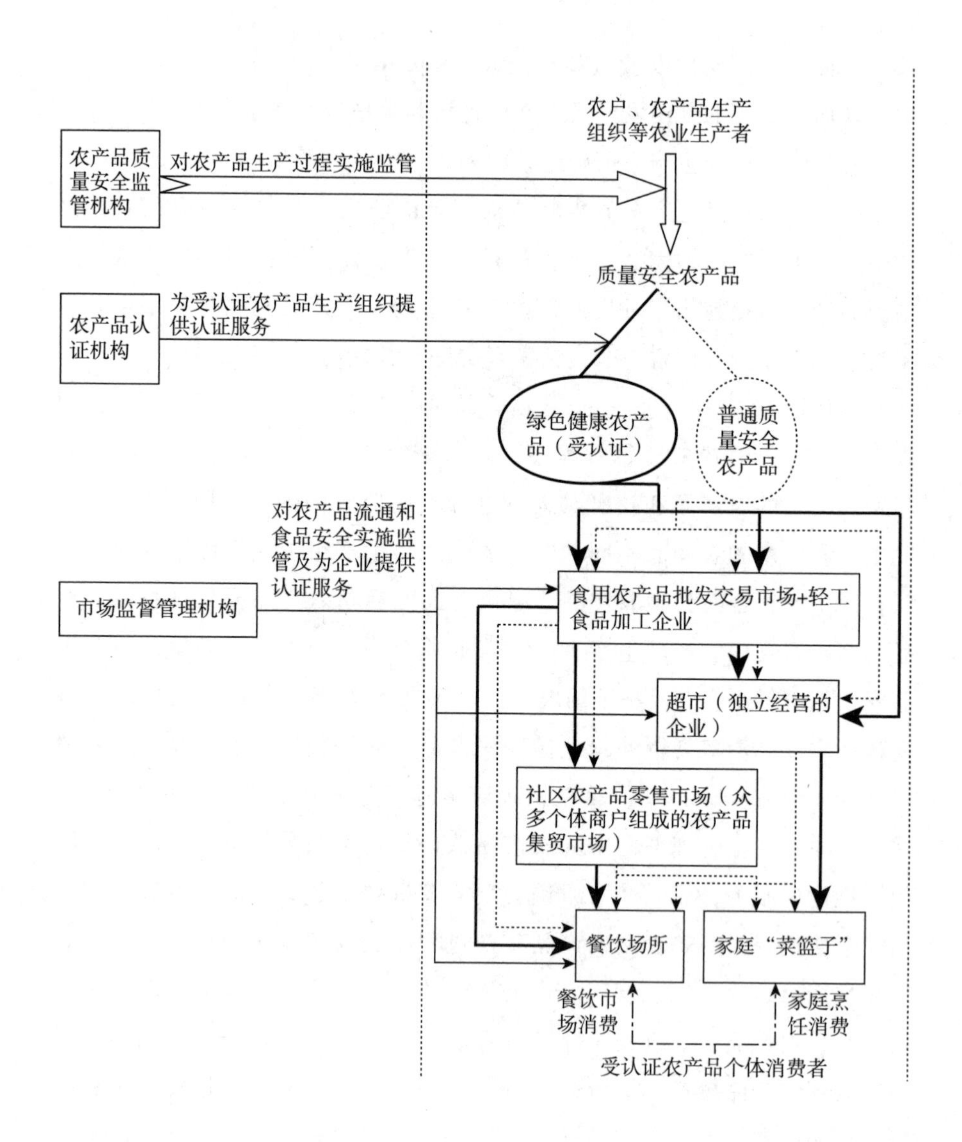

图7-1　受认证农产品生产—消费链结构和运行特征

注：“→”表示绿色健康和受认证农产品生产—消费链；“➔”代表主链线路；“┈➤”表示普通质量安全农产品生产—消费链；“□”表示农产品流通或加工环节，以及监管与认证机构；“⇒”表示实施农产品生产过程监管，箭头箭尾分别表示监管相对人和主体；“—>”表示实施监管和提供认证服务，箭尾和箭头分别表示监管和认证主体与相对人；“–·–➤”表示受认证农产品消费；“⟹”表示农产品生产。

二　采用信号法消除绿色健康信息不对称机理

受认证农产品生产—消费链结构和运行特征揭示出，农产品绿色健康信息不对称问题的实质是绿色健康农产品消费者不易从普通质量安全农产品中区分出绿色健康农产品。第一，我国当前绝大多数食用农产品是普通质量安全农产品。改革开放40多年来，我国食品安全保障工作经历了四个阶段，即确保食品数量增长阶段、确保食品数量供给满足需求阶段、确保食品数量增长阶段和确保食品质量全面提升四个阶段，无论在哪一个阶段，对源头农产品生产实施卫生监管都占据着食品安全工作的重要位置。[①] 具体而言，在1978年以后的改革开放初期，卫生部牵头成立了“全国食品卫生领导小组”，对包括农业种植和养殖污染在内的食品污染进行治理。[②] 1982年，全国人民代表大会常务委员会发布《食品卫生法（试行）》，该法规定由农牧渔业部门负责畜禽兽医卫生检验工作。1995年，全国人民代表大会常务委员会发布《食品卫生法》，该法规定由农业部门负责种植和养殖环节污染监管。2004年，国务院印发《关于进一步加强食品安全工作的决定》，确立了综合协调与分段监管相结合的食品安全工作体制，规定由农业部门对农产品生产实施安全监管。2006年和2009年，我国先后发布和实施《农产品质量安全法》《食品安全法》，规定由农业部门负责农业标准化工作。至此，对食品产业链源头的农业种植和养殖过程实施安全监管成为政府法定职责，即我国当前绝大多数食用农产品是普通质量安全农产品。第二，我国当前极少数食用农产品是绿色健康农产品。2017年中央“一号文件”指出，食品安全监管要从源头抓起，突出优质、安全、绿色，健全农产品质量标准体系、生产技术标准体制和安全监管体制。由于防治农村环境污染、实施生态种植和养殖正是绿色健康农产品生产的本质特征，所以该文件揭示出，我国当前农产品生产的基本面是普通质量安全农产品生产。事实上，在绿色健

---

① 王可山，苏昕．我国食品安全政策演进轨迹与特征观察［J］．改革，2018（2）：31－44．

② 胡颖廉．食品安全理念与实践演进的中国策［J］．改革，2016（5）：25－40．胡颖廉．国家食品安全战略基本框架［J］．中国软科学，2016（9）：18－27．

康农产品生产的主战场——种植业领域，至2014年，我国无公害农产品种植面积约为1.92×10^7公顷，[①] 只约占我国1.35×10^8公顷总耕地面积的14.2%。[②]

由于农产品绿色健康信息不对称问题的实质是绿色健康农产品消费者不易从普通质量安全农产品中区分出绿色健康农产品，所以，消除受认证农产品生产—消费链中的绿色健康信息不对称的关键行动是，政府或其他组织提供携带绿色健康信息的信号，使消费者能借助这一信号区分受认证与普通质量安全农产品。当前，这一行动在我国主要体现为政府对绿色健康农产品生产组织提供认证服务，使认证标志信号发挥传递绿色健康信息的作用。具体而言，如图7-1所示，在受认证农产品生产—消费链上游，认证机构对绿色健康农产品生产基地进行认定，对生产操作过程、管理制度等进行认证，使认证合格的农产品具有“三品”标志，从而使绿色健康农产品“出身”区别于普通质量安全农产品；在受认证农产品生产—消费链下游，市场监管和食品安全监管机构对认证标志的使用实施监管，使得在所有流通和消费环节包括农产品批发交易市场、超市、社区农产品零售市场、家庭厨房和餐饮场所等，消费者都能够借助认证标志信号对绿色健康农产品与普通质量安全农产品做出区分。

三 认证标志信号发挥传递绿色健康信息作用的条件

在受认证农产品生产—消费链运行过程中，尽管绿色健康信息在生产组织与消费者之间的不对称可通过让认证标志信号传递绿色健康信息来消除，但这并不意味着，只要某农产品具有了认证标志，该农产品就一定能够被消费者从普通质量安全农产品中区分出来。这是因为，认证标志信号在发挥传递绿色健康信息作用时需要具备特定条件，即认证标

① 中国优质农产品开发服务协会主编．中国品牌农业年鉴（2015年）［M］．北京：中国农业出版社，2015：404.

② 中国农业年鉴编辑委员会．中国农业年鉴（2016年）［M］．北京：中国农业出版社，2016：158.

志信号要具备真实性、可被辨识和抗干扰。

（一）认证标志信号要具备真实性

认证标志信号要具备真实性是指，具有认证标志的农产品生产过程要切实符合“三品”生产操作规程。只有受认证农产品是真实的绿色健康农产品，即受认证农产品“出身”真正有别于普通质量安全农产品，绿色健康信息才能在绿色农产品供需者之间对称。显然，如果认证标志信号失真，那么，即使某农产品具有认证标志，但该农产品其实是普通质量安全农产品，则绿色健康信息在绿色农产品供需者之间不对称。

具有认证标志的农产品生产过程切实符合“三品”生产操作规程的实质是，种植和养殖者在生产过程中做到“控、减、处理和利用”。第一，做到“控”，即控制用水量。如依照中国绿色食品发展中心 2018 年 4 月发布的《绿色食品生产操作规程（一）》，在渤海湾地区绿色苹果生产过程中，种植者要采用水肥一体化如滴灌等技术进行灌溉，在长江中下游地区绿色食品水稻生产过程中，种植者充分利用降水补充灌溉。第二，做到“减”，即减少化肥和农药施用量。如在长江中下游地区绿色食品水稻生产过程中，水稻种植者要采取以下三方面措施来减少化肥和农药施用量。其一，选择符合农业标准 NY/T 394 的肥料施肥，施用有机氮和无机氮的比例超过 1∶1。其二，以农业防控、理化诱控、生态调控、生物防控为主防治病虫草害。其三，按照农业标准 NY/T 393－2013 规程，尤其是按照农药产品标签或按照 GB/T 8321 和 GB 12475 规定使用农药，控制用药剂量（或浓度）、施药频次与安全间隔时间。又如在渤海湾地区绿色苹果生产过程中，种植者施用肥料时要以有机肥为主，即每 0.067 公顷成龄果园施优质农家肥约 2000 千克或商品有机肥 500～800 千克、每 0.067 公顷幼龄果园施入优质农家肥约 1000 千克或商品有机肥 100～200 千克；施用农药时，要符合农业标准 NY/T 393－2013 规程。第三，做到“处理和利用”，即处理田、园、场污染物，回收利用废弃物。如在北方和南方地区绿色食品露地大白菜生产过程中，种植者要对农药包装袋进行无害化处理，并回收利用废旧地膜。

（二）认证标志信号应可被辨识、抗干扰

认证标志信号应可被辨识、抗干扰是指，认证标志信号在绿色健康农产品流通和消费过程中不能难以辨识，也不能被普通质量安全农产品干扰而减弱。在绿色健康农产品流通和消费过程中，如果认证标志信号变得不可被辨识，那么信号所携带的绿色健康信息就无法传递给绿色健康农产品需求者，绿色健康信息在绿色健康农产品供需者之间不对称，绿色健康农产品供需求者也就无法区分绿色健康农产品与普通质量安全农产品；如果认证标志信号不抗干扰，绿色健康农产品同普通质量安全农产品相混，造成认证标志信号减弱，那么信号所携带的绿色健康信息就不能充分传递给绿色健康农产品需求者，绿色健康信息在绿色农产品供需者之间不能充分对称，绿色健康农产品需求者也就不能充分区分绿色健康农产品与普通质量安全农产品。

认证标志信号在绿色健康农产品流通和消费过程中不能难以辨识的实质是，在绿色健康农产品生产—消费链运行时，某一环节的绿色健康农产品需求者要能够辨识到前一环节农产品供应者所供应绿色健康农产品的认证标志。例如，超市采购人员在从农贸批发市场采购受认证农产品时，要能够在农产品批发者所销售的众多农产品中辨识到受认证农产品所具有的“三品”标志；居民在超市购买受认证农产品、在餐饮场所购买以受认证农产品为食材加工的“绿色饭菜”时，要能够在超市经营者所销售的众多农产品、餐饮服务所提供的众多饭菜中辨识到受认证农产品具有的“三品”标志。

认证标志信号在绿色健康农产品流通和消费中不能被普通质量安全农产品干扰而减弱的实质是，在绿色健康农产品生产—消费链运行时，某一环节的农产品供应者在向下一环节绿色健康农产品需求者提供绿色健康农产品时，要采取措施防止绿色健康农产品与普通质量安全农产品相混。事实上无论是在农贸批发市场还是在超市，销售管理人员都在其中设立“三品”售卖专区，以防止普通质量安全农产品与绿色健康农产品相混。当绿色健康农产品与普通质量安全农产品相混而成为“混合品”时，认证标志信号会减弱。这是因为尽管“混合品”中具有认证标志的

农产品依然是绿色健康的，但在需求者看来，这些“混合品”中的绿色健康农产品可能是普通质量安全农产品，即此时认证标志所携带的绿色健康信息减弱。

第二节　认证标志信号状况分析

认证标志信号要具备真实性意味着，在受认证农产品生产过程中，种植和养殖者应按照“三品”生产操作规程从事种植和养殖活动，即他们要有环境偏好，同时种植和养殖过程要受到监管；认证标志信号应可被辨识、抗干扰则要求，受认证农产品流通和消费场所应具备使认证标志信号可被辨识、抗干扰的条件。采用问卷调查法考察受认证农产品生产组织中种植和养殖者的环境偏好程度，并采用职责分析法考察无公害农产品生产过程受到监管的情况，以分析认证标志信号是否具备真实性。采用问卷调查和对比分析法，对在超市中在认证标志信号指引下购买到“三品”的消费者的消费行为特征进行调查，揭示受认证农产品销售场所应具备的使认证标志信号可被辨识、抗干扰的条件，之后对比考察餐饮场所是否具备这些条件，以分析在餐饮场所中认证标志信号是否可被辨识、抗干扰。结果表明，当前，受认证农产品种植和养殖者环境偏好偏弱，同时其生产过程受到的监管也偏弱，因而认证标志信号的真实性未得到充分保障；市场上没有专门以“三品”为食材制售菜肴的场所，从外部对餐饮企业服务过程进行实时监控也还不完善，因此餐饮场所中的认证标志信号不能被充分清晰地辨识、抗干扰不足。正是认证标志信号的真实性未得到充分保障、不能被充分清晰地辨识和抗干扰不足，认证标志信号不能有效发挥传递绿色健康信息的作用，导致政府虽提供认证服务，但未能充分消除受认证农产品供需者之间的绿色健康信息不对称。

一　研究方法

（一）认证标志信号真实性分析方法

采用问卷调查法考察受认证农产品生产组织中种植和养殖者环境偏好程度，并采用职责分析法考察无公害农产品生产过程受到监管的情况，以分析认证标志信号是否具备真实性。

1. 问卷调查法

采用问卷调查法揭示受认证农产品组织中种植和养殖者环境偏好。基于肥料污染防治在农业生产过程中的污染防治中最为艰难，在设计问卷时，课题组从以下三个维度设问。第一，理念维度。在思想上认识到农业生产过程会产生污染，是受认证农产品种植和养殖者具有环境偏好的基础。第二，行动维度。在生产过程中采取较好的措施防治种植和养殖过程中产生污染，是受认证农产品种植和养殖者环境偏好的必要内容。第三，结果维度。清楚自己种植和养殖行为结果、关注自己所生产农产品的绿色品牌形象，是受认证农产品种植和养殖者具有环境偏好的重要保障。问卷具体内容见附录二。需要指出的是，受认证农产品生产组织中种植和养殖者环境偏好是指，在“三品”生产过程中，为防治生产过程产生污染，种植和养殖者采取环境友好型生产技术控制用水量、减少化肥和农药施用量、处理田地（园林、养殖场）污染物和回收利用废弃物。

问卷发放对象为301位种植和养殖者，这些种植和养殖者分布在福建省农业农村厅于2018年11月至2019年4月认定的81家无公害农产品种植和养殖组织中。问卷发放时间为2018年12月至2019年5月，发放和回收人是课题组组织的102名高校在校学生。共发出问卷301份，收回291份，其中有效问卷283份。之所以选择无公害农产品生产组织作为调查客体，是因为，无公害农产品是我国主要的安全优质农产品公共品牌，是当前和今后相当长时期内我国农产品生产和消费的主导产品。

2. 职责分析法

2018年7月至2019年8月，课题组深入福建省南平市新茂兴县霞霞丽乡等地进行实地调研，考察政府监管受认证农产品职责，分析受认证农产品生产过程所受监管的充分程度。

（二）认证标志信号可被辨识、抗干扰状况分析方法

采用问卷调查法，对在超市中在认证标志信号指引下购买到“三品”的消费者的消费行为特征进行调查，揭示受认证农产品销售场所应具备的使认证标志信号可被辨识、抗干扰的条件，之后对比考察餐饮场所是否具备这些条件，以分析在餐饮场所中认证标志信号是否可被辨识、抗干扰。

如果在某受认证农产品销售场所认证标志信号可被辨识、抗干扰，能指引有意购买受认证农产品的消费者购买到其所需，那么该受认证农产品销售场所就具备了使认证标志信号可被辨识、抗干扰的条件。通常情况下，在超市中，受认证农产品的消费者都能够在认证标志信号指引下购买到其所需，因此设计问卷，对在超市中在认证标志信号指引下购买到“三品”的消费者的消费行为特征进行调查，以掌握为使认证标志信号可被辨识和抗干扰，受认证农产品销售场所应具备的一般条件。

在设计问卷时，基于销售受认证农产品需要适宜的场所，①②③ 课题组从以下三个维度设问。第一，贴标并选择适宜场所或区域维度。对受认证农产品贴标，并选择适宜场所或区域将其销售，是认证标志信号可被辨识的必要条件。该维度分为三个消费者偏好程度水平，即消费者对销售场所整体专营受认证农产品的偏好程度水平，消费者对销售场所内部特定区域销售受认证农产品的偏好程度水平，消费者对销售商采取的分袋销售受认证农产品以确保信号可被辨识措施的偏好程度水平。第二，隔离并监控维度。在销售场所，将受认证农产品与普通质量安全农产品隔离，并对场所实施监控，是认证标志信号抗干扰的必要条件。该维度

① 韩占兵．我国城镇消费者有机农产品消费行为分析［J］．商业研究，2013（8）：183－190.

② 姜彦华．绿色食品产业升级的消费驱动与政策引导［J］．宏观经济管理，2016（8）：68－70，75.

③ 李长生，廖金萍，朱述斌．绿色食品产业协同创新的制度需求和供给分析［J］．农林经济管理学报，2016，15（6）：668－673.

分为两种消费者的偏好程度水平，即消费者对销售商实施内部管控的偏好程度水平，消费者对销售商所采取的接受外部监控以预防信号在销售场所被干扰措施的偏好程度水平。第三，让信号受到一定程度干扰的维度。允许不同品牌受认证农产品（如同一类无公害农产品，同一类绿色或有机农产品）在一定情况下相混，是认证标志信号抗干扰的放松条件。该维度分为两种消费者的接受程度水平，即消费者对非受认证农产品干扰受认证农产品的接受程度水平、消费者对某一品牌受认证农产品干扰另一品牌受认证农产品的接受程度水平。问卷具体内容见附录三。

为了充分掌握销售场所应具备的使认证标志信号可被辨识、抗干扰条件中的强条件与弱条件，课题组采用聚类分析法对不同的“三品”购买者行为进行分析，为此课题组将受访者回答问题的内容加以量化。具体而言，在每一设问中，设置4个选项，按照序号，4个选项内容所对应的对受认证农产品可被辨识和抗干扰偏好依次增强。选项序号乘以2，即为该选项对应的消费者对受认证农产品可被辨识和抗干扰偏好的分值。每份问卷对应的7道设问的7个得分，就构成一个受访者在购买受认证农产品时对认证标志信号可被辨识和抗干扰偏好的向量，所有受访者偏好向量构成聚类分析总体样本。例如，某设问有4个选项，如果受试者选择第三选项，则该受试者在该设问上所得受认证农产品可被辨识和抗干扰偏好的分值为 $2 \times 3 = 6$ 分；而如果受试者选择第四选项，则该受试者在该设问上所得受认证农产品可被辨识和抗干扰偏好的分值为 $2 \times 4 = 8$ 分。

在发放问卷方面，课题组选择了福州市的6家永辉超市，对正在超市购买受认证农产品的消费者发放问卷。之所以选择永辉超市发放问卷，是因为永辉超市被国家七部委誉为中国“农改超”的创立者，是我国最早将生鲜农副产品引入超市的企业之一，已率先被福州市鼓楼区政府市场监督管理局列为农副产品质量追溯建设体系示范企业，其“三品”销售规模大、品种齐全而且正规。课题组共发放201份，收回199份，其中有效问卷192份。

二　分析过程

（一）认证标志信号真实性分析

1. 受认证农产品生产组织中种植和养殖者环境偏好分析

在无公害农产品生产组织中的283位受访者中，96%以上的种植和养殖者同时种植多种作物（如同时种植水稻和蔬菜者有6人），其中，种植了蔬菜者177人，种植了水稻者110人，种植了玉米者68人，种植了林果者55人，种植了茶叶者30人。调查显示，这些种植和养殖者在生产过程中的环境偏好总体偏弱，总体表现为防治污染观念意识不足、主动性不强，较少采用先进污染防治技术，不清楚自己种植行为结果、较少关注自己所生产农产品的绿色品牌形象。

首先，种植和养殖者防治污染的观念意识总体不足、主动性不强。第一，防治污染的观念意识总体不足。在被问及“您觉得种地会造成农地污染吗?”时，91.7%的受访者认为不会，只有2.7%的受访者认为施用化肥和农药会造成农地污染。在被问及“您觉得长期大量施用化肥对种地有什么影响?”时，100%的受访者认为长期大量施用化肥“会使耕地肥力变差”，而只有4.1%的受访者认为“可能会污染耕地”。在被问及“您认为施到地里的化肥有多少被作物吸收了?”时，有91.2%的受访者认为“80%以上被吸收了”或回答“不清楚”。在问及“很早以前，河里的水可直接用来做饭，但现在却不能了，为什么呢?”时，只有7.9%的受访者选择“种地的化肥和农药进到河里了”这一选项。需要注意的是，在被问及“您觉得长期大量施用化肥对种地有什么影响?”时，100%的受访者知道长期大量施用化肥“会使耕地肥力变差”。对比前述2.7%的受访者认为施用化肥和农药会造成农地污染来看，当前种植时之所以施用有机肥，只是因为农户们注意到大量使用化肥会对地力造成不利影响。第二，防治污染主动性总体不强。在被问及“针对种地时施用很多化肥的行为，如果有关机构实施限制，比如制定化肥使用量标准，并对超量施用化肥的行为罚款，您认为合理吗?”时，有51.5%的受访者选择“寻找少施化肥的技术，但这种技术必须保证我家原有收成”，剩下的受访者要么选择“这种做法不合理”，要么选择“即使被罚款，我还是会像以前那样施用化肥和农药”。在被问及“针对种地时减少使用化肥的行为，如果有关机构给予奖励或补贴，您会怎么做?”时，选择“赞成，想方设法多施用一些农家肥”的受访者占19.1%，选择“赞成，但因为使用农家肥的成本高，所以奖励和补贴幅度要足够大才行”的受访者占80.9%。

其次，种植和养殖者较少采用先进污染防治技术。85.7%的受访者没有使用水肥一体化技术，75.1%的农户不清楚什么是水肥一体化技术。

最后，种植和养殖者不清楚自己种植和养殖行为结果、较少关注自己所生产农产品的绿色品牌形象。第一，不清楚自己种植和养殖行为结果。在被问及“您认为生产无公害农产品的好处是什么?”时，有89.1%的受访者认为“能得到补贴”，或“无公害农产品进入市场时免检”，或“认证证书能作为产品质量合格的证明”，而只有7.2%的农户选择“能减少生产过程污染”。第二，较少关注自己生产农产品的绿色品牌形象。在被问及“与其他无公害农产品相比，您的产品更有质量保证吗?”时，73.9%的受访者选择“也许”，10.1%的受访者选择“不清楚”。

2. 受认证农产品生产过程受到监管情况分析

依据认证管理办法规定和农产品质量监管工作要求，县（市）农产品认证机构、农产品质量安全监管机构和农产品质量安全检验检测机构都要承担对受认证农产品过程进行监管的责任，包括取样化验、查看种植和养殖者是否按照生产规程生产、检查生产管理人员对生产管理是否规范等。对生产过程未达到生产操作规程标准的受认证农产品生产组织，以上机构要提出整改要求，甚至责令企业停止生产。

但是，当前，以上机构并没有专职地承担对受认证农产品生产过程实施现场检查检测的职责。第一，农产品认证机构并没有专职地对受认证农产品生产过程实施现场检查检测。受认证农产品定点检测机构虽然有资质对受认证农产品生产过程实施现场检查检测，但是，依据国家绿色食品发展中心于2018年发布的《无公害农产品、绿色食品、农产品地理标志定点检测机构管理办法》，该机构的主要职责是出具有关环境要素、农产品理化指标检测数据和结果证明，为受认证农产品认定、标志许可和登记仲裁出具数据和结果证明。

第二，县（市）绿色食品发展中心、乡（镇）农产品质量监管和检验检测机构并不专职对无公害农产品生产过程实施现场检查检测。例如，在前述霞霞丽乡源顺公司小锄无公害农产品生产过程中，依照《新茂兴县创建省级农产品质量安全示范县实施方案》，县绿色食品发展中心、农产品质量安全监管股和检验检测中心承担“三品一标”检查检测责任。然而，这些机构并没有设置专职的对受认证农产品生产过程实施现场检查检测工作岗位，也没有相应的专职人员。具体而言，其一，县绿色食品发展中心有7名工作人员，其职责主要是开展农业“三品”认证新申报工作、开展农业“三品”认证企业复查换证与续展工作、开展农业“三品”认证主体年检工作、进行农业“三品一标”标志使用专项执法检查等。这些职责虽包含对受认证农产品生产过程进行现场检查检测，但并没有与这一工作相对应的专职岗位和人员。其二，农产品质量安全监管股有5名专职监管人员，其职责虽然包括推动“三品一标”认证、强化证后监管，但是证后监管的工作内容主要是“严厉打击（证书）假冒行为，维护品牌公信力”，而非对受认证农产品生产过程进行现场检查检测。其三，安全检验检测中心配备3名专职检测人员，但其职责主要是抽检“三品一标”产品质量，确保全县“三品一标”产品的抽检合格率在98%以上，[①] 即该机构主要是对农产品进行质量安全检验检测，而不是对受认证农产品生产过程进行现场检查检测。

由于没有专职地承担对受认证农产品生产过程实施现场检查检测的职责，所以当前县（市）农产品认证机构、农产品质量安全监管机构和农产品质量安全检验检测机构对受认证农产品生产过程进行现场检查检测的次数极其有限。例如，实地调研得知，在一年当中，小锄无公害农产品生产过程受到的现场检查检测次数平均只有4次。一年当中受认证

---

① 顺昌县农业局关于印发2017年农产品质量安全监管重点工作任务清单的通知［EB/OL］.［2017-07-03］. http://www.fjsc.gov.cn/cms/html/scxrmzf/2017-07-03/1157462521.html.

农产品生产过程受到次数极其有限的现场检查检测揭示出，当前受认证农产品生产过程受到的监管偏弱。

（二）认证标志信号可被辨识、抗干扰状况分析

1. 受认证农产品销售场所需具备的条件分析

对受认证农产品可被辨识和抗干扰偏好问卷结果进行量化处理，之后，利用 SPSS 20.0 对数据进行聚类，聚类结果如图 7－2 所示。

由图 7－2 可知，当聚为三类时，第一类样本包含 20 位受访者，受访者平均得分 6.57 分；第二类样本包含 125 位受访者，受访者平均得分 5.43 分；第三类样本包含 47 位受访者，受访者平均得分 4.29 分。受访者得分低，说明他们对受认证农产品可被辨识和抗干扰偏好弱，他们的消费行为也就不能充分揭示受认证农产品销售场所需要具备的使认证标志信号可被辨识、抗干扰的条件。为此，只对第一类和第二类受访者的受认证农产品可被辨识和抗干扰偏好特征进行分析。需要说明的是，在永辉超市的 192 位受访者中，96% 的受访者年龄为 25～50 岁，93% 的受访者所在家庭年收入为 15 万～45 万元。

第一类受访者对认证标志信号可被辨识和抗干扰具有强烈偏好。对他们而言，认证标志信号必须能够被高度清晰地辨识、强烈地抗干扰。第一，销售场所必须能够被高度清晰地辨识。在价格和购买便利程度相同的情况下，88.9% 的这类受访者只会去受认证农产品专营超市购买其所需。第二，销售场所中的受认证农产品售卖区必须能够被高度清晰地辨识。92.3% 的这类受访者习惯于在售卖专区能很容易地找到受认证农产品。第三，受认证农产品销售过程需要被严格从外部实时监管，以防受认证农产品与非受认证农产品相混。87.6% 的这类受访者希望“利用网络技术，通过视频流媒体平台，使消费者参与超市消费过程监管”。第四，一种受认证农产品绝不能与另一种受认证或非受认证农产品相混。一旦发现所购受认证农产品与另一种受认证农产品相混，87.1% 的这类受访者选择“立刻停止购买，并向市场监督管理部门投诉”；一旦发现所购受认证农产品与非受认证农产品相混，100% 的这类受访者选择“立刻停止购买，并向市场监督管理部门投诉”。

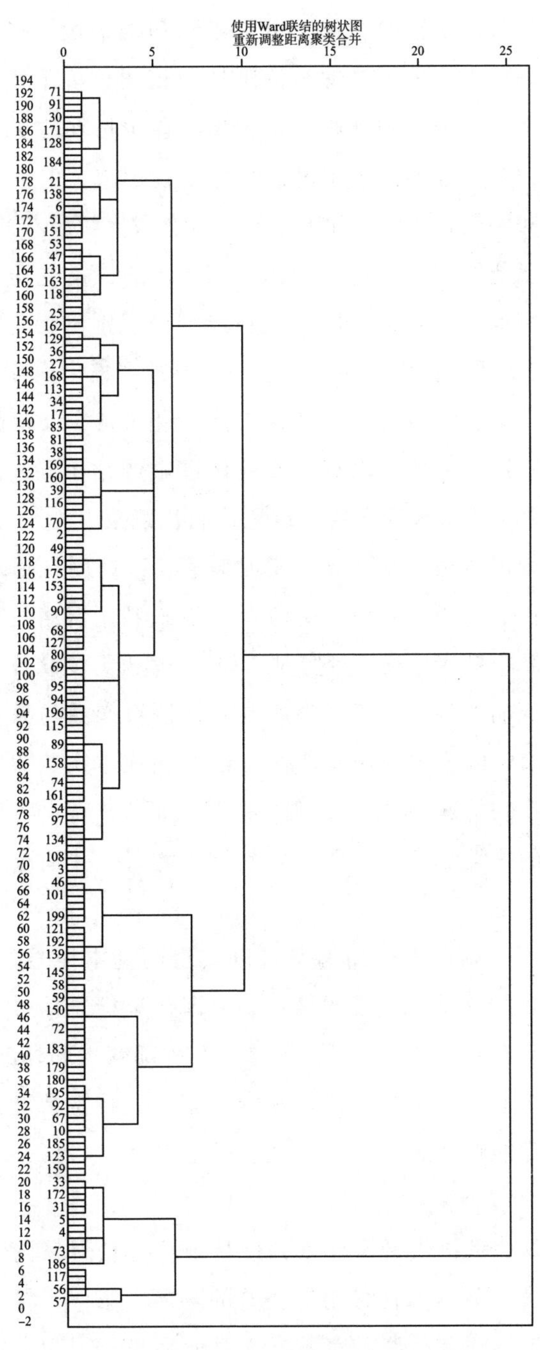

图 7－2　受访的受认证农产品消费者聚类结果

第二类受访者对认证标志信号可被辨识和抗干扰具有适度偏好。对他们而言，认证标志信号要能够被清晰地辨识出、抗干扰。第一，受认证农产品销售场所要能够被清晰地辨识出。在价格和购买便利程度相同的情况下，91.7%的这类受访者更愿意去专营超市，但也会去混营（混营是指超市同时经营普通蔬菜和无公害、绿色或有机蔬菜）超市。第二，认证标志信号要能够被清晰地辨识出。85.6%的该类受访者认为，受认证农产品要有带标志的包装，以“使我能准确识别出无公害、绿色或有机蔬菜”。第三，受认证农产品销售过程需要被严格由内部工作人员实时监管，以防受认证农产品与非受认证农产品相混。83.5%的该类受访者认为，受认证农产品之所以没有与非受认证农产品相混，最重要的原因是“始终有工作人员看管无公害、绿色或有机蔬菜专柜”。第四，受认证农产品销售过程需要被严格从外部实时监管，以防受认证农产品与非受认证农产品相混。81.9%的该类受访者希望“利用网络技术，由市场监督管理部门对超市销售过程进行实时监控”。第五，受认证农产品绝不能与非受认证农产品相混。一旦发现所购受认证农产品与另一种受认证农产品相混，84.5%的这类受访者选择“继续完成本次购买，随后向超市有关管理人员反映情况”；一旦发现所购受认证农产品与非受认证农产品相混，92.8%的这类受访者选择“立刻停止购买，并向超市有关管理人员反映情况和意见”。

综合来看，受认证农产品消费得以实现的基本信号条件是，第一，认证标志信号要能够被直接或间接辨识，即认证标志信号紧随产品，或者受认证农产品有专用销售场所。第二，在内部管控和外部监管作用下，受认证农产品与非受认证农产品不相混。第三，特定情境下，不同标志的受认证农产品能够被混合销售。

2. 餐饮场所实际具备的条件分析

首先，餐饮服务提供者不能做到使认证标志信号紧随菜肴，市场上也没有专门以“三品”为食材制售菜肴的场所。第一，餐饮服务提供者不能做到使认证标志信号紧随菜肴。这显而易见，因为烹饪菜肴需要众多食材及调料，很难对这些食材及调料一一“贴标”。第二，市场上也没有专门以“三品”为食材制售菜肴的场所，只有兼以“三品”为食材制售菜肴的场所，即绿色饭店。我国于2002年正式开始创建绿色饭店。2007年，随着《绿色饭店国家标准》的制定和发布，绿色饭店在我国走上规范化发展道路。目前，我国参与绿色饭店评定的餐饮企业约有1500余家。[①] 但是，绿色饭店并不专门以“三品”为食材制售菜肴。具体而言，只要某饭店具备“有机、绿色、无公害食品原料基地、采购渠道”，并“积极采用有机、绿色、无公害食品原料”制作菜肴，则该饭店就具备了绿色饭店资质。事实上，即便是某饭店获得了五片银杏叶标志而成为5A级绿色饭店，该饭店也只需“提供品种超过20个的营养平衡绿色食谱”。

其次，从外部对餐饮企业服务过程进行实时监控还处于起步阶段。我国市场监督管理部门刚刚启动对餐饮企业烹饪过程进行实时监控工作。国家市场监督管理总局于2018年正式发布《餐饮服务明厨亮灶工作指导意见》，[②] 开始全面鼓励餐饮服务提供者明厨亮灶，即鼓励餐饮服务提供者采用透明、视频等方式，积极向社会公众展示餐饮服务过程，以便市场监督管理部门与顾客可以非常直观地看到厨房操作场景，也就能够实时监督厨房员工操作是否规范、卫生是否合格，厨房内是否有一些不该有的物品。

三　结论

（一）认证标志信号真实性未得到充分保障

上述分析表明，在受认证农产品生产过程中，种植和养殖者的环境偏好总体偏弱，即他们在总体上并不能够完全主动地采取环境友好型生产技术来有效控制用水量、减少化肥和农药施用量、处理田地（园林、养殖场）污染物和回收利用废弃物。在这种情况下，要确保生产过程达到认证标准，政府就需要对种植和养殖过程给予有力监管，确保种植和

---

① 姜蓉．基于绿色饭店发展建立个人绿色信用评价［J］．中国商论，2019（12）：213－214.

② 市场监管总局关于印发餐饮服务明厨亮灶工作指导意见的通知［EB/OL］．http://www.gov.cn/gongbao/content/2018/content_5323105.htm.

养殖者按照“三品”生产操作规程从事种植和养殖活动。然而，上述无公害农产品生产过程受到监管情况表明，政府对受认证农产品生产过程实施的监管偏弱。因此，当前，认证标志信号的真实性未得到充分保障。

（二）认证标志信号不能被充分清晰地辨识且抗干扰不足

上述分析表明，由于市场上没有专门以“三品”为食材制售菜肴的场所，从外部对餐饮企业服务过程进行实时监控也还不完善，所以餐饮场所未充分具备使认证标志信号可被辨识、抗干扰的条件，这导致餐饮场所中的认证标志信号不能被充分清晰地辨识、抗干扰不足。

第三节　充分消除绿色健康信息不对称之具体措施

如前所述，当前，由于受认证农产品生产过程受到的监管偏弱，市场上没有专门以“三品”为食材制售菜肴的场所，从外部对餐饮企业服务过程进行实时监控也还不完善，所以认证标志信号真实性未得到充分保障、餐饮场所中的认证标志信号不能被清楚辨识和抗干扰不足，使得认证标志信号不能有效发挥传递绿色健康信息的作用，导致政府虽提供认证服务，但未能充分消除受认证农产品供需者之间的绿色健康信息不对称。据此，政府充分消除受认证农产品生产—消费链中的绿色健康信息不对称之具体措施是，完善对受认证农产品生产过程实施现场检查检测机制，完善绿色餐饮服务提供者评建机制和完善明厨亮灶制度。

一　完善对受认证农产品生产过程实施现场检查检测机制

前述分析表明，政府对受认证农产品生产过程实施的监管偏弱的根本原因是，专职的对受认证农产品生产过程实施现场检查检测的岗位和人员不足，使得受认证农产品生产过程受到的现场检查检测不足。为此，政府需要完善对受认证农产品生产过程实施现场检查检测机制，购买私人组织提供的对受认证农产品生产过程实施现场检查检测服务（以下简称“私人提供的现场检查检测服务”），以此加强对受认证农产品生产过程的监管，充分保障认证标志信号具备真实性。

（一）编制对受认证农产品生产过程实施现场检查检测专项预算

1. 整合现场检查检测经费

现有的对受认证农产品生产过程实施现场检查检测经费主要包括以下三个方面。第一，认证机构对受认证农产品生产过程进行现场检查检测经费。该经费被认证机构用于检查种植和养殖产地环境变化及其对受认证农产品生产的影响情况，受认证农产品生产技术按规程操作和执行情况，受认证农产品生产过程记录情况以及农业投入品被规范使用情况等。也就是说，认证机构对受认证农产品生产过程进行检查检测经费主要包括，认证机构对绿色生产管理进行检查所需经费，对农产品生产条件、流程及其关键控制点进行检查所需经费。第二，农产品质量安全监管机构对受认证农产品生产过程进行现场检查检测经费。该经费被农产品质量安全监管机构用于检查种植所用种子、肥料等生产投入品是否符合标准、种植和养殖过程是否符合标准，杜绝后者使用禁用药和过期药。也就是说，农产品质量安全监管机构对受认证农产品生产过程进行检查检测经费主要被用来检查生产组织操作过程是否符合农业标准化生产要求。第三，农产品质量安全检验检测机构对受认证农产品生产过程进行现场检查检测经费。该经费被农产品质量安全检验检测机构用于对农产品进行现场抽样检测，对生产投入品进行检查，对检查检测数据对照标准进行分析。也就是说，农产品质量安全检验检测机构对受认证农产品生产过程进行检查检测的经费主要被用于从外部对获证农产品生产进行质量控制。

整合后，当前农产品认证机构、农产品质量安全监管机构、农产品质量安全检验检测机构各自支配的对受认证农产品生产过程进行现场检查检测经费，统一由农产品认证机构独立核算和支配。

2. 增加现场检查检测经费

之所以要增加经费，从实践来看，是因为对受认证农产品生产过程进行检查检测所需机构、设备和人员较多，当前县和乡镇财政还不能充分保障检查检测所需的经费投入。例如，新茂兴县为加大对受认证后农产品生产过程检查检测力度，在全县12个乡镇（街道）设立了农产品质量安全监管中心与动物卫生监督分所并配备监管员，在全县130个行政村配备了130名农产品质量安全协管员（每村一名），在各乡镇（街道）建立了农产品速测室并配备农残速测仪和专职检测人员。在采取这些措施时，新茂兴县农业农村部门要求各乡镇结合县里政策加大投入，以确保对受认证农产品生产过程进行现场检查检测所需经费。

（二）制订购买现场检查检测服务计划

编制对受认证农产品生产过程实施现场检查检测专项预算之后，政府在对私人提供的现场检查检测服务实施购买之前，还需要制订具体购买计划。购买计划应由县（市）绿色食品发展中心等认证机构制订。这是因为，认证机构是对受认证农产品生产过程进行现场检查检测的核心机构。第一，认证机构是认证项目的发起者。第二，认证机构所做的检查检测具有必要性。从上述各有关机构对受认证农产品生产过程进行现场检查检测的内容来看，受认证农产品生产过程是否合格，主要取决于认证机构对生产过程所做的检查检测结果是否达到标准。第三，只有认证机构有权力暂停或撤销生产组织所获认证证书。依据规定，虽然农产品质量安全监管和检验检测机构有权力依据检查检测结果，责令获证农业生产组织停止使用认证标志，但只有认证机构有权力暂停或撤销农业生产组织所获认证证书。

（三）让私人组织承担现场检查检测责任

以政府购买方式，政府让私人组织承担对受认证农产品生产过程实施现场检查检测责任，其责任内容主要包括三个方面。一是检查检测获证农产品生产组织生产流程及其管理制度是否符合认证标准，二是检查检测获证农产品生产组织操作是否符合农业标准化要求，三是从外部对受认证农产品生产进行质量控制。也就是说，以购买方式，政府让私人组织专职地集中承担原来由农产品认证机构、农产品质量安全监管机构、农产品质量安全检验检测机构各自分散承担的对受认证农产品生产过程实施现场检查检测责任。这就破解了前述专职工作岗位和人员不足导致的受认证农产品生产过程受到的现场检查检测不足问题，加强了对受认证农产品生产过程的监管。

二　完善绿色餐饮服务提供者评建机制和明厨亮灶制度

在绿色餐饮服务评定标准中，对饭店以受认证农产品为食材提供餐饮的限定偏弱，导致绿色餐饮场所中的认证标志信号不能被充分清晰地辨识；同时，从外部对餐饮服务提供过程进行实时监控还较为困难，导致绿色餐饮场所中的认证标志信号抗干扰不足。为此，必须从完善绿色餐饮服务提供者评建机制和明厨亮灶制度入手，来破解绿色餐饮场所中的认证标志信号不能被充分清晰地辨识和抗干扰不足问题。

（一）完善绿色餐饮服务提供者评建机制

1. 完善绿色饭店评定机制

首先，在绿色饭店评分基本标准中，将以受认证农产品为食材提供餐饮服务为基本标准，使绿色健康农产品认证标志信号与绿色饭店认证标志信号所携带的绿色健康信息等值，确保受认证农产品消费者能够通过辨识绿色饭店标志信号充分清晰地辨识出绿色健康农产品认证标志信号。最新发布的绿色饭店评分标准对使用绿色饭店标志的申请者提出十一个项目的基本要求，其中，第十项要求为，“有倡导节约、环保和绿色消费的宣传行动，对消费者的节约、环保消费行为提供鼓励措施”。这种表述虽涉及以受认证农产品为食材提供餐饮服务，但绿色饭店认证标志信号所携带的绿色健康信息模糊。餐饮企业区别于其他类型企业的最显著特征就是为消费者提供餐饮，为此，“倡导节约、环保和绿色消费”首先就应当是倡导绿色健康饮食，相应地，对消费者的绿色健康消费所提供的鼓励措施就应当包括以下两个方面。一是确保受认证农产品消费者能够切实消费到以绿色健康农产品为食材烹饪的饭菜，二是引导非节约、非环保和非绿色餐饮消费者消费以绿色健康农产品为食材烹饪的饭菜。为此，应当将绿色饭店评分标准的第十项要求完善为“有倡导节约、环保和绿色消费的宣传行动，对消费者的节约、环保消费行为提供鼓励措施，以受认证农产品为食材提供餐饮服务”，以使消费者能够借助绿色饭店认证标志信号辨识出绿色健康农产品认证标志信号。

其次，特定级别绿色饭店限定采用特定类型受认证农产品为食材进行烹饪，使绿色饭店中的不同绿色健康农产品认证标志信号都能够被充分清晰地辨识。在现行绿色饭店等级标准认定规则下，一名受认证农产品消费者在任一等级即具有一片至五片银杏叶的任一绿色饭店食用饭菜时，都不能辨识出该饭店的饭菜具体是以哪一类型受认证农产品为食材烹饪而得，即他无法辨识该饭店选用的受认证农产品究竟是无公害农产品，还是绿色食品，抑或是有机农产品。其原因在于，现行绿色饭店级别即银杏叶的多少只取决于评定总分高低，每一片银杏叶的获得与该饭店以何种类型受认证农产品为食材进行烹饪无关。因此，为使绿色饭店中的不同绿色健康农产品认证标志信号都能够被充分清晰地辨识，就应当将银杏叶片也就是绿色饭店级别的获得与该饭店以何种类型受认证农产品为食材进行烹饪挂钩。例如，对五叶级别的绿色饭店，限定其采用有机农产品为食材进行烹饪；对四叶级别的绿色饭店，限定其至少采用Ⅱ级绿色食品为食材进行烹饪；对三叶级别的绿色饭店，限定其至少采用Ⅰ级以上绿色食品为食材进行烹饪；对二叶和一叶级别的绿色饭店，限定其至少采用无公害农产品为食材进行烹饪。

绿色饭店评定机制被以如上方式完善之后，通过识别绿色饭店标志，一名受认证农产品消费者就能够辨识出绿色健康农产品认证标志信号；而通过识别该饭店级别，他就能够进一步辨识出该受认证农产品信号的类型。

2. 完善绿色餐馆和食堂评定与创建机制

在日常生活中，绝大多数普通受认证农产品消费者去绿色饭店就餐的机会并不会太多，他们户外就餐更多地是在餐馆、单位食堂等处。为此，要使餐饮场所中的认证标志信号能够被充分清晰地辨识，除了要使绿色饭店中的认证标志信号能够被充分清晰地辨识外，还要使餐馆、食堂中的认证标志信号也能够被充分清晰地辨识，这就需要完善绿色餐馆和食堂评定与创建机制。

绿色餐馆和食堂评定标准可采用现行绿色饭店评定标准中的有关条

款。《绿色饭店国家标准》规定，“本标准（虽）适用于从事经营服务的饭店，（但）餐饮企业可参照有关条款执行”，因此，绿色饭店评定标准中的“绿色餐饮”有关条款即可作为评定绿色餐馆和食堂的标准。

创建绿色餐馆、食堂应当同创建国家食品安全示范城市相衔接。国务院食品安全办公室于2017年发布《国家食品安全示范城市标准（修订版）》，在要求国家食品安全示范创建城市有效治理食品安全源头、保障农产品质量安全、治理耕地污染的同时，鼓励这些城市“执行更严格的标准”，即“按照发达国家和地区更加严格的食品质量安全标准体系，有针对性地改进本地食品安全工作”，“明显提升餐饮业质量安全水平”。这意味着，创建绿色餐馆和食堂是创建国家食品安全示范城市的内在要求，当前，二者衔接的重点是，在实施餐饮业质量安全提升工程时，在已经创建出放心餐馆、放心食堂的基础上，再以更严格标准评定出最放心餐馆、最放心食堂，即绿色餐馆和食堂。例如，上海市、浙江省、福建省等都实施了创建放心餐厅（餐馆）、放心食堂工程，其中，被列入第二批国家食品安全示范创建试点城市的福州市还开展了认定30家放心餐馆和30家放心食堂行动。[①] 下一步，这些城市食品安全委员会应当按照执行更严格标准，明显提升餐饮业质量安全水平要求，进一步从放心餐馆和食堂中，认定出一定数量的绿色餐馆和食堂，即以受认证农产品为食材提供餐饮服务的餐馆和食堂，以此更广泛地使餐饮场所中的认证标志信号能够被充分清晰地辨识。

（二）完善明厨亮灶制度

在完善绿色饭店、餐馆和食堂评定与创建机制基础上，为使这些场所的认证标志信号充分抗干扰，就需要完善以明厨亮灶为核心的绿色饭店、餐馆和食堂餐饮服务提供过程实时监控机制，以防止普通质量安全农产品与受认证农产品相混，以及防止不同受认证农产品相混。

明厨亮灶制度本质上是使餐饮服务提供过程受到实时监控的食品安

① 福州评选“放心餐厅”“放心食堂”年底各评30家［EB/OL］.［2019-07-06］. http://www.fj.chinanews.com/news/fj_jsxw/2019/2019-07-06/444650.html.

全制度。国家食品药品监督管理总局于2018年发布《餐饮服务明厨亮灶工作指导意见》（以下简称《意见》），要求餐饮服务经营者和单位食堂明厨亮灶。具体而言，餐饮服务企业要通过三条途径向社会公众展示餐饮服务过程的四方面内容。三条途径分别是指，通过透明厨房即通过建造透明玻璃窗或玻璃墙方式向社会公众展示餐饮服务过程，通过视频厨房即通过视频直播向社会公众展示餐饮服务过程，通过网络厨房即将视频信息上传至网络平台向社会公众展示餐饮服务过程。向社会公众展示餐饮服务过程的四方面内容是指，第一，展示粗加工区卫生状况；第二，展示烹饪区地面、工作台面和设施设备洁净程度以及该区域人员穿戴工作衣帽状况；第三，展示专用房间与操作区工作台面、设施设备洁净程度以及该区域人员穿戴工作衣帽状况、食品加工烹饪过程；第四，展示餐饮具清洗消毒区餐饮具回收、清洗、消毒、保洁等过程。餐饮服务企业通过三条途径向社会公众展示餐饮服务过程的四方面内容，有利于认证标志信号充分抗干扰。这是因为，当食材加工情况被实时、直观地展示给餐饮消费者和社会公众时，餐饮服务提供过程、提供场所不仅受到食品安全监管部门检查，也受到就餐现场和非现场社会公众实时监督，从而实现了从外部对餐饮服务提供过程进行实时监控。

要使认证标志信号充分抗干扰，就要完善明厨亮灶制度。这是因为，《意见》虽然要求餐饮服务企业应当做到使原料来源清晰，但正如上述餐饮服务企业需要向社会公众展示的内容所显示的，《意见》并没有规定餐饮服务企业要将进货情况向公众实时展示。这意味着，如果有非受认证农产品混入绿色饭店、餐馆和食堂进货过程，或者两种不同受认证农产品相混，则包括现场就餐者在内的社会公众和食品安全监管部门将无法实时观察到这一现象。也就是说，在进货这一环节，在现有明厨亮灶制度下，绿色饭店、餐馆和食堂不具备使认证标志信号充分抗干扰的条件。

完善明厨亮灶制度是指在现有明厨亮灶制度的基础上，建立起餐饮服务企业通过透明、视频或网络厨房形式，向餐饮消费者和社会公众展示企业验货和进货过程，尤其是清晰展示验货和进货时的原料品牌、购物发票制度。完善明厨亮灶制度最早由福建省食品安全委员会在其于

2019 年发布的《福建省餐饮服务“明厨亮灶”示范单位评定标准》中提出。[①] 由于餐饮服务企业要将其验货和进货过程向社会和公众展示的规定能使餐饮服务过程受到充分实时监控，有效防止普通质量安全农产品与受认证农产品相混以及不同受认证农产品相混，所以政府完善明厨亮灶制度能够使餐饮场所中的绿色健康农产品认证标志信号充分抗干扰。

本章小结

要建立健全市场主体分担责任机制，将农业生产、村民生活污染整治由政府担责向市场主体分担责任推进，政府还要以提供服务方式充分消除受认证农产品生产—消费链中的绿色健康信息不对称，以使绿色健康农产品生产组织在更强消费需求拉动下、在更大生产规模上充分承担农业生产污染治理公共服务生产责任。

政府充分消除受认证农产品生产—消费链中的绿色健康信息不对称之具体措施是，完善对受认证农产品生产过程实施现场检查检测机制，完善绿色餐饮服务提供者评建机制和明厨亮灶制度。第一，完善对受认证农产品生产过程实施现场检查检测机制。政府购买私人组织提供的对受认证农产品生产过程实施现场检查检测服务，以此加强对受认证农产品生产过程的监管，充分保障认证标志信号具备真实性。其一，编制对受认证农产品生产过程实施现场检查检测专项预算。一是将现有分散的对受认证农产品生产过程实施现场检查检测经费整合统一，二是增加对受认证农产品生产过程进行现场检查检测经费。其二，由认证机构制订购买私人提供的现场检查检测服务计划。其三，以购买方式政府让私人组织承担对受认证农产品生产过程实施现场检查检测责任。第二，完善绿色餐饮服务提供者评建机制和明厨亮灶制度。其一，完善绿色餐饮服

① 福建省食品安全委员会办公室 福建省市场监督管理局关于开展创建 2019 年餐饮服务“明厨亮灶”示范单位工作的通知［EB/OL］．［2019－03－25］．http://www.eshian.com/sat/laws/lawsdetail/46518.

务提供者评建机制。一是完善绿色饭店评定机制。在绿色饭店评分基本标准中，将以受认证农产品为食材提供餐饮服务为基本标准，使绿色健康农产品认证标志信号与绿色饭店认证标志信号所携带的绿色健康信息等值，确保受认证农产品消费者能够通过辨识绿色饭店标志信号充分清晰地辨识出绿色健康农产品认证标志信号。特定级别绿色饭店限定采用特定类型受认证农产品为食材进行烹饪，使绿色饭店中的不同绿色健康农产品认证标志信号都能够被充分清晰地辨识。二是完善绿色餐馆和食堂评定与创建机制。绿色餐馆和食堂评定标准可采用现行绿色饭店评定标准中的有关条款。创建绿色餐馆、食堂应当同创建国家食品安全示范城市相衔接。其二，完善明厨亮灶制度。建立起餐饮服务企业通过透明、视频或网络厨房的形式，向餐饮消费者和社会公众展示企业验货和进货过程，尤其是清晰展示验货和进货时的原料品牌、购物发票制度。由于餐饮服务企业要将其验货和进货过程向社会和公众展示的规定能使餐饮服务过程受到充分实时监控，有效防止普通质量安全农产品与受认证农产品相混以及不同受认证农产品相混，所以政府完善明厨亮灶制度能够使餐饮场所中的绿色健康农产品认证标志信号充分抗干扰。

第八章　结论与展望

第一节　研究结论与创新点

一　研究结论

（一）政府切实承担污染治理公共服务供给保障责任

要建立健全市场主体分担责任机制，将农业生产、村民生活污染整治由政府担责向市场主体分担责任推进，政府自身首先要承担好农业生产、村民生活污染治理公共服务供给保障责任。

1. 健全以河长制为代表的环境问责制度

政府要切实承担提高环境质量责任，就要健全以河长制为代表的环境问责制度。

（1）完善政府承担提高环境质量责任法律体系

第一，将“环保督察”“一岗双责”“党政同责”等政府责任上升到法律层面，将地方政府承担组织、领导和协调水资源保护、水污染防治责任法治化。

第二，划定流域水资源保护、水污染防治失职的具体种类、内容，即划定政府环境责任失职清单。

第三，设定每一种环境责任失职所分别对应的具体否定性后果，并将这种后果分解、落实到失职河长、失职部门和失职部门成员。

（2）成立独立的生态环境保护督察机构

第一，在国家层面强化环境执法督察制度建设，成立独立的政府环境责任问责机构。突破中央生态环境保护督察办公室受生态环境部委托或授权而组织实施督察的局限，让生态环境保护督察机构拥有独立的环境监督检查权力，包括独立的调查权、独立的检查权、独立的处置权、独立的协调权、独立的整改建议权、独立的问责建议权等。

第二，在地方层面建立地方环境督查常态化制度，成立独立的省、市以及乡镇水资源保护、水污染防治责任问责机构。相对于中央生态环境保护督察工作抓重点领域重点问题，地方生态环境保护督察工作应当突出抓常态化水资源保护、水污染防治问题。

（3）逐步加大政府环境责任公益诉讼力度

参照国际经验，在深入解决河长问责不充分问题时，我国需要逐步加大政府环境责任公益诉讼力度。尽管美国、日本和德国的政府环境责任问责实践显示，司法介入是建立水污染防治问责制度、确保河长制落实的重要途径，但限于我国现行司法体制背景，在健全以河长制为代表的环境问责制度方面，我国更有条件采取的措施是逐步加大政府环境责任公益诉讼力度。

2. 完善污染产生者配合实施环境治理措施绩效考评政策

政府要切实承担使污染产生者充分配合实施环境治理措施责任，就要完善污染产生者配合实施环境治理措施绩效考评政策。

（1）设置绩效考核评比机构

在乡镇成立“农业生产、村民生活污染治理行动领导小组”，由该小组牵头成立绩效考核评比机构，对辖区内农业生产者、村民配合实施的环境治理措施进行绩效考评。

（2）健全考核评比指标体系

建立农业生产、村民生活污染治理市场主体治污条件指标，包括种植和养殖剩余物未被废弃指标、污水入管道指标、垃圾入桶指标等。

（3）专设各村互评指标且村规民约充分吸纳互评指标

第一，专设各村互评指标。在考评指标中，考核评比机构专门设置对各村污染产生者配合实施环境治理措施进行绩效考评的各村互评指标，以使各村互评活动具有实质性内容并有质量、有保障。

第二，村规民约充分吸纳互评指标。

第三，使各村互评制度化。互评活动应被安排在考核评比机构对各村开展综合考评之前。

（4）考评结果直接应用于污染产生者

第一，依据考评最终结果，乡镇政府在对相关村挂点领导、包村组长、村书记、主任进行奖罚的同时，也要求相关村民委员会对本村涉事的具体农业生产者、村民进行奖罚。

第二，相关村民委员会对具体农业生产者、村民进行奖罚时，以村规民约为依据，不仅仅局限于发放奖金或进行罚款。

第三，若相关村没有将考评结果应用于污染产生者，则该村主任、书记做出书面说明或被约谈。

3. 健全农村环境质量监测社会化制度和建立污染治理监理制度

政府要切实承担农村环境监管责任，就要健全农村环境质量监测社会化制度和建立农业生产、村民生活污染治理监理制度。

（1）健全农村环境质量监测社会化制度

第一，以法律法规形式界定社会化农村环境监测领域，即在《关于推进环境监测服务社会化的指导意见》的基础上，出台类似于“农村环境监测服务社会化的指导细则”，明确界定向社会化环境监测机构开放的农村环境监测领域。

第二，强化政府购买制度以规范农村环境监测服务社会化方式，即按照财政部于2020年发布的《政府购买服务管理办法》，在购买农村环境监测服务时，政府要严格落实招投标制度。

第三，制定农村环境污染治理法律法规，为社会化环境监测机构开展农村环境质量监测提供基本法理依据。

（2）建立农业生产、村民生活污染治理监理制度

第一，建立农业生产、村民生活污染治理项目三方管理体制。在农村环境监管有关部门或机构统一监督管理之下，农业生产、村民生活污染治理项目发包方、污染治理市场主体和污染治理监理单位三方直接参与项目管理。

第二，明确农业生产、村民生活污染治理市场主体、项目发包方与监理单位之间的相互关系。农业生产、村民生活污染治理监理单位与污染治理项目发包方之间是平等关系、授权与被授权关系、经济合同关系。农业生产、村民生活污染治理市场主体与污染治理项目发包方之间是平等关系。农业生产、村民生活污染治理监理单位与污染治理市场主体之间是监管与被监管、指导与被指导关系。农村环境监管有关部门或机构与农业生产和村民生活污染治理市场主体、污染治理项目发包方和污染治理监理单位之间都是管控与被管控关系。

（二）政府充分激发市场主体担责积极性并确保其落实约定责任

要建立健全市场主体分担责任机制，将农业生产、村民生活污染整治由政府担责向市场主体分担责任推进，政府就要以主导方式充分激发市场主体承担农业生产、村民生活污染治理公共服务生产责任的积极性，并确保市场主体落实约定责任。

要充分激发市场主体承担农业生产、村民生活污染治理公共服务生产责任积极性，政府首先要完善农业生产、村民生活污染治理公共服务市场化机制，其次要完善农业生产、村民生活污染治理产业扶持政策设计和提高扶持政策执行能力。要确保市场主体落实约定责任，政府就要健全农业生产、村民生活污染治理项目质量保障机制。

1. 完善农业生产、村民生活污染治理公共服务市场化机制

第一，设置市场化的农业生产、村民生活污染治理公共服务目录。其一，深化农村环境治理公共服务目录，将农业生产、村民生活污染治理公共服务增列为三级目录。其二，细化农业生产、村民生活污染治理公共服务目录，在该三级目录下增列节水灌溉治污、化肥减施、农药减施、畜禽粪便资源化利用、农膜回收再加工、秸秆资源化利用、村民污水治理设施运维、村民垃圾处理等四级目录。

第二，设置农业生产、村民生活污染治理公共服务市场化业务专门执行机构。农业生产、村民生活污染治理公共服务市场化业务专门执行机构工作职责重点包含以下两方面内容，其一，该机构负责农业生产、村民生活污染治理公共服务市场化所对应的项目招投标工作的开展。其

二，在确定项目承接方之后，该机构负责制定项目监管制度，采取相应措施对项目承接方所提供的污染治理服务质量进行监管。

第三，对农业生产、村民生活污染治理市场主体实施风险补贴。当市场主体因履约而出现亏损时，政府有关部门对市场主体经营过程进行盈亏平衡分析，如果认定这种亏损是因产品价格低于平衡价格而引起，或者是因可变成本高于平衡成本而引起，则政府有关部门就对市场主体给予亏损补贴。

第四，设计契约以使农业生产者、村民承担向市场主体付费责任。政府与市场主体签订公共服务买卖契约时，要求市场主体与农业生产者、村民也签订同样内容的契约，并且在付费条款中规定：政府是否向市场主体付费以及付费多少，取决于市场主体是否履行它与农业生产者、村民所签订的契约，以及农业生产者、村民向市场主体支付的多少。

2. 完善农业生产、村民生活污染治理产业扶持政策

首先，电价、土地优惠政策增设环境治理正外部性内部化目标。在电价优惠政策设计方面，首先，在规定对污水处理设施用电执行优惠用电价格的基础上，规定对所有农业生产、村民生活污染治理设施设备用电执行优惠用电价格；其次，农业生产、村民生活污染治理产业用电价格与大工业、一般工商业以及农副食品加工业用电价格差别化，如在同等用电条件下，前者用电价格低于后者的用电价格。在土地划拨政策设计方面，依据环境治理正外部性内部化难易程度，制定有差别的向农业生产、村民生活污染治理市场主体划拨土地政策。

其次，在产业目录中增列“种植和养殖过程污染治理服务”目录。其一，依据“种植和养殖过程污染治理服务”四级目录，在税收优惠方面，参照已有的《资源综合利用产品和劳务增值税优惠目录》制定“种植和养殖过程污染治理服务增值税优惠目录”，确保提供测土配方、秸秆还田、农膜储藏与运输等服务的市场主体享受税前扣除、提高减半征收所得税等税收优惠政策。其二，依据“种植和养殖过程污染治理服务”四级目录，在绿色信贷方面，以污染物减排量如化肥、农药等减排量为依据，而不是以节能减排量为依据来决策是否授信，从而确保提供测土

配方、秸秆还田、农膜储藏与运输等污染治理服务的市场主体享受绿色信贷政策。

最后，提高向环境污染防治者提供技术服务政策的执行能力。其一，完善《肥料管理条例》，推动种植过程养分成污机制研究工作开展。其二，多部门合作搭建科研信息平台，支持种植过程养分成污机制研究工作开展。

3. 健全农业生产、村民生活污染治理项目质量保障机制

（1）完善项目质量达标风险控制制度

完善农业生产、村民生活污染治理公共服务项目绩效评价表，将农业生产者、村民的评价分单列，并赋予足够权重，使绩效评价最终结果不仅取决于政府行政人员、村级领导和专家所做的评价，也在足够程度上取决于农业生产者、村民所做的评价。

（2）建立农业生产、村民生活污染治理监理制度

第一，确立监管依据和目的。农业生产、村民生活污染治理监理单位接受项目发包方即政府委托，依据有关环境法律法规、既定契约，对项目承包方所提供的污染治理服务质量进行监督，并对服务过程给予现场检查和指导。

第二，明确监管客体。监管客体应当包括污染治理技术路线，污染治理风险防范措施，受污染治理过程影响的外部环境保护等。

第三，明确监管内容。农业生产、村民生活污染治理监理单位首先监督检查项目质量结果和过程是否达到法规和合同规定的要求，其次监督和引导项目承包方实施项目质量管理，最后协调作为发包方的政府与项目承包方之间在质量管理上的共担责任关系。

第四，明确监管工作要点。农业生产、村民生活污染治理监理单位对污染防治技术路线是否符合约定进行监管，对处理、利用污染物的过程、结果是否符合约定进行监管。

第五，制定监管工作方法。农业生产、村民生活污染治理监理单位的工作方法主要包括核查契约，在现场监督和指导污染治理，跟踪检查治污效果，组织召开项目质量监管会议，向项目承包方和发包方反馈项目质量、进度等信息。

(3) 赋予农业生产者、村民以效付费权利

第一，完善规章使农业生产者、村民向项目承包方付费制度化。完善《农业农村污染治理攻坚战行动计划》的有关条款，使之刚性要求农业生产者、村民向项目承包方付费。

第二，推行双层契约制度。在购买农业生产、村民生活污染治理服务时，项目承包方在与政府购买服务机构签订契约的同时，也与农业生产者或村委会签订契约，这两份契约在以效付费方面相关联。

（三）政府充分消除绿色健康信息不对称

要建立健全市场主体分担责任机制，将农业生产、村民生活污染整治由政府担责向市场主体分担责任推进，政府还要以提供服务方式充分消除受认证农产品生产—消费链中的绿色健康信息不对称，以使绿色健康农产品生产组织在更强消费需求拉动下、在更大生产规模上充分承担农业生产污染治理公共服务生产责任。

政府充分消除受认证农产品生产—消费链中的绿色健康信息不对称之具体措施是，完善对受认证农产品生产过程实施现场检查检测机制，完善绿色餐饮服务提供者评建机制和明厨亮灶制度。

1. 完善现场检查检测机制

政府购买私人组织提供的对受认证农产品生产过程实施现场检查检测服务，以此加强对受认证农产品生产过程的监管，充分保障认证标志信号具备真实性。

第一，编制对受认证农产品生产过程实施现场检查检测专项预算。一是将现有分散的对受认证农产品生产过程实施现场检查检测经费整合统一，二是增加对受认证农产品生产过程进行现场检查检测经费。

第二，由认证机构制订购买私人提供的现场检查检测服务计划。

第三，政府以购买方式让私人组织承担对受认证农产品生产过程实施现场检查检测责任。

2. 完善绿色餐饮服务提供者评建机制和明厨亮灶制度

(1) 完善绿色餐饮服务提供者评建机制

第一，完善绿色饭店评定机制。在绿色饭店评分基本标准中，将以

受认证农产品为食材提供餐饮服务列为基本标准，使绿色健康农产品认证标志信号与绿色饭店认证标志信号所携带的绿色健康信息等值，确保受认证农产品消费者能够通过辨识绿色饭店标志信号充分清晰地辨识出绿色健康农产品认证标志信号。特定级别绿色饭店限定采用特定类型受认证农产品为食材进行烹饪，使绿色饭店中的不同绿色健康农产品认证标志信号都能够被充分清晰地辨识。

第二，完善绿色餐馆和食堂评定与创建机制。绿色餐馆和食堂评定标准可采用现行绿色饭店评定标准中的有关条款。创建绿色餐馆、食堂应当同创建国家食品安全示范城市相衔接。

（2）完善明厨亮灶制度

建立起餐饮服务企业通过透明、视频或网络厨房的形式，向餐饮消费者和社会公众展示企业验货与进货过程，尤其是清晰展示验货和进货时的原料品牌、购物发票制度。由于餐饮服务企业要将其验货和进货过程向社会和公众展示的规定能使餐饮服务过程受到充分实时监控，有效防止了普通质量安全农产品与受认证农产品相混以及不同受认证农产品相混，所以政府完善明厨亮灶制度能够使餐饮场所中的绿色健康农产品认证标志信号充分抗干扰。

二　研究的创新点

研究有三点创新。第一点是研究观点有所创新，即提出建立健全政府让市场主体分担责任机制，将农村环境污染整治由政府担责向市场主体分担责任推进。第二点是理论应用有所创新，即应用公共经济学理论，将农业生产、村民生活污染治理公共服务供给责任系统地划分为农业生产、村民生活污染治理公共服务供给保障责任与生产责任。第三点是对政府让市场主体分担责任方式的认识有所创新，即指出政府应当综合采用主导方式和提供服务方式让市场主体分担责任。

第二节　研究的局限性与后续研究展望

落实党中央、国务院提出的创新农业生产、村民生活污染治理体制机制，培育发展各种形式的农业生产、村民生活污染治理市场主体是一项艰巨的任务。通过系统研究，课题组虽然提出了将农业生产、村民生活污染整治由政府担责向市场主体分担责任推进的对策措施，但是，研究过程和结果一定存在许多不足之处。课题组认为，研究至少存在以下两点不足。

第一，为充分提高农业生产、村民生活污染治理效率、实现污染整治目标，政府不仅仅需要让市场主体承担环境治理公共服务生产责任。其实，正如研究所揭示的，为切实承担环境监管责任，以及确保农业生产、村民生活污染治理市场主体落实其约定责任，政府亟须建立起农业生产、村民生活污染治理监理制度，而监理单位受政府委托所承担的责任当属农业生产、村民生活污染治理公共服务供给保障责任。对此，课题组分析不足。

第二，为充分提高农业生产、村民生活污染治理效率，实现污染整治目标，政府需切实承担使污染产生者充分配合实施环境治理措施责任，其关键是建立起污染产生者依照村规民约配合实施环境治理措施机制。囿于展开研究所依据的公共经济学理论框架，课题组对此未能深入研究。

基于以上两点不足，课题组认为后续研究应当主要从以下两方面展开。

第一，进一步深入细致地研究市场主体全面分担农业生产、村民生活污染治理公共服务供给责任机制及其运行规律。在现有的市场主体承担环境治理公共服务生产责任机制研究的基础之上，深入实践，剖析市场主体既能承担生产责任又可承担供给保障责任的市场主体，全面分担农业生产、村民生活污染治理公共服务供给责任机制及其运行规律。

第二，深入探究农业生产者、村民依照村规民约配合实施环境治理措施机制。在现有的污染产生者配合实施环境治理措施绩效考评政策研究的基础之上，拓展研究视角，进一步融合管理学、社会学等学科理论，深入探究污染产生者依照村规民约配合实施环境治理措施机制。

附录一：课题组实地调研典型案例

序号	实地调研时间	案例内容要点	案例资料提供单位	案例具有典型性之原因
1	2018年7月	河北省邱县政府购买绿色种植技术服务机制创新试点	河北省邯郸市邱县农牧局	2016年，河北省邱县成功争列为河北省省级现代农业和农业可持续发展试验示范区创建县，并被列为全国政府购买农业公共服务机制创新试点县
2	2018年7月	甘肃省庄浪县政府购买绿色种植技术服务机制创新试点	甘肃省庄浪县农业技术推广中心	庄浪县农牧局积极推进政府购买农业公益性服务机制创新。2016年，庄浪县被农业部认定为全国休闲农业和乡村旅游示范县
3	2019年2月	政府以购买方式实现畜禽粪便污染第三方治理	福建省南平市延平区炉下镇政府	南平市延平区畜禽粪便污染治理走在全省乃至全国前列。2014年4月，延平区在福建省第一个开启小流域水污染第三方治理模式
4	2018年7月	甘肃省高台县政府与怡馨家苑生态环保物业管理有限公司、方正节能科技服务有限公司签订环境治理服务绩效合同，创建秸秆、畜禽粪便资源化利用市场	甘肃省高台县农业技术推广中心	2018年，在农业农村部等8部委确定的40个全国第一批国家农业可持续发展试验示范区创建县区中，高台县是甘肃省唯一一家入选单位
5	2019年2月	政府以购买方式激活农村生活污水处理设施运维市场	浙江省杭州市西湖区住房和城乡建设局，淳安县生态环境保护局，余杭区环境保护局	浙江省环境污染第三方治理起步较早，发展较快，治理水平及成效在全国各省区市走在前列。杭州市凭借其较为发达的民营经济，在全省率先将社会资本引入乡村污水治理基础设施建设，并对设施进行市场化运行和维护

续表

序号	实地调研时间	案例内容要点	案例资料提供单位	案例具有典型性之原因
6	2018年7月至2019年8月	南平市新茂兴县（化名）霞霞丽乡（化名）采取“万人保洁”方式对农村生活垃圾进行处理	霞霞丽乡源溪前村村民委员会	“万人保洁”成为一种村民生活污水垃圾处理机制，并在福建省村庄污水垃圾处理中被推广

注：案例详细内容见具体章节。

附录二：调查问卷一

注：选项不唯一，请在所选择的序号上打√

1. 您经营的土地面积有多少亩？

①3 亩以下　②3 ~ 5 亩　③5 ~ 10 亩　④10 ~ 40 亩

⑤40 ~ 50 亩　⑥50 ~ 60 亩　⑦60 ~ 100 亩　⑧100 ~ 200 亩

⑨200 ~ 300 亩　⑩300 亩以上

2. 您种植的作物有哪些？

①水稻　②小麦　③玉米　④大豆

⑤蔬菜　⑥茶　⑦林果

⑧经济作物（如甘蔗、甜菜、地瓜、油菜籽等）　⑨其他

3. 您会结合下雨情况施用肥料吗？

①不会　②会　③会追加化肥

4. 您觉得种地会造成农地污染吗？

①种地要用化肥，化肥会造成农地污染

②防治病虫害要用农药，农药会造成农地污染

③种地不会造成农地污染

④不清楚

5. 您采用了下列哪些种植技术？

①普通耕地　②普通松地　③植物覆盖

④有机肥和化肥均衡施用　⑤测土配方，精准施肥

⑥轮作　⑦农业、生物和物理技术防治病虫害

6. 您觉得长期大量施用化肥对种地有什么影响？

①没什么影响　②会使耕地肥力变差　③可能会污染耕地

7. 您认为施到地里的化肥有多少被作物吸收了？

①全都被吸收了　②80%以上被吸收了　③50%～60%被吸收了

④30%～40%被吸收了　⑤不清楚

8. 您在使用水肥一体化技术吗？

①是的，在使用

②没有使用

③不清楚什么是水肥一体化技术

9. 很早以前，河里的水可直接用来做饭，但现在却不能了，为什么呢？

①工厂的污水排进河里了

②种地的化肥农药进到河里了

③生活污水排到河里了

④有些动物如猪、鸡、鸭、牛、羊的粪便排到河里了

10. 针对种地时施用很多化肥的行为，如果有关机构实施限制，比如制定化肥使用量标准，并对超量施用化肥的行为罚款，您认为合理吗？

①这种做法不合理

②即使被罚款，我还是会像以前那样施用化肥和农药

③寻找少施化肥的技术，但这种技术必须保证我家原有收成

11. 针对种地时减少使用化肥的行为，如果有关机构给予奖励或补贴，您会怎么做？

①赞成，想方设法多施用一些农家肥

②赞成，但因为使用农家肥的成本高，所以奖励和补贴幅度要足够大才行

12. 与其他无公害农产品相比，您的产品更有质量保证吗？

①是的　②也许　③不清楚

13. 您认为生产无公害农产品的好处是什么？

①能得到补贴　②无公害农产品进入市场时免检

③认证证书能作为产品质量合格的证明　④能减少生产过程污染

谢谢您的帮助！

附录三：调查问卷二

注：请在以下每道设问中选择1项，并在所选择序号上打√

1. 在购买无公害、绿色或有机蔬菜时，如果购买的便利程度一样、蔬菜价格也一样，您更愿意去专营超市还是混营超市（混营是指超市同时经营普通蔬菜和无公害、绿色或有机蔬菜）？

①两种超市都同样愿意去

②更愿意去混营超市

③更愿意去专营超市，但也会去混营超市

④只会去专营超市

2. 在销售无公害、绿色或有机蔬菜时，永辉超市都设有专柜，这些专柜给您带来的最关键好处是什么？

①感觉没有带来明显好处

②方便我集中购买无公害、绿色或有机蔬菜

③让我感觉到我买到的是真正的无公害、绿色或有机蔬菜

④使我能很容易找到无公害、绿色或有机蔬菜

3. 在销售无公害、绿色或有机蔬菜时，永辉超市的这些菜被带有标志的小塑料袋包装之后以袋装形式出售，而不是被成堆散卖，这样做给您带来的最大好处是什么？

①菜不容易受到挑选者污染，始终干净

②使挑选菜变得简单

③使我买到有认证标志的无公害、绿色或有机蔬菜

④使我能准确识别出无公害、绿色或有机蔬菜

4. 在销售无公害、绿色或有机蔬菜时，为确保无公害、绿色或有机蔬菜不与普通蔬菜相混淆，永辉超市所做的什么工作使您感受最深刻？

①按照有关规定，普通蔬菜与无公害、绿色或有机蔬菜不邻位摆放

②所有无公害、绿色或有机蔬菜都被保鲜和封装，防止普通蔬菜与其混淆

③始终有工作人员看管无公害、绿色或有机蔬菜专柜

④现场工作人员在第一时间将消费者挑乱的无公害、绿色或有机蔬菜袋归位

5. 假设您是市场食品安全监管部门，您如何进一步确保永辉超市无公害、绿色或有机蔬菜不与普通蔬菜混淆？

①督促超市进一步加强内部管理

②对超市加强监管，对混淆事件加大处罚力度

③利用网络技术，由我部门对超市销售过程进行实时监控

④利用网络技术，通过视频流媒体平台，使消费者参与超市消费过程监管

6. 假设在超市购买无公害、绿色或有机蔬菜时，您发现，您准备购买的某种品牌的无公害、绿色或有机蔬菜被微量同类普通蔬菜混淆，您的第一反应是什么？

①继续完成本次购买，往后不在这家超市买无公害、绿色或有机蔬菜

②立刻停止本次购买，往后不在这家超市买无公害、绿色或有机蔬菜

③立刻停止购买，并向超市有关管理人员反映情况和意见

④立刻停止购买，并向市场监督管理部门投诉

7. 假设在超市购买无公害、绿色或有机蔬菜时，您发现，您准备购买的某种品牌的无公害、绿色或有机蔬菜与另一种品牌的混淆了，假设二者价格、品质相同，您还会继续完成购买吗？

①继续完成本次购买

②继续完成本次购买，随后向超市有关管理人员反映情况

③立刻停止本次购买，往后不在这家超市买无公害、绿色或有机蔬菜

④立刻停止购买，并向市场监督管理部门投诉

您的年龄是

①25 岁以下　②25 ~ 50 岁　③50 岁以上

您家庭平均年收入是

①15 万元以下　②15 万 ~ 45 万元　③45 万元以上

谢谢您的帮助！

参考文献

A. 迈里克·弗里曼．环境与资源价值评估——理论与方法［M］．曾贤刚译．北京：中国人民大学出版社，2002：4.

C. 诺斯科特·帕金森．帕金森定律与上升的金字塔［A］．彭和平等编译．国外公共行政理论精选［M］．北京：中共中央党校出版社，1997：200.

阿兰·兰德尔．资源经济学——从经济角度对自然资源和环境政策的探讨［M］．施以正译．北京：商务印书馆，1989：14－16.

保罗·萨缪尔森，威廉·诺德豪斯．经济学［M］．北京：人民邮电出版社，2018：30－37，321，655.

彼得·M. 杰克逊．公共部门经济学的前沿问题［M］．郭庆旺等译．北京：中国税务出版社，2000：2，177.

毕海滨．治理农业面源污染要把握好关键点［N］．中国环境报，2015－05－21（B2）.

陈剑．城市农贸市场，向何处去?［J］．中国商贸，2002（6）：28－29.

陈潭．第三方治理：理论范式与实践逻辑［J］．政治学研究，2017（1）：90－98.

陈小燕．"失灵"与"纠正"：生态文明建设的协同治理［J］．理论月刊，2016（11）：165－169.

陈颖，王亚男，赵源坤，等．以创新环境监管机制加强农村环境保护［J］．环境保护，2018（7）：21－24.

党中央、国务院批准我国环境与发展的十大对策［J］．石油化工环境保护，1992（4）：62－63.

段丽茜．7月底前所有乡（镇、街道）环保所挂牌［N］．河北日报，2018－05－11（002）.

范里安．微观经济学：现代观点（第8版）［M］．上海：格致出版社，2011：1－85.

范娜．服务土壤，“社会化”能做些啥？［N］．运城日报，2018－12－10（007）.

福州评选“放心餐厅”“放心食堂”年底各评30家［EB/OL］．［2019－07－06］．http://www.fj.chinanews.com/news/fj_jsxw/2019/2019－07－06/444650.html.

傅晶晶，赵云璐．农村环境法律制度嬗变的逻辑审视与启示［J］．云南社会科学，2018（5）：32－42.

高培勇．深刻理解社会主要矛盾变化的经济学意义［J］．经济研究，2017（12）：9－12.

高云才．十三万个农村集体经济组织完成改革［N］．人民日报，2018－11－19（003）.

高志永，汪翠萍，王凯军，等．我国环境技术管理体系的建设进程探讨［J］．环境工程技术学报，2013，3（2）：169－173.

龚胜生，张涛．中国“癌症村”时空分布变迁研究［J］．中国人口·资源与环境，2013，23（9）：156－164.

关锐捷，周纳．政府购买农业公益性服务的实践探索与理性思考［J］．毛泽东邓小平理论研究，2016（1）：44－51.

管宏友，陈玉成．农村生活污染的制度“缺失”与“补位”［J］．经济管理，2011，33（6）：176－181.

桂林，邓宁．社会科学中的囚徒困境现象及其解［J］．当代经济研究，2009（5）：24－26，43.

郭国庆．国外非营利组织的界定与分类研究［J］．市场与人口分析，1999，5（6）：5－8.

国家环境保护局，农业部，财政部，国家统计局．全国乡镇工业污染源调查公报［R］. 1997－12－23.
国家环境保护局乡镇企业环境污染对策研究协作组. 全国乡镇企业环境污染对策研究［M］. 南京：江苏人民出版社，1993：113.
国家环境保护局自然保护司. 中国乡镇工业环境污染及其防治对策［M］. 北京：中国环境科学出版社，1995：21.
国务院发展研究中心“引领经济新常态的战略和政策”课题组. 提高环境监管效能 促进绿色发展［J］. 发展研究，2018（2）：4－17.
韩占兵. 我国城镇消费者有机农产品消费行为分析［J］. 商业研究，2013（8）：183－190.
胡颖廉. 国家食品安全战略基本框架［J］. 中国软科学，2016（9）：18－27.
胡颖廉. 食品安全理念与实践演进的中国策［J］. 改革，2016（5）：25－40.
黄新华. 从市场失灵到政府失灵——政府与市场关系的论辩与思考［J］. 浙江工商大学学报，2014（5）：68－72.
黄忠怀，杨娇娇. 公共服务供给的三重失灵与结构重塑：一种生态循环的平衡［J］. 理论导刊，2019（3）：28－32.
贾康，冯俏彬. 从替代走向合作：论公共产品提供中政府、市场、志愿部门之间的新型关系［J］. 财贸经济，2012（8）：28－35.
姜俊贤. “十二五”期间餐饮业发展回顾及“十三五”前景展望［J］. 食品工业科技，2016（14）：18－22.
姜蓉. 基于绿色饭店发展建立个人绿色信用评价［J］. 中国商论，2019（12）：213－214.
姜彦华. 绿色食品产业升级的消费驱动与政策引导［J］. 宏观经济管理. 2016（8）：68－70，75.
金立新. 治理淮河污染使淮河水在本世纪末变清——国务委员宋健主持召开淮河流域环保执法检查现场会［J］. 治淮，1994（8）：1－3.
鞠昌华，朱琳，朱洪标，等. 我国农村环境监管问题探析［J］. 生态与农村环境学报 2016，32（5）：857－862.
李长生，廖金萍，朱述斌. 绿色食品产业协同创新的制度需求和供给分析［J］. 农林经济管理学报，2016，15（6）：668－673.

李桂林．农村环境污染现状成因与防治对策［J］．环境科学动态，1999（1）：9－12．

李晶晶．论环境公共产品供给的政府法律责任［D］．宁波大学硕士学位论文，2015：12．

李兴佐，朱启臻，鲁可荣，等．企业主导型测土配方施肥服务体系的创新与启示［J］．农业经济问题，2008（4）：27－30．

李周，尹晓青，包晓斌．乡镇企业与环境污染［J］．中国农村观察，1999（3）：1－10．

刘超．环境法视角下河长制的法律机制建构思考［J］．环境保护，2017（9）：24－29．

刘佳丽，谢地．西方公共产品理论回顾、反思与前瞻——兼论我国公共产品民营化与政府监管改革［J］．河北经贸大学学报，2015，36（5）：11－17．

刘尧．地方政府环境管理失灵的成因及对策［J］．现代经济探讨，2018（10）：16－20．

刘勇．农村面源污染整治主体及其责任优化思路研究——基于对太湖流域水环境综合治理的分析［J］．福建论坛（人文社会科学版），2016（9）：5－13．

刘勇．“种养加”型生态工业园的发展［M］．厦门：厦门大学出版社，2016：176－185．

刘志红，王利辉．公共经济学研究主题与方法发展趋势分析［J］．南京财经大学学报，2017（4）：87－96．

陆远如．环境经济学的演变与发展［J］．经济学动态，2004（12）：32－35．

罗伯特·K. 默顿．官僚制结构和人格［A］．彭和平等编译．国外公共行政理论精选［M］．北京：中共中央党校出版社，1997：88－89．

马火生．对土地划拨制度的梳理及思考［J］．探求，2017（2）：95－102．

马克斯·韦伯．经济与社会（上卷）［M］．林荣远译．北京：商务印书馆，1997：241．

马维辉．曲格平眼中的环保40年［N］．华夏时报，2018－07－30（034）．

马中主编．环境与自然资源经济学概论（第二版）［M］．北京：高等教育出版社，2013：264.

曼瑟尔·奥尔森．集体行动的逻辑［M］．陈郁等译．上海：上海人民出版社，1995：13.

2017年农村集体经济组织资产情况［EB/OL］．［2018－11－06］．http://journal.cr-news.net/ncjygl/2018n/d10q/bqch/107643_20181106111822.html.

2013年至2017年6月国内21家主要银行绿色信贷数据［EB/OL］．［2018－02－11］．http://www.hxfzzx.com/yc/2017/1108/88190_3.html.

曲格平．梦想与期待：中国环境保护的过去与未来［M］．北京：中国环境保科学出版社，2000：37.

曲格平．中国环境保护四十年回顾及思考——在香港中文大学“中国环境保护四十年”学术论坛上的演讲［J］．中国环境管理干部学院学报，2013，23（3）：1－5；23（4）：1－5.

任力，吴骅．奥地利学派环境经济学研究［J］．国外社会科学，2014（3）：88－96.

尚振田，尚振国：农村内源性环境污染及其治理研究——基于鲁南G村的分析［J］．安徽行政学院学报，2018（5）：68－75.

沈满洪，何灵巧．外部性的分类及外部性理论的演化［J］．浙江大学学报（人文社会科学版），2002，32（1）：152－160.

沈小波．环境经济学的理论基础、政策工具及前景［J］．厦门大学学报（哲学社会科学版），2008（6）：19－25.

石祖梁．中国秸秆资源化利用现状及对策建议［J］．世界环境，2018（5）：16－18.

世界银行．1997年世界发展报告——变革世界中的政府［M］．北京：中国财政经济出版社，1997：26－27.

世界银行．1991年世界发展报告——发展面临的挑战［M］．北京：中国财政经济出版社，1991：1－8.

市场监管总局关于印发餐饮服务明厨亮灶工作指导意见的通知［EB/OL］．http://www.gov.cn/gongbao/content/2018/content_5323105.htm.

顺昌县农业局关于印发2017年农产品质量安全监管重点工作任务清单的通知［EB/OL］.［2017-07-03］. http://www.fjsc.gov.cn/cms/html/scxrmzf/2017-07-03/1157462521.html.

司言武．农业非点源水污染税收政策研究［J］. 中央财经大学学报，2010（9）：6-9.

斯蒂格利茨．政府为什么干预经济：政府在市场经济中的作用［M］. 郑秉文译．北京：中国物资出版社，1998：69-72.

苏杨，马宙宙．我国农村现代化进程中的环境污染问题及对策研究［J］. 中国人口·资源与环境，2006，16（2）：2-7.

速水佑次郎．发展经济学——从贫困到富裕［M］. 李周译．北京：社会科学文献出版社，2003：231-240.

太湖流域水环境综合治理总体方案［EB/OL］. https://wenku.baidu.com/view/bf7f554133126edb6f1aff00bed5b9f3f90f72bb.html.

唐任伍，李楚翘．国外公共经济学研究的最新进展和发展趋势［J］. 经济学动态，2017（8）：109-123.

王传纶，高培勇．当代西方财政经济理论（上册）［M］. 北京：商务印书馆，1995：127-129.

王丰，张纯厚．日本地方政府在环境保护中的作用及其启示［J］. 日本研究，2013（2）：28-34.

王欢欢．污染土壤修复标准制度初探［J］. 法商研究，2016（3）：54-62.

王可山，苏昕．我国食品安全政策演进轨迹与特征观察［J］. 改革，2018（2）：31-44.

王莉，张斌，田国强．农膜使用回收中的政府干预研究［J］. 农业经济问题，2018（8）：137-144.

王美涵主编．税收大辞典［M］. 沈阳：辽宁人民出版社，1991：189.

王喜娈，范国鑫．农村环保管理体制现状与思考——以忻州市为例［J］. 中国机构改革与管理，2018（8）：53-55.

王永杰．政府购买农业公益性服务实践与思考［J］. 基层农技推广，2018（10）：61-63.

文建东. 公共选择学派 [M]. 武汉: 武汉出版社, 1996: 74-76.
我省主动曝光“负面”推进污水垃圾治理 [EB/OL]. [2017-11-08]. http://www.hxfzzx.com/yc/2017/1108/88190_3.html.
向昀, 任健. 西方经济学界外部性理论研究介评 [J]. 经济评论, 2002 (3): 58-62.
谢伟. 司法在环境治理中的作用: 德国之考量 [J]. 河北法学, 2013, 31 (2): 84-92.
徐顺青, 逯元堂, 何军, 等. 农村人居环境现状分析及优化对策 [J]. 环境保护, 2018 (19): 44-48.
荀速. 积极发展农村社队企业 [J]. 北京: 农业出版社, 1980: 149.
亚当·斯密. 国民财富的性质和原因的研究 (下卷) [M]. 郭大力, 王亚南译. 北京: 商务印书馆, 1988: 303.
闫胜利. 我国政府环境保护责任的发展与完善 [J]. 社会科学家, 2018 (6): 105-111.
严宏, 田红宇, 祝志勇. 农村公共产品供给主体多元化: 一个新政治经济学的分析视角 [J]. 农村经济, 2017 (2): 25-31.
颜公平. 对1984年以前社队企业发展的历史考察与反思 [J]. 当代中国研究, 2007, 14 (2): 60-69.
尹志军. 美国环境法史论 [D]. 中国政法大学博士学位论文, 2005: 69-105.
虞满华, 徐东辉, 褚丽. 市场与政府的双重失灵与阶层利益失衡 [J]. 湖南社会科学, 2016 (2): 99-102.
袁平, 朱立志. 中国农业污染防控: 环境规制缺陷与利益相关者的逆向选择 [J]. 农业经济问题, 2015 (11): 73-79.
詹小颖. 我国绿色金融发展的实践与制度创新 [J]. 宏观经济管理, 2018 (1): 41-48.
张恒. 中日环境保护监督管理体制比较研究 [J]. 中南林业科技大学学报 (社会科学版), 2017, 11 (3): 14-20, 97.
张晋武, 齐守印. 公共物品概念定义的缺陷及其重新建构 [J]. 财政研究，2016（8）：2－13.

张琦．公共物品理论的分歧与融合［J］．经济学动态，2015（11）：147－158.

张学军．税收优惠政策在污水处理企业执行中的问题与对策［J］．财经界（学术版），2016（33）：309，311.

郑黄山，陈淑凤，孙小霞，等．为什么“污染者付费原则”在农村难以执行？——南平养猪污染第三方治理中养猪户付费行为研究［J］．中国生态农业学报，2017，25（7）：1081－1089.

《中国环境保护行政二十年》编委会．中国环境保护行政二十年［M］．北京：中国环境科学出版社，1994：7－8.

中国环境年鉴编辑委员会．中国环境年鉴（2016年）［J］．北京：中国环境年鉴社，2016：747，770－775.

中国农业年鉴编辑委员会．中国农业年鉴（2016年）［M］．中国农业出版社，2016：158.

中国农业年鉴编辑委员会．中国农业年鉴（2004年）［M］．北京：中国农业出版社，2004：112－113.

中国农业年鉴编辑委员会．中国农业年鉴（2003年）［M］．北京：中国农业出版社，2003：82－84.

中国农业年鉴编辑委员会．中国农业年鉴（2001年）［M］．北京：中国农业出版社，2001：232－233.

中国统计局农村社会经济调查司．中国农村统计年鉴（2019年）［M］．北京：中国统计出版社，2019：13.

中国统计年鉴编辑委员会．中国统计年鉴（2018年）［M］．北京：中国统计出版社，2018：3.

中国优质农产品开发服务协会主编．中国品牌农业年鉴（2018年）［M］．北京：中国农业出版社，2018：16.

中国优质农产品开发服务协会主编．中国品牌农业年鉴（2015年）［M］．北京：中国农业出版社，2015：404.

周静．公共信息资源服务模式研究［D］．同济大学硕士学位论文，2006：26－28.

周清杰，张志芳．微观规制中的政府失灵：理论演进与现实思考［J］．晋阳学刊，2017（5）：126－132．

周迎久，张铭贤．河北实现乡镇街道环保所全覆盖［N］．中国环境报，2018－10－31（001）．

朱玫．论河长制的发展实践与推进［J］．环境保护，2017（Z1）：58－61．

卓泽渊．法政治学［M］．北京：法律出版社，2005：101．

Akerlof，G. A. The Market for "Lemons"：Quality Uncertainty and the Market Mechanism［J］. Quarterly Journal of Economics，1970，84（3）：488－500.

Andreen，W. L. The Evolution of Water Pollution Control in the United States：State，Local and Federal Efforts，1789－1792：Part I［J］. Stanford Environmental Law Journal，2003，22：215－294.

Andreen，W. L. Water Quality Today：Has the Clean Water Act Been A Success?［J］. Alabama Law Review，2004，5（3）：537－93.

Arrow，K. J. Uncertainty and the Welfare Economics of Medical Care［J］. The American Economic Review，1963，53（5）：941－973.

Berger，S.，Forstater，M. Toward a Political Institutionalist Economics：Kapp's Social Costs，Lowe's Instrumental Analysis，and the European Institutionalist Approach to Environmental Policy［J］. Journal of Economic Issues，2007，41（2）：539－546.

Buchanan，J. M.，Stubblebine，W. C. Externality［J］. Economic，1962，29（116）：371－384.

Coase，R. H. The Lighthouse in Economics［J］. The Journal of Law and Economics，1974，17（2）：357－376.

Dekel，S.，Fischer，S.，and Zultan，R. Potential Pareto Public Goods［J］. Journal of Public Economics，2017，146：87－96.

Demsetz，H. The Private Production of Public Goods［J］. Journal of Law and Economics，1970，13（October）：293－306.

Drevno，A. Policy Tools for Agricultural Nonpoint Source Water Pollution Control in the U. S. and E. U. [J]. Management of Environmental Quality: An Inernational Journal, 2016, 27 (2): 106 - 123.

Driesen, D. M. Sinden, A. The Missing Instrument: Dirty Input Limits [J]. Harvard Law Review, 2009, 33 (1): 66 - 116.

Duflo, E. , Pande, R. Dams [J]. The Quarterly Journal of Economics, 2007, 122 (2): 601 - 646.

European Commission. The EU Water Framework Directive-integrated River Basin Management for Europe [EB/OL]. https://ec. europa. eu/environment/water/water-framework/index_en. html.

Fischel. Zoning Rules [R]. Lincoln Institute of Land Policy, Cambridge, MA. 2015.

Frederickson, H. G. New Public Administration [M]. Tuscaloosa: The University of Alabama Press, 1980: 6 - 7.

Garnache, C. , Swinton, S. M. , Herriges, J. A. , Lupi, F. and Tevenson, R. J. Solving the Phosphorus Pollution Puzzle: Synthesis and Directions for Future Research [J]. American Journal of Agricultural Economics, 2016, 98 (5): 1334 - 1359.

Goetz, R. U. Martínez, Y. Nonpoint Source Pollution and Two-part Instruments [J]. Environmental Economics and Policy Studies, 2013, 15: 237 - 258.

Goldin, K. D. Equal Access VS Selective Access: A Critique of Public Goods Theory [J]. Public Choice (spring), 1979, 29: 53 - 71.

Goodlass, G. , Haldberg, N. and Verschuur, G. Study on Input/Output Accounting System on EU Agricultural Holdings [EB/OL]. http://ec. europa. eu/environment/agriculture/pdf/input out-put. pdf.

Hansmann, H. The Role of Nonprofit Enterprise [J]. Yale Law Journal, 1980, 89: 835 - 901.

Hardin, G. The Tragedy of the Commons [J]. Science, 1968, 162: 1243 - 1248.

Harter, T. , Lund, J. Addressing Nitrate in California's Drinking Water: Technical Report 1 - Overview [EB/OL]. https://www.mysciencework.com/publication/show/addressing-nitrate-californias-drinking-water-technical-report-1-overview-5ac2f3bc.

Horan, R. D., Shortle, J. S. and Abler, D. G. Ambeint Taxes when Polluters have Multiple Choices [J]. Journal of Environmental Economics and Management, 1998, 36 (2): 186 - 199.

Houck, O. The Clean Water Act TMDL Program [M]. Washington, D. C.: Environmental Law Institute, 1999: 7 - 13.

Lankoski, J., Ollikainen, M. Innovations in Nonpoint Source Pollution Policy-European Perspectives [J]. Choices, 2013, 28 (3): 1 - 5.

Martinez-Vazquez, J. Perspectives on the Last Quarter Century of Research in Public Economics [J]. Revista de Economía Aplicada, 2018, 26: 9 - 33.

Miao, H., Fooks, J. R., Guilfoos, T., Messer, K. D., Pradhanang, S. M., Suter, J. F., Trandafir, S., and Uchida, E. The Impact of Information on Behavior under an Ambient-based Policy for Regulating Nonpoint Source Pollution [EB/OL]. Water Resources Research. Published online 1 MAY 2016. http://digitalcommons.uri.edu/cgi/viewcontent.cgi? rticle = 1000&context = enre-working _papers.

Mirrlees, J. A. The Optimal Structure of Authority and Incentive within an Organization [J]. Bell Journal of Economics, 1976, 7 (1): 105 - 131.

Moss, T. The Governance of Land Use in River Basins: Prospects for Overcoming Problems of Institutional Interplay with the EU Water Framework Directive [J]. Land Use Policy, 2004, 21 (1): 85 - 94.

Niskanan, W. A. Bureaucracy and Representative Government [M]. Chicago: Aldine-Atherton, 1971: 38.

Nunn, G. E. and Watkins, T. H. Public Goods Games [J]. Southern Economic Journal, 1978, 45 (2): 598 - 606.

Olson, M. The Rise and Decline of Nations: Econnmic Growth Stagflation and Social Rigidities [M]. New Haven: Yale University Press, 1982: 17 - 35.

Organizations for Economic Cooperation and Development (OECD), Water Quality Trading in Agriculture [EB/OL]. http:// www. oecd. org /tad/ sustainable-agriculture/ 49849817. pdf.

Saltman, T. Making TMDLs Work [J]. Environmental Science and Technology, 2001, 35 (11): 248 - 254.

Schively, C. Understanding the NIMBY and LULU Phenomena: Reassessing our Knowledge Base and Informing Future Research [J]. Journal of Planning Literature, 2007, 21 (3), 255 - 266.

Shabman, L., Stephenson, K. Achieving Nutrient Water Quality Goals: Bringing Market-like Principles to Water Quality Management [J]. Journal of the American Water Resources Association, 2007, 43 (4): 1074 - 1089.

Shortle, J., Horan, R. D. Policy Instruments for Water Quality Protection [J]. Annual Review of Resource Economics, 2013, 5: 111 - 138.

Shortle, J. S., Ribaudo, M., Horan, R. D. and Blandford, D. Reforming Agricultural Nonpoint Pollution Policy in an Increasingly Budget-constrained Environment [J]. Environmental Science and Technology, 2012, 46 (3): 1316 - 1325.

Spence, M., Zeckhauser, R. Insurance, Information, and Individual Action [J]. American Economic Review, 1971, 61 (2): 380 - 387.

Stiglitz, J., Weiss, A. Credit Rationing in Markets with Imperfect Information [J]. American Economic Review, 1981, 71 (6): 393 - 410.

Stilitz, J. E. New Perspectives on Public Finance: Recent Achievements and Future Challenges [J]. Journal of Publics, 2002, 86 (3): 341 - 360.

Vandenbergh, M. P. Private Environmental Governance [J]. Cornell Law Review, 2013, 99 (1): 129 - 199.

Winsten, J. R., Baffaut, C., Britt, J., Borisova, T., Ingels, C. and Brown, S. Performance Based Incentives for Agricultural Pollution Control: Identifying and Assessing Performance Measure in the U. S. [J]. Water Policy, 2011, 13 (5): 677 - 692.

Young, T. F., Karkoski, J. Green Evolution: Are Economic Incentives the Next Step in Nonpoint Source Pollution Control? [J]. Water Policy, 2000, 2 (3): 151-173.

后　记

本书系国家社会科学基金一般项目“农村环境污染整治由政府担责向市场分责推进对策研究”（立项编号：16BJY096）的结项成果（结项证书编号：20203803）。

阶段性成果包括两篇核心期刊（CSSCI）论文，两篇一般刊物论文和一部铺垫性专著。另外，以本项目子课题形式开展研究，两支学生团队获得省级大创项目立项；同时，以本项目子课题形式开展科研所取得的成果已被福建省福州市鼓楼区社科联采用。

在实地调研过程中，调研活动得到众多单位热情帮助。这些单位包括有关省、市、县和乡镇人民政府，及其政府农牧、农业技术推广中心、住房和城乡建设、生态环境保护等部门。在此，谨向这些单位致以深深的谢意！

感谢福建江夏学院公共事务学院王惠卿副教授、张云副教授、周爱萍副教授发放和回收部分问卷，感谢安徽工程大学2019级硕士研究生冯涛（原福建江夏学院2017级公共事业管理专业学生）协助联系实地调研事宜，感谢福建江夏学院162名在校大学生协助发放和回收大部分问卷！

研究过程得到本人所在单位有关领导、部门的全力支持。在此，谨向这些领导和部门致以深深的谢意！

尽管全程全力以赴，夜以继日，有时身心憔悴，但囿于知识水平和研究能力，当前本人呈递的这本书无论是在研究思路、研究方法还是在研究结论方面，一定存在诸多不足。

殷切希望领导、专家对本书中的不足之处给予批评指正！

刘　勇

2021年1月于福建江夏学院笃志苑

图书在版编目(CIP)数据

农村环境污染整治：从政府担责到市场分责 / 刘勇著. -- 北京：社会科学文献出版社，2021.5

ISBN 978-7-5201-8284-3

Ⅰ.①农… Ⅱ.①刘… Ⅲ.①农业环境污染-污染防治-研究-中国 Ⅳ.①X322.2

中国版本图书馆 CIP 数据核字（2021）第 073200 号

农村环境污染整治：从政府担责到市场分责

著　　者 / 刘　勇

出 版 人 / 王利民
组稿编辑 / 恽　薇
责任编辑 / 孔庆梅
文稿编辑 / 李吉环

出　　版 / 社会科学文献出版社 · 经济与管理分社（010）59367226
　　　　　地址：北京市北三环中路甲 29 号院华龙大厦　邮编：100029
　　　　　网址：www.ssap.com.cn
发　　行 / 市场营销中心（010）59367081　59367083
印　　装 / 三河市尚艺印装有限公司

规　　格 / 开 本：787mm × 1092mm　1/16
　　　　　印 张：18.75　字 数：287 千字
版　　次 / 2021 年 5 月第 1 版　2021 年 5 月第 1 次印刷
书　　号 / ISBN 978-7-5201-8284-3
定　　价 / 118.00 元

本书如有印装质量问题，请与读者服务中心（010-59367028）联系